计算机基础课程系列教材

C# 程序设计教程
第4版

郑阿奇 梁敬东 主编

郑进 等 参编

机械工业出版社
China Machine Press

图书在版编目（CIP）数据

C# 程序设计教程 / 郑阿奇，梁敬东主编. --4 版. -- 北京：机械工业出版社，2022.1
（2023.6 重印）
计算机基础课程系列教材
ISBN 978-7-111-69454-0

I.①C… II.①郑… ②梁… III.①C 语言 - 程序设计 - 高等学校 - 教材 IV.①TP312.8

中国版本图书馆 CIP 数据核字（2021）第 218443 号

　　本书以 Visual Studio 2015 作为平台，包含教程、习题和实验三个部分。教程部分先介绍 .NET
开发平台 Visual Studio，通过一个简单实例说明控制台方式和界面方式的开发过程。然后系统介绍
C# 的编程基础、面向对象编程的相关知识，以及 Windows 应用程序开发、GDI+ 编程、文件操作、
数据库应用和多线程编程。习题部分突出基本编程方法和基本概念。实验部分则可用于锻炼读者的编
程和应用能力。

　　通过学习本书、完成习题并认真进行上机操作，就能够具备在 Visual Studio 环境下用 C# 解决小
型应用问题的能力。

　　本书可作为高等学校计算机及相关专业 C# 程序设计课程的教材，也可供广大 C# 用户和技术人员
参考。

出版发行：机械工业出版社（北京市西城区百万庄大街 22 号　邮政编码：100037）
责任编辑：朱　劼　　　　　　　　　　　　责任校对：马荣敏
印　　刷：北京建宏印刷有限公司　　　　　版　　次：2023 年 6 月第 4 版第 3 次印刷
开　　本：185mm×260mm　1/16　　　　　印　　张：19.75
书　　号：ISBN 978-7-111-69454-0　　　　定　　价：69.00 元

客服电话：（010）88361066　68326294

前　言

C# 是微软 .NET 最简单、方便和高效的程序设计语言。它在继承 C++ 和 Java 等语言优点的基础上，不仅具有封装、继承和多态等特性，而且还增加了不少创新元素，广泛应用于开发桌面系统、Web 应用、数据库应用、网络应用等各个方面，是目前主流的程序设计语言和开发工具。

本版在保持前几版的基本内容和基本方法的基础上，以 Visual Studio 2015 作为平台，对内容体系结构进行了调整、修改和优化，使本书的实用性进一步得到增强。数据库应用教程和对应的实验介绍了利用 Visual C# 操作 MySQL，同时提供了利用 Visual C# 操作 SQL Server 的文档，可通过华章网站下载。

本书包含教程、习题和实验三部分。教程部分先大致介绍 .NET 开发平台 Visual Studio，通过一个简单实例讲解控制台方式和界面方式的开发过程。在这个基础上，比较系统地介绍 C# 的编程基础、面向对象编程基础和面向对象编程进阶。然后介绍了 Windows 应用程序开发、GDI+ 编程、文件操作、数据库应用和多线程编程。习题部分主要突出基本编程和基本概念，实验部分则主要用于锻炼读者的编程和应用能力，读者可以先跟着做，然后自己练习。一般来说，通过教程学习、习题练习，特别是认真的上机操作，读者在较短的时间内就基本能够在 Visual Studio 环境下用 Visual C# 解决一些小的应用问题。

本书配有教学课件和所有应用实例的源文件以及相关文档，教师可用于辅助教学，学生可用于模仿和修改。

本书由郑阿奇（南京师范大学）和梁敬东（南京农业大学）主编。参加本教材编写工作的还有郑进、刘美芳等。许多同志对本书的编写提供了帮助，在此一并表示感谢！

由于编者水平有限，不当之处在所难免，恳请读者批评指正。

编者 Email：easybooks@163.com。

编　者

2021.7

目 录

前言

第1章 .NET 与 C# 基础 ······ 1
1.1 Visual Studio 集成开发环境 ······ 1
  1.1.1 Visual C# 环境设置和 Visual C#
      开发环境 ······ 2
  1.1.2 Visual Studio 项目管理 ······ 2
  1.1.3 Visual Studio IDE 界面元素 ······ 4
1.2 C# 程序入门 ······ 11
  1.2.1 C# 项目的创建与分类 ······ 11
  1.2.2 第一个控制台应用程序 ······ 12
  1.2.3 第一个 Windows 窗体程序 ······ 13

第2章 C# 编程基础 ······ 15
2.1 基本类型 ······ 15
  2.1.1 值类型 ······ 15
  2.1.2 引用类型 ······ 17
  2.1.3 值类型与引用类型的关系 ······ 18
2.2 常量与变量 ······ 20
  2.2.1 常量 ······ 20
  2.2.2 变量 ······ 22
2.3 表达式 ······ 23
  2.3.1 算术运算符 ······ 23
  2.3.2 关系运算符 ······ 24
  2.3.3 逻辑运算符 ······ 25
  2.3.4 位运算符 ······ 26
  2.3.5 赋值运算符 ······ 28
  2.3.6 条件运算符 ······ 28
  2.3.7 运算符的优先级与结合性 ······ 29
  2.3.8 表达式中的类型转换 ······ 29
2.4 选择语句 ······ 30
  2.4.1 if语句 ······ 30
  2.4.2 switch 语句 ······ 32
2.5 循环语句 ······ 33
  2.5.1 while 语句 ······ 33

2.5.2 do-while 语句 ······ 34
2.5.3 for 语句 ······ 35
2.6 跳转语句 ······ 37
  2.6.1 continue 语句 ······ 37
  2.6.2 break 语句 ······ 38
  2.6.3 return 语句 ······ 39
  2.6.4 goto 语句 ······ 39
2.7 数组 ······ 42
  2.7.1 数组的定义 ······ 42
  2.7.2 数组的初始化 ······ 43
  2.7.3 数组元素的访问 ······ 45
  2.7.4 数组与 System.Array ······ 47
  2.7.5 使用 foreach 语句遍历数组元素 ······ 49
2.8 综合应用实例 ······ 50

第3章 面向对象编程基础 ······ 53
3.1 面向对象的概念 ······ 53
  3.1.1 对象、类、实例化 ······ 54
  3.1.2 面向对象编程语言的三大原则 ··· 54
3.2 类 ······ 56
  3.2.1 类的声明 ······ 56
  3.2.2 类的成员 ······ 57
  3.2.3 构造函数 ······ 59
  3.2.4 析构函数 ······ 64
3.3 方法 ······ 65
  3.3.1 方法的声明 ······ 66
  3.3.2 方法的参数 ······ 68
  3.3.3 静态方法与实例方法 ······ 73
  3.3.4 方法的重载与覆盖 ······ 75
3.4 属性 ······ 79
3.5 综合应用实例 ······ 83

第4章 面向对象编程进阶 ······ 89
4.1 类的继承与多态 ······ 89
  4.1.1 继承 ······ 89
  4.1.2 多态 ······ 94

4.2 操作符重载 ·············· 99
4.3 类型转换 ·············· 104
　4.3.1 隐式类型转换 ·········· 104
　4.3.2 显式类型转换 ·········· 107
　4.3.3 使用 Convert 转换 ······· 108
4.4 结构与接口 ············· 110
　4.4.1 结构 ·············· 110
　4.4.2 接口 ·············· 111
4.5 集合与索引器 ············ 114
　4.5.1 集合 ·············· 114
　4.5.2 索引器 ············· 117
4.6 异常处理 ·············· 119
　4.6.1 异常与异常类 ········· 119
　4.6.2 异常处理 ············ 121
4.7 委托与事件 ············· 125
　4.7.1 委托 ·············· 125
　4.7.2 事件 ·············· 128
4.8 预处理命令 ············· 130
　4.8.1 #define、#undef 指令 ····· 130
　4.8.2 #if、#elif、#else、#endif 指令·131
　4.8.3 #warning、#error 指令 ···· 132
　4.8.4 #region、#endregion 指令 ·· 132
　4.8.5 #line 指令 ··········· 132
4.9 组件与程序集 ············ 132
　4.9.1 组件 ·············· 132
　4.9.2 程序集 ············· 133
4.10 泛型 ··············· 136

第5章 Windows 应用程序开发 ··· 139
5.1 开发应用程序的步骤 ········ 139
5.2 窗体 ················ 140
　5.2.1 创建 Windows 应用程序项目··· 141
　5.2.2 选择启动窗体 ········· 142
　5.2.3 窗体属性 ··········· 142
　5.2.4 窗体的常用方法和事件 ···· 144
5.3 Windows 控件的使用 ········ 145
　5.3.1 常用控件 ··········· 145
　5.3.2 Label 控件和 LinkLabel 控件 ···· 147
　5.3.3 Button 控件 ·········· 149
　5.3.4 TextBox 控件 ········· 150
　5.3.5 RadioButton 控件 ······· 152
　5.3.6 CheckBox 控件 ········ 153

　5.3.7 ListBox 控件 ·········· 154
　5.3.8 ComboBox 控件 ········· 155
　5.3.9 GroupBox 控件 ········· 156
　5.3.10 ListView 控件 ········· 157
　5.3.11 PictureBox 控件 ········ 158
　5.3.12 StatusStrip 控件 ········ 159
　5.3.13 Timer 控件 ·········· 160
5.4 菜单 ················ 162
　5.4.1 在设计时创建菜单 ······· 162
　5.4.2 以编程方式创建菜单 ······ 162
　5.4.3 上下文菜单 ·········· 163
5.5 对话框 ··············· 167
　5.5.1 消息框 ············· 167
　5.5.2 窗体对话框 ·········· 168
　5.5.3 通用对话框 ·········· 169
5.6 多文档界面 ············· 175
　5.6.1 创建 MDI 父窗体 ······· 175
　5.6.2 创建 MDI 子窗体 ······· 175
　5.6.3 确定活动的 MDI 子窗体 ···· 176
　5.6.4 排列子窗体 ·········· 177
5.7 打印与打印预览 ··········· 177
　5.7.1 在设计时创建打印作业 ···· 178
　5.7.2 选择打印机打印文件 ····· 178
　5.7.3 打印图形 ··········· 179
　5.7.4 打印文本 ··········· 179
5.8 综合应用实例 ············ 180

第6章 GDI+ 编程 ·········· 182
6.1 GDI+ 简介 ············· 182
　6.1.1 坐标系 ············· 182
　6.1.2 像素 ·············· 183
　6.1.3 Graphics 类 ·········· 183
6.2 绘图 ················ 185
　6.2.1 画笔 ·············· 185
　6.2.2 画刷 ·············· 185
　6.2.3 绘制直线 ··········· 186
　6.2.4 绘制矩形 ··········· 187
　6.2.5 绘制椭圆 ··········· 188
　6.2.6 绘制圆弧 ··········· 189
　6.2.7 绘制多边形 ·········· 191
6.3 颜色 ················ 192
6.4 文本输出 ·············· 193

6.4.1 字体 ·················193
6.4.2 输出文本 ·············194
6.5 图像处理 ················194
6.5.1 绘制图像 ·············194
6.5.2 刷新图像 ·············195
6.6 综合应用实例 ············195
第7章 文件操作 ·············201
7.1 文件概述 ················201
7.2 System.IO 模型 ···········202
7.2.1 System.IO 命名空间的资源 ···202
7.2.2 System.IO 命名空间的功能 ···203
7.3 文件与目录类 ············204
7.3.1 Directory 类和 Directory-
Info 类 ··············204
7.3.2 File 类和 FileInfo 类 ·····205
7.3.3 Path 类 ·············207
7.3.4 读取驱动器信息 ········208
7.4 文件的读与写 ············209
7.4.1 流 ················209
7.4.2 读写文件 ·············210
7.4.3 读写二进制文件 ········211
7.5 综合应用实例 ············213
第8章 数据库应用 ···········218
8.1 创建 MySQL 数据库及其对象 ···218
8.1.1 常用数据库对象简介 ······218
8.1.2 常用 SQL 语句 ·········221
8.1.3 常用数据库对象的创建 ·····223
8.2 Visual C# 操作数据库 ·······228
8.2.1 ADO.NET 的架构 ········228
8.2.2 Visual C# 项目的建立 ·····229
8.2.3 安装 MySQL 5.7 的 .NET 驱动 ···230
8.3 设计学生成绩管理系统 ·······231
8.3.1 主界面和系统代码的架构 ····231
8.3.2 设计学生管理功能 ·······233
8.3.3 设计成绩管理功能 ·······238
第9章 多线程编程 ···········241
9.1 线程概述 ················241

9.1.1 多线程工作方式 ········242
9.1.2 什么时候使用多线程 ······242
9.2 创建并控制线程 ···········243
9.2.1 线程的建立与启动 ·······243
9.2.2 线程的挂起、恢复与终止 ···244
9.2.3 线程的状态及优先级 ······247
9.3 线程的同步和通信 ·········250
9.3.1 lock 关键字 ···········250
9.3.2 线程监视器 ···········251
9.3.3 线程间的通信 ·········252
9.3.4 子线程访问主线程的控件 ···254
9.4 线程池和定时器 ···········256
9.4.1 线程池 ··············256
9.4.2 定时器 ··············256
9.5 互斥对象 ················257
9.6 综合应用实例 ············258
习题 ·······················261
第1章 .NET 与 C# 基础 ········261
第2章 C# 编程基础 ··········262
第3章 面向对象编程基础 ·······266
第4章 面向对象编程进阶 ·······269
第5章 Windows 应用程序开发 ···271
第6章 GDI+ 编程 ············273
第7章 文件操作 ············273
第8章 数据库应用 ··········274
第9章 多线程编程 ··········275
实验 ·······················277
实验1 .NET 与 C# 基础 ········277
实验2 C# 编程基础 ··········278
实验3 面向对象编程基础 ·······283
实验4 面向对象编程进阶 ·······291
实验5 Windows 应用程序开发 ···296
实验6 GDI+ 编程 ············300
实验7 文件操作 ············303
实验8 数据库应用 ··········304
实验9 多线程编程 ··········306

第 1 章

.NET 与 C# 基础

　　微软公司在 2000 年推出了 .NET 战略，以构筑面向互联网时代的开发平台。为了实现 .NET 技术，微软公司开发了一整套工具组件，这些组件被集成到 Visual Studio（简称 VS）开发环境中，在 VS 环境中可以开发、运行新的 .NET 平台上的应用程序。C# 是 .NET 平台为应用开发而设计的一种现代编程语言。

　　.NET 框架（.NET Framework）是 .NET 战略的核心，这个框架执行应用程序和 Web 服务，提供安全性和许多其他的编程功能，建立 .NET 应用程序。使用 .NET 开发的程序需要在 .NET Framework 下才能运行。

　　C#（读作 C sharp）是微软公司发布的一种面向对象的、运行于 .NET Framework 之上的高级程序设计语言，它是微软公司 .NET Windows 网络框架的主角。C# 的特点是现代、简单、完全面向对象，而且是类型安全的。在类、名字空间、方法重载和异常处理等方面，C# 去掉了 C++ 中的许多复杂性，借鉴和修改了 Java 的许多特性，使其更加易于使用，不易出错。

　　Visual Studio 推出后，功能不断增强，并不断发布 VS 的新版本，对应 C# 语言的版本也同步更新，Windows 操作系统配套的 .NET Framework 版本也在提高，流行的 VS 版本（C# 版本，.NET Framework 版本）包括 2002（1.0，1.0）、2005（2.0，2.0）、2008（3.0，3.5）、2010（4.0，4.0）、2013（5.0，4.5）、2015（6.0，4.6）、2017（7.0，4.6.2），目前最新的版本是 VS 2019（8.0）。由于从 2017 版开始，VS 需要联网下载安装，版本更新主要体现在功能补充和性能提高方面。虽然 C# 版本不断更新，从适应各学校 VS 教学平台和教学需要的角度，本书以 C# 的基本版本介绍语言，并基于 VS 2015 平台介绍应用开发。

1.1　Visual Studio 集成开发环境

　　Microsoft Visual Studio 是微软 .NET 平台的集成开发环境（IDE），其功能强大，整合了多种开发语言（包括 Visual Basic、Visual C++、Visual C#、Visual F#），集代码编辑、调试、测试、打包、部署等功能于一体，大大提高了开发效率。本书介绍 Visual C#，基于的平台为 Visual Studio 2015。

　　初学者并不能明显体会到 .NET Framework 功能的改进与增强，但对于 Visual C# 开发人员来说，这种感受是真真切切的。它使用户在开发环境下解决问题变得越来越容易，运行的性能越来越高，有些原来需要通过程序才能解决的问题，甚至编程都很难解决的问题变得容易解决。

1.1.1　Visual C# 环境设置和 Visual C# 开发环境

在 Visual Studio 环境下可以采用 4 种语言进行开发，Visual Studio 安装完成后，系统默认一种语言作为编程语言。如果需要将其他编程语言开发环境切换到 Visual C# 编程语言，则应进行设置。

1. 设置 Visual C# 环境

除了可在安装完成后，于初次启动时指定初始环境，用户还可在任何时候重置开发环境，步骤如下。

1）选择主菜单"工具"→"导入和导出设置"，在"导入和导出设置向导"对话框中选择"重置所有设置"，单击"下一步"按钮，如图 1-1 所示。

2）在"保存当前设置"页面选择"否，仅重置设置，从而覆盖我的当前设置"，然后单击"下一步"按钮，如图 1-2 所示。

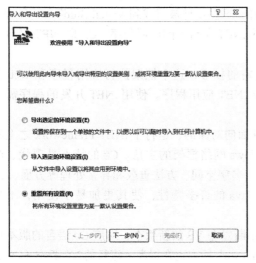

图 1-1　重置 VS 开发环境　　　　　　图 1-2　覆盖当前设置

3）在"选择一个默认设置集合"页面，在"要重置为哪个设置集合?"列表中选择"Visual C#"，单击"完成"按钮，即可设置成 C# 的编程环境，如图 1-3 所示。

2. Visual C# 开发环境

经过配置后，打开 VS 2015 主窗口，即可显示"起始页"界面，如图 1-4 所示。

在"起始页"界面中，用户可以新建或打开项目。若要打开已有项目，可单击最近的项目列表中的某个项目名称；也可以依次单击菜单"文件"→"打开"→"项目 / 解决方案"，在弹出的"打开项目"对话框中选择要打开的项目。

1.1.2　Visual Studio 项目管理

为了有效地管理各类应用程序的开发，VS 2015 提供了两类"容器"：一是项目，二是解决方案。那么，它们是什么? 又是如何进行管理的呢?

图 1-3   设置为 C# 开发环境

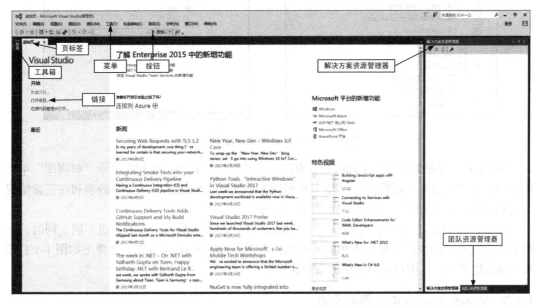

图 1-4   "起始页"界面

1. 项目与解决方案

　　用 VS 2015 开发的程序可以表现为多种应用类型，如控制台应用程序、Windows 窗体应用程序、WPF 应用程序、ASP.NET Web 应用程序、类库等。VS 2015 的"项目"以逻辑方式管理、生成和调试构成应用程序的诸多项，包括创建应用程序所需的引用、数据链接、文件夹和文件等。"项目"的输出通常是可执行程序（.exe）、动态链接库（.dll）文件或模块等。

　　解决方案是一类相关项目的集合，一个解决方案可包含多个项目。VS 2015 为解决方案提供了指定的文件夹，用于管理和组织该方案下的各种项目和项目组。同时，在该文件夹下

还有一个扩展名为 .sln 的解决方案文件。

2. 解决方案资源管理器

作为查看和管理解决方案、项目及其关联项的界面,"解决方案资源管理器"是 VS 2015 开发环境的一部分。它将方案中所有关联的项以"树视图"的形式分类显示。针对 Visual C#,这些项包括 Properties(程序集属性)、引用(名字空间)、App.config(应用配置)和 .cs 文件(源文件)等,单击节点名称图标前的"▷"或"◢"符号,或双击图标,将显示或隐藏节点下的相关内容,如图 1-5 左图所示。

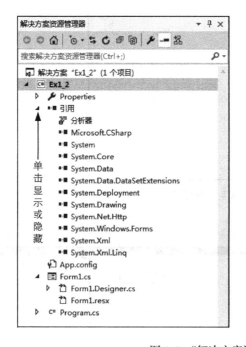
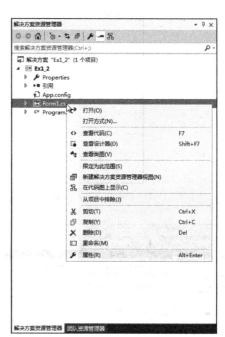

图 1-5   "解决方案资源管理器"窗口

"解决方案资源管理器"窗口的顶部有几个工具图标。其中,🔧 用来显示"树视图"中所选项的相应"属性页"对话框;▣ 用来显示所有的文件,包括已经被排除的项和在正常情况下隐藏的项;而 ⅜ 用来查看代码图,帮助理解复杂的代码。

需要说明的是,选择的节点项不同,对应的窗口顶部出现的工具图标也不同。同时,右键单击节点显示的快捷菜单也不相同。例如,右键单击 Form1.cs 节点,会弹出如图 1-5 右图所示的快捷菜单,从中可选择相应的命令和操作。

1.1.3   Visual Studio IDE 界面元素

1. 标题栏

标题栏是 VS 2015 窗口顶部的水平条,它显示的是应用程序的名字。默认情况下,用户建立一个新项目后,标题栏显示如下信息:

```
WindowsFormsApplication1 - Microsoft Visual Studio(管理员)
```

其中,"WindowsFormsApplication1"代表解决方案名称。随着工作状态的变化,标题栏中的信息也随之改变。当处于调试状态时,标题栏显示如下信息:

```
WindowsFormsApplication1(正在调试)- Microsoft Visual Studio(管理员)
```

在上面的标题信息中，第一个括号中的"正在调试"表明当前的工作状态处于"调试阶段"。当处于运行状态时，该括号中的信息为"正在运行"，表明当前的工作状态处于"运行阶段"。

2. 菜单栏

标题栏的下面是主菜单，菜单是 Visual C# 编程环境的重要组成部分，开发者要完成的主要功能都可以通过菜单或与菜单对应的工具栏按钮及快捷键来实现。在不同的状态下，菜单栏中的菜单项个数是不一样的。

启动 VS 2015 后，在建立项目前（即"起始页"状态下），菜单栏有 11 个菜单项：文件、编辑、视图、调试、团队、工具、体系结构、测试、分析、窗口和帮助。当建立或打开项目后，如果当前活动的窗口是窗体设计器，则菜单栏中有与此相关的 14 个菜单；如果当前活动的是代码窗口，则菜单栏中另有与之相关的 13 个菜单。

每个菜单包含若干个子菜单（项），灰色的选项是不可用的；菜单名后面"（ ）"中的字母为键盘访问键，某些菜单项后显示的字母组合为快捷键。例如，要完成"新建项目"的操作，可以先按 Alt+F 组合键打开"文件"菜单，再按 N 键，或直接按 Ctrl+Shift+N 组合键，如图 1-6 所示。

图 1-6　文件菜单的快捷访问

（1）文件菜单（File）

文件菜单用于对文件进行操作，如新建和打开项目，以及保存和退出等。文件菜单如图 1-6 所示，对应的主要功能见表 1-1。

表 1-1　文件菜单功能表

菜 单 项	功　　能
新建	包括新建项目、网站和文件等
打开	包括打开项目/解决方案、网站和文件等
关闭	关闭当前项
关闭解决方案	关闭打开的解决方案
保存选定项	保存对选定项的修改，文件名不变
将选定项另存为	将选定项另存为其他文件名
全部保存	保存当前打开的所有项目
导出模板	将项目或项导出为可用作将来项目基础的模板
源代码管理	包括查找/应用标签、从服务器打开、工作区等
账户设置	登录到微软 Visual Studio 官网，在线管理和发布程序代码
退出	退出 VS 2015 集成开发环境

（2）视图菜单（View）

视图菜单用于显示或隐藏各功能窗口或对话框。若不小心关闭了某个窗口，可以通过选择视图菜单项来恢复显示。视图菜单还控制工具栏的显示，若要显示或关闭某个工具栏，只需单击"视图"→"工具栏"，找到相应的工具栏，在其前面打钩或去掉钩即可。视图菜单如图 1-7 所示，其主要功能见表 1-2。

表 1-2 视图菜单主要功能表

菜 单 项	功 能
解决方案资源管理器	打开解决方案资源管理器窗口
服务器资源管理器	打开服务器资源管理器窗口
类视图	打开类视图窗口
对象浏览器	打开对象浏览器窗口
工具箱	打开工具箱窗口
其他窗口	打开命令、Web 浏览器、属性管理器等其他窗口
工具栏	打开或关闭各种快捷工具栏
属性窗口	打开用户控件的属性页

（3）项目菜单（Project）

项目菜单只有在打开某个项目后才会显现，如图 1-8 所示，主要用于向程序中添加或移除各种元素，如窗体、控件、组件和类等。菜单中的功能使用较简单，其中两个重要菜单项见表 1-3。

表 1-3 项目菜单功能表

菜 单 项	功 能
添加 Windows 窗体	向项目中添加新窗体
添加服务引用	添加一个 Web 服务引用或添加 WCF 服务引用

图 1-7 视图菜单

图 1-8 项目菜单

（4）格式菜单（Format）

格式菜单用于在设计阶段对窗体中各个控件进行布局。使用它可以对所选定的对象进行格式调整，在设计多个对象时用来使界面整齐划一。格式菜单如图 1-9 所示，主要功能见表 1-4。

表 1-4　格式菜单功能表

菜　单　项	功　　能
对齐	对齐所有选中的对象
使大小相同	将所有选中的对象按宽或高统一尺寸
水平间距	对所有选中的对象统一调整水平间距
垂直间距	对所有选中的对象统一调整垂直间距
窗体内居中	将对象在窗体中居中对齐
顺序	将对象按前、后顺序放置
锁定控件	锁定所选中的控件，不能调整位置

（5）调试菜单（Debug）

调试菜单用于选择不同调试程序的方法，如逐语句、逐过程、设断点等。调试菜单如图 1-10 所示，对应的主要功能见表 1-5。

表 1-5　调试菜单功能表

菜　单　项	功　　能	菜　单　项	功　　能
开始调试	以调试模式运行	逐过程	一个过程一个过程运行
开始执行（不调试）	不调试，直接运行	新建断点	用于设置新断点
逐语句	一句一句运行	删除所有断点	清除所有已设置的断点

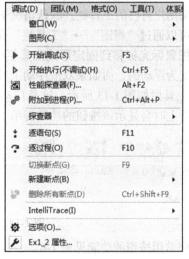

图 1-9　格式菜单　　　　　　　　　　　　　图 1-10　调试菜单

（6）工具菜单（Tools）

工具菜单用于选择设计程序时使用的一些工具，例如，可用来添加 / 删除工具箱项、连接数据库、连接服务器等。工具菜单如图 1-11 所示。

（7）生成菜单（Build）

生成菜单主要用于生成能运行的可执行程序文件。生成之后的程序可以脱离开发环境独立运行，也可以用于发布程序。

（8）帮助菜单（Help）

学会使用帮助菜单是学习和掌握 C# 的捷径。用户可以通过内容、索引和搜索的方法寻求帮助，帮助菜单如图 1-12 所示。

图 1-11　工具菜单

图 1-12　帮助菜单

（9）其他菜单

菜单栏中还有"编辑"和"窗口"等菜单，它们的功能与标准 Windows 程序基本相同，在此不再详细介绍。

另外，除了菜单栏中的菜单外，若在不同的窗口中单击鼠标右键，还可以得到相应的专用快捷菜单，也称为上下文菜单或弹出菜单。

3. 工具栏

单击工具栏上的按钮，则执行该按钮所代表的操作。Visual C# 提供了多种工具栏，并可根据需要定义用户自己的工具栏。默认情况下，Visual C# 中只显示标准工具栏和布局工具栏，其他工具栏可以通过"视图"→"工具栏"命令打开（或关闭）。每种工具栏都有固定和浮动两种形式，把鼠标光标移到固定形式工具栏中没有图标的地方，按住左键向下拖动鼠标，即可把工具栏变为浮动的，而如果双击浮动工具栏的标题，则还原为固定工具栏。

默认的工具栏如图 1-13 所示，这是启动 Visual C# 之后显示的默认工具栏，当鼠标停留在工具栏按钮上时会显示该按钮的功能提示。

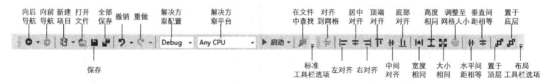

图 1-13　默认工具栏

工具栏中常用按钮的功能见表 1-6。

表 1-6　工具栏按钮功能表

名　　称	功　　能
新建项目	相当于文件菜单中的"新建"→"项目"菜单项
打开文件	相当于文件菜单中的"打开"→"文件"菜单项
保存	相当于文件菜单中的"保存"菜单项
全部保存	相当于文件菜单中的"全部保存"菜单项
撤销、重做	对应编辑菜单中的"撤销"、"重做"菜单项
启动	相当于调试菜单中的"开始调试"菜单项
在文件中查找	相当于编辑菜单中的"查找和替换"→"在文件中查找"菜单项
对齐到网格、左对齐、居中对齐、右对齐、顶端对齐、中间对齐、底端对齐	对应格式菜单中的"对齐"子菜单下的各同名项

（续）

名　　称	功　　能
使宽度相同、使高度相同、使大小相同、调整至网格大小	分别对应格式菜单中的"使大小相同"→"宽度""高度""两者"和"调整至网格大小"等子菜单项
使水平间距相等、使垂直间距相等	分别对应格式菜单中的"水平间距"→"相同间隔""垂直间距"→"相同间隔"菜单项
置于顶层、置于底层	分别对应格式菜单中的"顺序"→"置于顶层""置于底层"子菜单项

4. 工具箱

工具箱（Toolbox）提供了一组控件，用户在设计界面时可以选择所需的控件放入窗体中。工具箱位于屏幕的左侧（如图 1-14 所示），默认情况下是自动隐藏的，当鼠标接近工具箱"敏感"区域并单击时，工具箱会弹出，鼠标移开后又会自动隐藏。

从图 1-14 可以看出，工具箱是由众多控件组成的，为便于管理，常用的控件被分门别类地放在"所有 Windows 窗体""公共控件""容器""菜单和工具栏""数据""组件""打印""对话框""WPF 互操作性""常规"这 10 个选项卡中，如图 1-15 所示。比如，在"所有 Windows 窗体"选项卡中，存放了常用的命令按钮、标签、文本框等控件。10 个选项卡中存放的控件见表 1-7。

图 1-14　控件工具箱

图 1-15　工具箱选项卡

表 1-7　工具箱选项卡中存放的控件

选项卡名称	内　容　说　明
所有 Windows 窗体	存放 Windows 程序界面设计所有的控件
公共控件	存放常用的控件
容器	存放容器类的控件
菜单和工具栏	存放菜单和工具栏类控件
数据	存放操作数据库的控件
组件	存放系统提供的组件
打印	存放打印相关的控件
对话框	存放各种对话框控件
WPF 互操作性	存放 WPF 相关的控件
常规	保存了用户常用的控件（包括自定义控件）

选项卡中的控件不是一成不变的，用户可以根据需要增加或删除。在工具箱窗口中单击鼠标右键，在弹出的菜单中选择"选择项"，会弹出一个包含所有可选控件的"选择工具箱项"对话框，如图1-16所示，通过选中或取消选中其中的各类控件，即可添加或删除选项卡中的控件。

图1-16 "选择工具箱项"对话框

5. 窗口

除前面提到过的"解决方案资源管理器"窗口之外，VS 2015还有"属性窗口""窗体设计器"窗口等诸多功能窗口，它们都可由用户通过"视图"菜单来设置显现或隐藏。

（1）窗体设计器窗口

窗体设计器窗口简称窗体（Form），是用户自定义窗口，用来设计应用程序的图形界面，它对应的是程序运行的最终结果。各种图形、图像、数据等都是通过窗体或其中的控件显示的。

（2）属性窗口

属性窗口位于"解决方案资源管理器"的下方，用于列出当前选定窗体或控件的属性设置，属性即对象的特征。图1-17是名称为Form1的窗体对象的属性。

属性的显示方式有两种，图1-17是按"分类顺序"排列各个属性的，图1-18则是按"字母顺序"排列各个属性的。在属性窗口的上部有一个工具栏，用户可以通过单击其中相应的工具按钮来改变属性的排列方式。

图1-17 属性窗口（按分类排序）

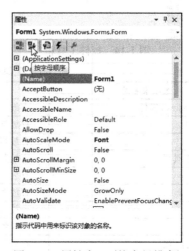

图1-18 属性窗口（按字母排序）

　　类和名称空间位于属性窗口的顶部,其下拉列表中的内容是应用程序中每个类的名字及类所在的名称空间。随着窗体中控件的增加,这些对象的有关信息将加入命名空间框的下拉列表中。

　　(3)代码窗口

　　代码窗口与窗体设计器窗口在同一位置,但被放在不同的标签页中,如图 1-19 所示,其中 Form1 窗体的代码窗口的标题是 Form1.cs。代码窗口用于输入应用程序代码,又称为代码编辑器,它包含项目列表框、对象列表框、成员列表框和代码编辑区。项目列表框显示此源文件所属的项目,对象列表框显示和该窗体有关的对象清单,成员列表框显示对象列表框中选中对象的全部事件,代码编辑区用于编辑对应事件的程序代码。

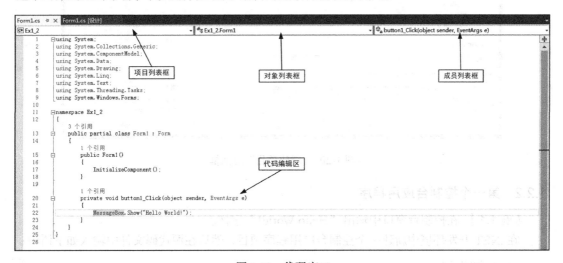

图 1-19　代码窗口

　　除了上述几种窗口外,在集成环境中还有其他一些窗口,包括输出、命令、任务列表等,将在本书后续章节中介绍这些窗口。

1.2　C# 程序入门

1.2.1　C# 项目的创建与分类

　　VS 2015 可用于多种类型的快速程序开发,如基于 Web 的应用程序、基于 WPF 的应用程序、基于 Windows 的应用程序、控制台应用程序和移动应用程序等。

　　单击“文件”→“新建”→“项目”按钮,系统会弹出“新建项目”对话框,如图 1-20 所示。

　　在“模板”栏中选择模板类型,选择模板后,在“名称”栏中输入项目的名称,在“位置”栏中输入(选择)保存项目的路径,在“解决方案名称”栏中输入解决方案的名称,单击“确定”按钮即可进入项目开发工作区。新建立的项目都保存在设定的解决方案中,一个解决方案中可以包含一个或多个项目。在默认情况下,解决方案的名字与项目名称相同,而且保存项目和解决方案的文件夹名就是项目名称。

　　常见的 C# 项目有两大类:控制台应用程序和 Windows 窗体应用程序,对于每一种类型,VS 2015 都提供了默认模板。

图 1-20 "新建项目"对话框

1.2.2 第一个控制台应用程序

【例 1.1】 在控制台窗口中输出"Hello World!"字样。

在 .NET 开发环境中新建一个控制台应用程序项目,然后在源代码文件中输入如下语句:

```
using System;
using System.Collections.Generic;
using System.Linq;
using System.Text;
namespace Ex1_1
{
    class Program
    {
        static void Main(string[] args)
        {
            Console.WriteLine( "Hello World!" );
        }
    }
}
```

将此项目命名为 Ex1_1,然后打开"命令提示符"程序,进入目录"C:\Users\Administrator\ Documents\Visual Studio 2015\Projects\Ex1_1\Ex1_1\bin\Debug",输入 Ex1_1.exe 后按回车键,可以看到运行结果出现在控制台窗口中,显示"Hello World!"字样,如图 1-21 所示。

(1)命名空间

在上面代码中,以 using 关键词开始的是命名空间导入语句。命名空间是为了防止相同名字的不同标识符发生冲突而设计的隔离机制。比如,用户开发了一个二维图形组件,将该组件命名为 Point。而另一个用户开发的一个三维图形组件恰好也命名为 Point。这时,如果在应用程序中同时使用这两个组件,那么在编译时编译器将无法判断引用哪一个组件。通过将组件的命名放在不同的命名空间中就可以对两个组件加以区别。要使用哪一个组件,就通过 using 关键字打开其所在的命名空间即可。在 C# 中（确切地说是在 .NET 框架类库中）使用了一种树状的类似于“中国→江苏→南京”的地址编码方式来对命名空间进行管理，通过引入命名空间，就可以使用 MyClass.Point 和 YourClass.Point 这样的方式对相同名称的标识符进行识别。即使是同时使用这两个组件，编译器也不会迷惑。

图 1-21　控制台中程序的运行结果

在 .NET 框架类库中提供的不同组件都被包含在一定的命名空间中，所以要使用这些组件，必须通过 using 关键字打开相应的命名空间，使得相应的标识符对编译器可见。如果没有使用 using 关键字，那么相应的标识符就应包含完整的命名空间路径。

（2）完全面向对象

C# 是一种面向对象语言，所以不会有独立于类的代码出现，应用程序的入口也必须是类的方法。C# 规定以命名为 Main 的方法作为程序的入口。方法的代码使用“{}”符号作为起始标识符，static 关键字是对方法的修饰，使得这个方法在建立类的实例之前就可被调用，因为在程序入口还不会有任何类的实例生成。Main 前面的关键字 void 代表该方法没有返回值，这与 C/C++ 和 Java 是一样的。

方法中的代码“Console.WriteLine("Hello World!");”调用了 .NET 框架类库中对象的方法来向控制台输出信息。可以看出，本程序的核心代码所实现的功能全部来自 .NET 框架类库，而 C# 只是提供了一个语法框架，C# 开发实际就是用 C# 语言将 .NET 框架类库中的组件加以组织，从而实现应用程序的业务逻辑。

1.2.3　第一个 Windows 窗体程序

【例 1.2】　显示含有“Hello World!”字样的对话框。

在“新建项目”对话框中，选择“Windows 窗体应用程序”模板，将此项目命名为 Ex1_2，单击“确定”按钮后，将进入 C# 的 Windows 编程窗体设计工作区，如图 1-22 所示。

中间工作区的左上方是窗体设计器，设计器窗口的标题是“Form1.cs [设计]”。

在建立一个新的项目后，系统将自动建立一个窗体，其默认名称和标题为 Form1。

在设计应用程序时，根据用户需要，从工具箱中选择需要的控件，然后在窗体的工作区中画出相应的控件对象，这样就完成了窗体的界面设计。

将窗体 Form1 调整为合适的大小，从工具箱中选择 Button 按钮控件并将其拖曳到 Form1 窗体中。双击此按钮，在代码窗口中添加代码，代码如下：

```csharp
using System;
using System.Collections.Generic;
using System.ComponentModel;
using System.Data;
using System.Drawing;
using System.Linq;
using System.Text;
using System.Threading.Tasks;
using System.Windows.Forms;
namespace Ex1_2
{
    public partial class Form1 : Form
    {
        public Form1()
        {
            InitializeComponent();
        }
        private void button1_Click(object sender, EventArgs e)
        {
            MessageBox.Show("Hello World!");
        }
    }
}
```

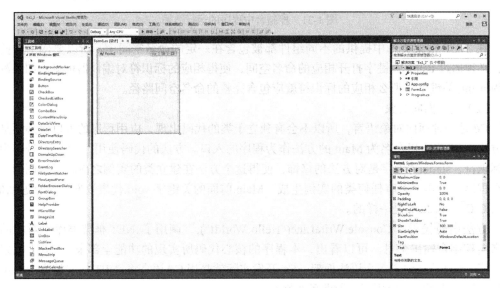

图 1-22　C# Windows 窗体设计环境

按快捷键 F5 运行此程序，结果如图 1-23 所示。

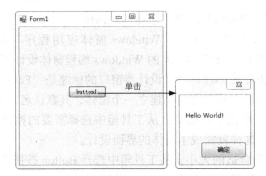

图 1-23　Windows 窗体程序的运行结果

第 2 章

C# 编程基础

C# 的基本数据类型、变量、常量、表达式、程序流程控制语句以及数组等概念是 C# 程序设计的基础，掌握这些基本知识是编写正确程序的前提。

2.1 基本类型

C# 语言是一种强类型语言，在程序中用到的变量、表达式和数值等都必须指定类型，编译器会检查所指定数据类型操作的合法性，非法数据类型操作不会被编译。这种特点保证了变量中存储的数据的安全性。

Microsoft.NET 构架的核心是一个公用类型系统（Common Type System, CTS），它定义了在不同程序语言语法中的一系列公共类型。C# 是面向对象的语言，它把任何事物都看成对象，所有的对象都隐式地从 CTS 的基类 System.Object 派生而来。数据类型分成两大类：一个是值类型（value type），另一个是引用类型（reference type）。数据类型的分类如图 2-1 所示。

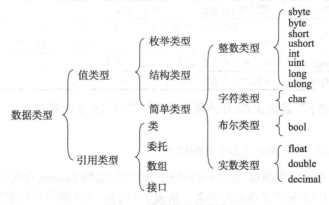

图 2-1　数据类型的分类

2.1.1 值类型

所谓值类型就是一个包含实际数据的量。当定义一个值类型的变量时，C# 会根据它所声明的类型，以堆栈方式给这个变量分配一块大小相适应的存储区域，随后直接在这块内存区域对这个变量进行读或写操作。

例如：

```
int   iNum=10;        // 分配一个 32 位内存区域给变量 iNum，并将 10 放入该内存区域
iNum=iNum+10;         // 从变量 iNum 中取出值，加上 10，再将计算结果赋给 iNum
```

图 2-2 给出了这个值类型的操作示意。

图 2-2 值类型操作示意

C# 中的值类型包括：简单类型、枚举类型和结构类型。

1. 简单类型

简单类型是系统预置的，一共有 13 个数值类型，如表 2-1 所示。

表 2-1 C# 简单类型

C# 关键字	.NET CTS 类型名	说明	范围和精度
short	System.Int16	16 位有符号整数类型	−32 768 ～ 32 767
ushort	System.UInt16	16 位无符号整数类型	0 ～ 65 535
int	System.Int32	32 位有符号整数类型	−2 147 483 648 ～ 2 147 483 647
uint	System.UInt32	32 位无符号整数类型	0 ～ 4 294 967 295
long	System.Int64	64 位有符号整数类型	−9 223 372 036 854 775 808 ～ 9 223 372 036 854 775 807
ulong	System.UInt64	64 位无符号整数类型	0 ～ 18 446 744 073 709 551 615
char	System.Char	16 位字符类型	所有的 Unicode 编码字符
float	System.Single	32 位单精度浮点类型	$\pm 1.5 \times 10^{-45}$ ～ $\pm 3.4 \times 10^{38}$ （大约 7 个有效十进制数位）
double	System.Double	64 位双精度浮点类型	$\pm 5.0 \times 10^{-324}$ ～ $\pm 3.4 \times 10^{308}$ （大约 15 ～ 16 个有效十进制数位）
bool	System.Boolean	逻辑值（真或假）	true、false
decimal	System.Decimal	128 位高精度十进制数类型	$\pm 1.0 \times 10^{-28}$ ～ $\pm 7.9 \times 10^{28}$ （大约 28 ～ 29 个有效十进制数位）
sbyte	System.SByte	8 位有符号整数类型	−128 ～ 127
byte	System.Byte	8 位无符号整数类型	0 ～ 255

表中"C# 关键字"是指在 C# 中声明变量时可使用的类型说明符。

例如：

```
int myNum    // 声明 myNum 为 32 位的整数类型
```

.NET 的 CTS 包含所有简单类型，它们位于 .NET 框架的 System 命名空间。C# 的类型关键字就是 .NET 中 CTS 所定义类型的别名。从表 2-1 可见，C# 的简单数据类型可以分为整数类型（包括字符类型）、实数类型和布尔类型。

整数类型共有 9 种，它们的区别在于所占存储空间的大小、带不带符号位以及所能表示数的范围，这些是程序设计时定义数据类型的重要参数。char 类型归属于整数类型，但它与整型有所不同，不支持从其他类型到 char 类型的隐式转换。即使 sbyte、byte、ushort 这些类

型的值在 char 表示的范围之内，也不存在这些类型与 char 的隐式转换。

实数类型有 3 种，其中浮点类型 float、double 采用 IEEE754 格式来表示，因此浮点运算一般不产生异常。decimal 类型主要适用于财务和货币计算，它可以精确地表示十进制小数数字（如 0.001）。虽然它具有较高的精度，但取值范围较小，因此从浮点类型到 decimal 的转换可能会产生溢出异常；而从 decimal 到浮点类型的转换则可能导致精度的损失，所以浮点类型与 decimal 之间不存在隐式转换。

bool 类型表示布尔逻辑量，它与其他类型之间不存在标准转换，即不能用一个整型数表示 true 或 false，反之亦然，这点与 C/C++ 不同。

2. 枚举类型

枚举类型是一组命名的常量集合，其中每一个元素称为枚举成员列表。除了 char 之外的所有整数类型都可以作为枚举类型的基本类型，枚举类型的声明形式如下：

```
enum  name  [ : base_type ] { enumerator_list }
```

其中：

- enum——声明枚举类型的关键字。
- name——所声明的枚举类型的变量名。
- base_type——除了 char 之外的整数类型，默认约定为 int 类型。
- enumerator_list——枚举成员列表，成员之间用逗号分隔，在声明时，可以对成员进行赋值（默认第一个成员的值是 0），在此之后的成员值按前面的成员值依次加 1。

例如：

```
enum color1 { red, green, blue }              // red=0, green=1, blue=2
enum color2 : byte { red, green=2, blue }     // red=0, green=2, blue=3
```

枚举类型在声明的时候就创建一个值类型的枚举变量，以后可直接使用枚举成员名。

例如：color1.red、color1.green 等。

3. 结构类型

关于结构类型将在后面详细介绍。

2.1.2　引用类型

引用类型包括类（class）、接口（interface）、数组、委托（delegate）、object 和 string。其中 object 和 string 是两个比较特殊的类型。object 是 C# 中所有类型（包括所有的值类型和引用类型）的根类。string 类型是一个从 object 类直接继承的密封类型（不能再被继承），其实例表示 Unicode 字符串。

一个引用类型的变量不存储它们所代表的实际数据，而是存储实际数据的引用。引用类型分两步创建：首先在堆栈上创建一个引用变量，然后在堆上创建对象本身，再把这个内存的句柄（即内存的首地址）赋给引用变量。

例如：

```
string s1, s2;
s1="ABCD"; s2 = s1;
```

其中，s1、s2 是指向字符串的引用变量，s1 的值是字符串"ABCD"存放在内存的地址，这就是对字符串的引用，两个引用变量之间的赋值，使得 s2、s1 都是对"ABCD"的引用，如图 2-3 所示。

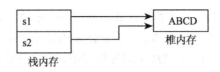

图 2-3   引用类型赋值示意

引用类型的值是引用类型实例的引用，特殊值 null 适用于所有引用类型，它表明没有任何引用的对象。当然也可能有若干个引用类型的变量同时引用一个对象的实例，对任何一个引用变量做修改都会导致该对象的值修改。

🍎 说明：

    堆栈是一种按先进后出（FILO）的原则存储数据项的数据结构；堆（heap）则是用于动态内存分配的一块内存区域，可以按任意顺序和大小进行分配和释放。C# 中，值类型就分配在堆栈中，堆栈内存区域内保存着值类型的值，内存区域可以通过变量名来存取。引用类型分配在堆中，对象分配在堆时返回的是地址，这个地址被赋值给引用变量。

2.1.3   值类型与引用类型的关系

可以把值类型与引用类型的值赋给 object 类型变量，C# 用"装箱"和"拆箱"来实现值类型与引用类型之间的转换。

装箱就是将值类型包装成引用类型的处理过程。当一个值类型被要求转换成一个 object 对象时，装箱操作自动进行。它首先创建一个对象实例，然后把值类型的值复制到这个对象实例，最后由 object 对象引用这个对象实例。

例如：

```
using System;
class Demo
{
    public static void Main ( )
    {   int x = 123;
        object obj1=x;                    // 装箱操作
        x = x+100;                        // 改变 x 的值，此时 obj1 的值并不会随之改变
        Console.WriteLine (" x= {0}" , x );          // x=223
        Console.WriteLine (" obj1= {0}" , obj1 );    // obj1=123
    }
}
```

该实例的装箱操作说明如图 2-4 所示。

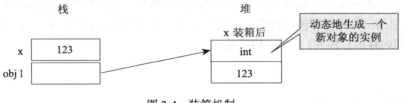

图 2-4   装箱机制

拆箱操作与装箱相反，它是将一个 object 类型转换成值类型。首先检查由 object 引用的对象实例值类型的包装值，然后把实例中的值复制到值类型的变量中。

例如:

```
using System;
class Demo
{
    public static void Main ( )
    {   int x = 123, y;
        object obj1=x;              // 装箱操作
        x = x+100;                 // 改变 x 的值, 此时 obj1 的值并不会随之改变
        y = (int) obj1;            // 拆箱操作, 必须进行强制类型转换
        Console.WriteLine (" x= {0}" , x);          // x=223
        Console.WriteLine (" obj1= {0}" , obj1 );   // obj1=123
    }
}
```

注意:

当一个装箱操作把值类型转换为一个引用类型时, 不需要显式地强制类型转换; 而拆箱操作把引用类型转换到值类型时, 由于它可以强制转换到任何可以相容的值类型, 所以必须显式地强制类型转换。

【例 2.1】 string 引用类型的特殊性。

```
namespace EX2_1
{
    class Program
    {
        static void Main(string[] args)
        {
            double d1 = 3.14;
            double d2 = d1;
            Console.WriteLine("d1 与 d2 内存地址是否相同: "+((object)d1==(object)d2));
            object o1 = d1;                // 装箱操作
            object o2 = o1;
            Console.WriteLine("o1 与 o2 是否指向同一个内存地址: "+((object)o1==(object)o2));
            d1 = 3.1415;
            Console.WriteLine((double)o1); // d1 改变不影响 o1 的值, 说明 o1 不是指向 d1 的内存地址
            string s1 = "Visual C#";
            string s2 = s1;
             Console.WriteLine("s1 与 s2 是否指向同一个内存地址: "+((object)s1==(object)s2));
            s1 = "C#";     // 修改字符串, 在内存中创建新的内存位置, 创建了新的 s1 实例
            Console.WriteLine(" 改变 s1 后, s1 与 s2 是否指向同一个地址: "+((object)
                s1==(object)s2));
            s2 = "C#";     // 修改字符串, 在内存中创建新的内存位置, 但与 s1 内存位置不同
            Console.WriteLine(s1==s2); // 说明 string 类型只判断值
            Console.ReadLine();
        }
    }
}
```

运行程序, 结果如图 2-5 所示。

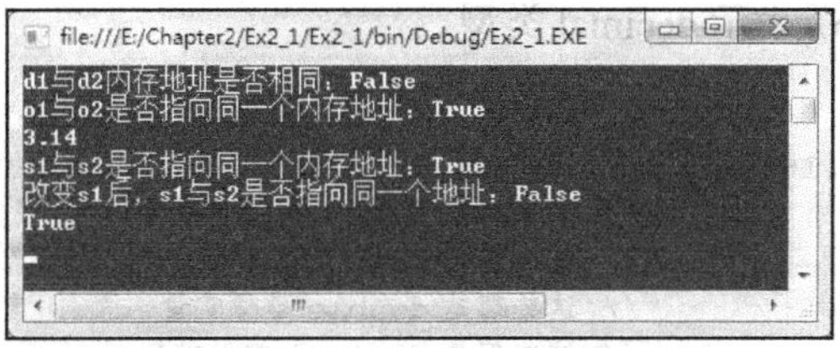

图 2-5　例 2.1 的运行结果

说明：

1）代码"(object)b1"是把 double 类型的 b1 强制转换为 object 类型。

2）string 类型变量的值是不可变的，当一个 string 类型变量的值被修改时，实际上是创建了另外一个内存，并由该变量指向新的内存。这也是由字符串长度不确定，必须重新分配内存的特点决定的。

3）"=="操作符判断两个字符串是否相等，只根据字符串变量的值进行判断。

2.2 常量与变量

无论使用何种程序设计语言编写程序，常量和变量都是构成程序的基本元素，我们可以从定义、命名、类型、初始化等几个方面来认识和理解它们。

2.2.1 常量

常量，顾名思义就是在程序运行期间其值不会改变的量，通常可以分为字面常量和符号常量。常量及其使用非常直观，以能读懂的固定格式表示固定的数值，每一种值类型都有自己的常量表示形式。

1. 整数常量

对于一个整数数值，默认的类型就是能保存它的最小整数类型，根据常量的值其类型可以分为 int、unit、long 或 ulong。如果默认类型不是想要的类型，可以通过在常量后面加后缀（U 或 L）来明确指定其类型。

在常量后面加 L 或 l（不区分大小写）表示长整型。例如：

```
32                    // 这是一个 int 类型
32L                   // 这是一个 long 类型
```

在常量后面加 U 或 u（不区分大小写）表示无符号整数。例如：

```
128U                  // 这是一个 uint 类型
128UL                 // 这是一个 ulong 类型
```

整型常量既可以采用十进制也可以采用十六进制来表示，默认为十进制，在数值前面加 0x（或 0X）则表示十六进制数，十六进制基数用 0 ～ 9、A ～ F（或 a ～ f）来表示。例如：

```
0x20                  // 十六进制的 20，相当于十进制的 32
0x1F                  // 十六进制的 1F，相当于十进制的 31
```

2. 浮点常量

一般带小数点的数或用科学计数法表示的数都被认为是浮点数，它的数据类型默认为 double 类型，但也可以加后缀符表明三种不同的浮点格式数。

在数字后面加 F（f）表示 float 类型。

在数字后面加 D（d）表示 double 类型。

在数字后面加 M（m）表示 decimal 类型。

例如：

```
3.14 , 3.14e2, 0.168E-2    // 这些都是 double 类型常量，其中 3.14e2 相当于 3.14×10²，
                          // 0.618E-2 相当于 0.618×10²
3.14f, 0.168f             // 这些都是 float 类型常量
3.14D, 0.168d             // 这些都是 double 类型常量
3.14M, 0.168m             // 这些都是 decimal 类型常量
```

3. 字符常量

字符常量简单地说就是用单引号括起的单个字符，如 'A'，它占 16 位，以无符号整型数的形式存储这个字符所对应的 Unicode 代码。这对于大多数图形字符是可行的，但对一些非图形控制字符（如回车符）则行不通，所以字符常量的表达形式有若干种：

- 单引号括起的一个字符，如 'A' 。
- 十六进制的换码系列，以 "\x" 或 "\X" 开始，后面跟 4 位十六进制数，如 '\X0041'。
- Unicode 码表示形式，以 "\U" 或 "\u" 开始，后面跟 4 位十六进制数，如 '\U0041'。
- 显式转换整数字符代码，如 (char) 65。
- 字符转义系列，如表 2-2 所示。

表 2-2　字符转义符

转义字符	含义	Unicode 码	转义字符	含义	Unicode 码
\'	单引号	\u0027	\b	退格符	\u0008
\"	双引号	\u0022	\f	走纸换页符	\u000C
\\	反斜线字符	\u005C	\n	换行符	\u000A
\0	空字符	\u0000	\r	回车符	\u000D
\a	警铃符	\u0007	\t	水平制表符	\u0009
\v	垂直制表符	\u000B			

4. 字符串常量

字符串常量是用双引号括起的零个或多个字符序列。C# 支持两种形式的字符串常量，一种是常规字符串，另一种是逐字字符串。

（1）常规字符串

双引号括起的一串字符，可以包括转义字符。

例如：

```
"Hello, world\n"
"C:\\windows\\Microsoft"          // 表示字符串 C:\windows\Microsoft
```

（2）逐字字符串

在常规字符串前面加一个 @，就形成了逐字字符串，它的意思是字符串中的每个字符均表示本意，不使用转义字符。如果在字符串中需用到双引号，则可连写两个双引号来表示一个双引号。

例如：

```
@"C:\windows\Microsoft"           // 与 "C:\\windows\\Microsoft" 含义相同
@"He said""Hello"" to me"         // 与 "He said\"Hello\" to me" 含义相同
```

5. 布尔常量

它只有两个值：true 和 false。

6. 符号常量

在声明语句中，可以声明一个标识符常量，但必须在定义标识符时就进行初始化并且定义之后就不能再改变该常量的值。

具体的格式为：

```
const   类型   标识符 = 初值
```

例如：

```
const   double   PI=3.14159
```

2.2.2 变量

变量是在程序的运行过程中其值可以改变的量，它是一个已命名的存储单元，通常用来记录运算的中间结果或保存数据。在 C# 中，每个变量都具有一个类型，它确定哪些值可以存储在该变量中。创建一个变量就是创建这个类型的实例，变量的特性由类型来决定。

C# 中的变量必须先声明后使用。声明变量包括变量的名称、数据类型以及必要时指定变量的初始值。

变量声明格式：

类型　标识符 [, 标识符]$_{0+}$;

或

类型　标识符 [= 初值]$_{opt}$ [, 标识符 [= 初值]$_{opt}$]$_{0+}$;

标识符是变量名的符号，它的命名规则是：

[字母 | _ | @]$_1$ [字母 | 数字 | _]$_{0+}$

说明：

[ ]$_{0+}$　　表示 [ ] 内的内容可以出现 0 次或任意多次

[ ]$_{opt}$　　表示 [ ] 内的内容是可选的，最多出现一次

[ ]$_1$　　表示 [ ] 内的内容必须出现 1 次

|　　由竖线分隔的内容任意选择一个

通过上述命名规则可以看出，标识符必须以字母或下划线开头，后面跟字母、数字和下划线组合而成。例如，name、_Int、Name、x_1 等都是合法的标识符，但 C# 是大小写敏感的语言，name、Name 分别代表不同的标识符，在定义和使用时要特别注意。另外，变量名不能与 C# 中的关键字相同，除非标识符是以 @ 作为前缀的。

例如：

```
int x ;                         // 合法
float y1=0.0, y2 =1.0, y3 ;     // 合法，变量说明的同时可以设置初始数值
string  char                    // 不合法，因为 char 是关键字
string  @char                   // 合法
```

C# 允许在任何模块内部声明变量，模块开始于"{"结束于"}"。每次进入声明变量所在的模块时，创建变量分配存储空间，离开这个模块时，则销毁这个变量并收回分配的存储空间。实际上变量只在这个模块内有效，所以称为局部变量，这个模块区域就是变量的作用域。

C# 中与变量相关的主题还有变量的类别、属性等，随着后面内容的展开你会对变量有更深的了解。

【例 2.2】 常量与变量。

```
namespace Ex2_2
{
    class Program
    {
        static void Main(string[] args)
        {
            Console.WriteLine("int 类型常量 22 输出结果:" + 22);
            Console.WriteLine("long 类型常量 22L 输出结果 :" + 22L);
            Console.WriteLine("uint 类型常量 228U 输出结果 :" + 228U);
```

```
Console.WriteLine("ulong 类型常量 228UL 输出结果:" + 228UL);
Console.WriteLine("十六进制常量 0x20 输出结果:" + 0x20);
Console.WriteLine("double 类型常量 3.14e2 输出结果:" + 3.14e2);
Console.WriteLine("decimal 类型常量 3.14e-2M 输出结果:" + 3.14e-2M);
Console.WriteLine(@"字符串类型常量 C:\\windows\\Microsoft 输出结果:" +
    "C:\\windows\\Microsoft");
const double PI = 3.14159;                    // 声明标识符常量
Console.WriteLine("符号常量 PI 输出结果:" + PI);
string Name;                                  // 定义 sting 类型变量 Name
Name = "王小明";                               // 赋值
Console.WriteLine("string 变量类型 Name 赋值后的值:" + Name);
Name = "王大明";                               // 重新赋值
Console.WriteLine("string 变量类型 Name 重新赋值后的值:" + Name);
Console.ReadLine();
            }
        }
    }
```

运行程序，结果如图 2-6 所示。

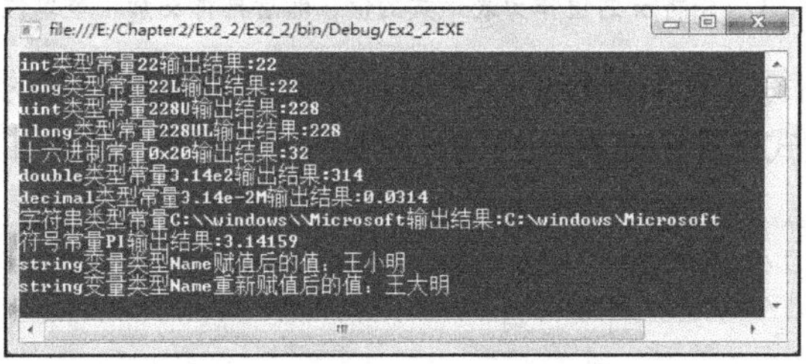

图 2-6　例 2.2 的运行结果

2.3　表达式

表达式是由操作数和运算符构成的。操作数可以是常量、变量、属性等；运算符指示对操作数进行什么样的运算。因此也可以说表达式就是利用运算符来执行某些计算并且产生计算结果的语句。

C# 提供了大量的运算符，按需要操作数的数目来分，有一元运算符（如 ++）、二元运算符（如 +、*）、三元运算符（如 ? :）。按运算功能来分，基本的运算符可以分为以下几类：1）算术运算符，2）关系运算符，3）逻辑运算符，4）位运算符，5）赋值运算符，6）条件运算符，7）其他（分量运算符 "."，下标运算符 "[ ]" 等）。

本节主要介绍前 6 种运算符以及这些运算符的优先级、结合性等。

2.3.1　算术运算符

算术运算符作用的操作数类型可以是整型也可以是浮点型，如表 2-3 所示。

表 2-3　算术运算符

运算符	含义	示例（假设 x, y 是某一数值类型的变量）	运算符	含义	示例（假设 x, y 是某一数值类型的变量）
+	加	x + y; x+3;	%	取模	x % y; 11%3; 11.0 % 3;
−	减	x − y; y−1;	++	递增	++x; x++;
*	乘	x * y; 3*4;	−−	递减	−− x; x−−;
/	除	x / y; 5/2; 5.0/2.0;			

其中：

1）"+、−、*、/"运算与一般代数意义及其他语言中的相同，但需要注意：当"/"作用的两个操作数都是整型数据类型时，其计算结果也是整型。例如：

```
4/2              // 结果等于2
5/2              // 结果等于2
5/2.0            // 结果等于2.5
```

2）"%"取模运算，即获得整数除法运算的余数，所以也称取余运算。例如：

```
11%3             // 结果等于2
12%3             // 结果等于0
11.0%3           // 结果等于2，这与C/C++不同，它也可作用于浮点类型的操作数
```

3）"++"（递增）和"−−"（递减）运算符是一元运算符，它们作用的操作数必须是变量，不能是常量或表达式。它既可出现在操作数之前（前缀运算），也可出现在操作数之后（后缀运算），前缀和后缀有共同之处，也有很大区别。例如：

```
++x              // 先将x加一个单位，然后再将计算结果作为表达式的值
x++              // 先将x的值作为表达式的值，然后再将x加一个单位
```

不管是前缀还是后缀，它们操作的结果对操作数而言都是一样的，操作数都加了一个单位，但它们出现在表达式运算中是有区别的。例如：

```
int  x , y ;
x=5 ;  y=++x ;   // x和y的值都等于6
x=5 ;  y=x++ ;   // x的值是6，y的值是5
```

2.3.2 关系运算符

关系运算符用来比较两个操作数的值，运算结果为布尔类型的值（true或false），如表2-4所示。

表2-4 关系运算符

运算符	操作	结果（假设x、y是某相应类型的操作数）
>	x>y	如果x大于y，则为true，否则为false
>=	x>=y	如果x大于等于y，则为true，否则为false
<	x<y	如果x小于y，则为true，否则为false
<=	x<=y	如果x小于等于y，则为true，否则为false
==	x==y	如果x等于y，则为true，否则为false
!=	x!=y	如果x不等于y，则为true，否则为false

在C#中，值类型和引用类型都可以通过"=="或"!="来比较它们的数据内容是否相等。对值类型，比较的是它们的数据值；而对引用类型来说，由于它的内容是对象实例的引用，因此若相等，则说明这两个引用指向同一个对象实例。如果要测试两个引用对象所代表的内容是否相等，则通常会使用对象本身所提供的方法，如Equals( )。

如果操作数是string类型，则在下列两种情况下认为两个string值相等。

1）两个值均为null。

2）两个值都是对字符串实例的非空引用，这两个字符串不仅长度相同，并且每一个对应的字符位置上的字符也相同。例如：

```
int  x=1 ,  y=1 ;
object  b1 , b2 , b3;
```

```
string  s1="ABCD",  s2="1234" ,  s3 = "ABCD" ;
b1 = x ;  b2 = b1;  b3 = y ;
x == y ;            // 结果为 true
b1 ==b2;            // 结果为 true
b1!=b3;             // 结果为 true
s1 ==s2;            // 结果为 false
s1 ==s3;            // 结果为 true
```

关系比较运算 ">、>=、<、<=" 是以顺序作为比较的标准,所以它要求操作数的数据类型只能是数值类型,即整型数、浮点数、字符及枚举等类型。

🐾 **注意:**

布尔类型的值只能比较是否相等,不能比较大小。因为 true 和 false 值没有大小之分,例如,表达式 true > false 在 C# 中是没有意义的。

2.3.3 逻辑运算符

逻辑运算符用来对两个 bool 类型的操作数进行逻辑运算,运算的结果也是 bool 类型,如表 2-5 所示。

表 2-5 逻辑运算符

运算符	含义	运算符	含义
&	逻辑与	&&	短路与
|	逻辑或	||	短路或
^	逻辑异或	!	逻辑非

假设 p、q 是两个 bool 类型的操作数,表 2-6 给出了这些逻辑运算的真假值。

表 2-6 逻辑运算真值表

p	q	p&q	p|q	p^q	!p
true	true	true	true	false	false
true	false	false	true	true	false
false	true	false	true	true	true
false	false	false	false	false	true

运算符 "&&" 和 "||" 的操作结果与 "&" 和 "|" 一样,但它们的短路特征使代码的效率更高。所谓短路就是在逻辑运算的过程中,如果计算第一个操作数时就能得知运算结果,那么就不会再计算第二个操作数,如图 2-7 所示。

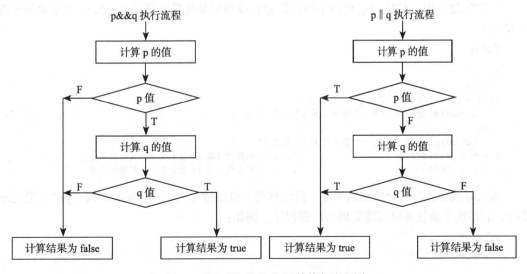

图 2-7 "&&" 和 "||" 运算执行流程图

其中，T 表示 true，F 表示 false。

例如：

```
int  x ,  y ;
bool  z ;
x = 1 ;  y = 0 ;
z = ( x >1) & (++ y >0 )        // z 的值为 false, y 的值为 1
z = ( x >1) && (++ y >0 )       // z 的值为 false, y 的值为 0
```

逻辑非运算符 "!" 是一元运算符，它对操作数进行非运算，即真 / 假值互为非（反）。

2.3.4　位运算符

位运算符主要分为逻辑运算符和移位运算符，它的运算操作直接作用于操作数的每一位，所以操作数的类型必须是整数类型，不能是 bool、float 或 double 等类型。

位运算符如表 2-7 所示。借助这些位运算符可以完成对整型数的某一位进行测试、设置以及对一个数的位移动等操作，这对许多系统级程序设计来说非常重要。

表 2-7　位运算符

运算符	含义	运算符	含义
&	按位与	~	按位取反
|	按位或	>>	右移
^	按位异或	<<	左移

按位与、按位或、按位异或、按位取反运算与前面介绍的与之相应的逻辑运算符的与、或、异或、取反操作含义相同，只不过位运算把这种操作作用到每一个二进制位上，逻辑运算的真或假值对应位运算的位的 1 或 0 值。例如：

```
       1101001010100110                   1101001010100110
    &  0110110011011110               |   0110110011011110
       0100000010000110                   1111111011111110

       1101001010100110
    ^  0110110011011110               ~   1101001010100110
       1011111001111000                   0010110101011001
```

按位取反与逻辑取反都是一元运算符，它对操作数上的每一位取反，1 取反变为 0，0 取反变为 1。

在实际使用中，按位与通常用于将某位置 0 或测试某位是 0 还是 1；按位或通常用于将某位置 1。

例如：

```
ushort  n;
n=0x17ff ;
if ( n & 0x8000 == 0 )
    Console.WriteLine (" 最高位第 15 位为 0" ) ;
else
    Console.WriteLine (" 最高位第 15 位为 1" ) ;
n = n & 0x7fffff ;          // n 的最高位（第 15 位）置 0, 其他位不变
n = n | 0x8000 ;            // n 的最高位（第 15 位）置 1, 其他位不变
```

按位异或运算有一个特别的属性，假设有两个整型数 x 和 y，则表达式 (x ^ y) ^ y 值还原为 x，利用这个属性可以创建简单的加密程序。例如：

```
using System;
class Encode
{
    public static void Main( )
```

```
    {
        char ch1 = 'O' , ch2 = 'K' ;
        int key = 0x1f ;
        Console.WriteLine (" 明文: " + ch1 + ch2 ) ;
        ch1 = (char) (ch1 ^ key ) ;
        ch2 = (char) (ch2 ^ key ) ;
        Console.WriteLine (" 密文: " + ch1 + ch2 ) ;
        ch1 = (char) (ch1 ^ key ) ;
        ch2 = (char) (ch2 ^ key ) ;
        Console.WriteLine (" 解码: " + ch1 + ch2 ) ;
    }
}
```

移位运算符有两个：左移（<<）和右移（>>）。其基本形式为：

```
value << num_bits
value >> num_bits
```

左操作数 value 是要被移位的值，右操作数 num_bits 是要移位的位数。

1）左移是将给定的 value 向左移动 num_bits 位，左边移出的位丢掉，右边空出的位填 0。例如：

```
0x1A << 2 ;
```

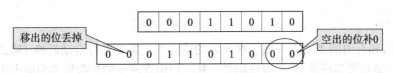

0x1A（十进制 26）经过左移 2 位运算，结果是 0x68（十进制 104），相当于对 0x1A 的值乘以 2^2。但如果左移丢掉的位含有 1，那么左移之后的值可能反而会变小。例如：

```
0x4A << 2 ;
```

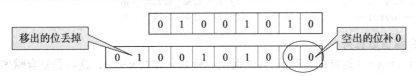

0x4A（十进制 74）经过左移 2 位运算，结果是 0x28（十进制 40）。

2）右移是将给定的 value 向右移动 num_bits 位，右边移出的位丢掉，左边空出的位要根据 value 的情况填 0 或 1。若 value 是一个无符号数，左边补 0；若 value 是一个带符号数，则按符号（正数为 0，负数为 1）补。例如：

```
0x77 >> 2 ;
```

```
0x8A >> 2 ;
```

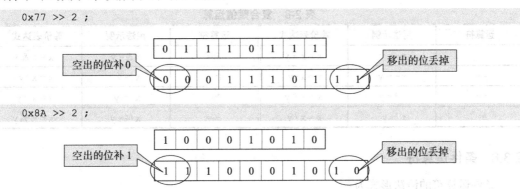

```
0x8AU >> 2
```

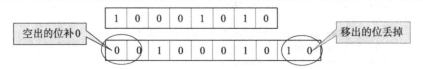

右移运算符的作用相当于将 value 的值整除以 2^{num_bis}。

2.3.5　赋值运算符

赋值运算符有两种形式，一种是简单赋值运算符，另一种是复合赋值运算符。

1. 简单赋值运算符

简单赋值运算符的语法形式为：

```
var = exp
```

赋值运算符左边的部分称为左值，右边的部分称为右值。右值是一个与左值类型兼容的表达式（exp），它可以是常量、变量或一般表达式。左值必须是一个已定义的变量或对象（var），因为赋值运算就是将表达式的值存放到左值，因此左值必须是内存中已分配的实际物理空间。例如：

```
int a=1;
int b=++a;                      // a 的值加 1 赋给了 b
```

如果左值和右值的类型不一致，在兼容的情况下，需要进行自动转换（隐式转换）或强制类型转换（显式类型转换）。一般原则是，从占用内存较少的短数据类型向占用内存较多的长数据类型赋值时，可以不做显式类型转换，C# 会进行自动类型转换。反之，当从较长的数据类型向占用内存较少的短数据类型赋值时，则必须做强制类型转换。例如：

```
int a=2000;
double b=a;                     // 隐式转换，b 等于 2000
byte c=(byte)a;                 // 显式转换，c 等于 208
```

2. 复合赋值运算符

在进行 x = x + 3 这样的运算时，C# 提供一种简化方式 x +=3，这就是复合赋值运算。
复合赋值运算符的语法形式为：

```
var op= exp                     // op 表示某一运算符等价于 var=var op exp
```

除了关系运算符，一般二元运算符都可以和赋值运算符一起构成复合赋值运算，如表 2-8所示。

表 2-8　复合赋值运算

运算符	用法示例	等价表达式	运算符	用法示例	等价表达式
+=	x += y	x = x + y	&=	x &= y	x = x & y
-=	x -= y	x = x-y	|=	x |= y	x = x | y
*=	x *= y	x = x * y	^=	x ^= y	x = x ^ y
/=	x /= y	x = x / y	%=	x %= y	x = x % y

2.3.6　条件运算符

条件运算符的语法形式为：

```
exp1 ? exp2 : exp3
```

其中，表达式 exp1 的运算结果必须是一个布尔类型值，表达式 exp2 和 exp3 可以是任意数据类型，但它们返回的数据类型必须一致。

首先计算 exp1 的值，如果其值为 true，则计算 exp2 值，这个值就是整个表达式的结果；否则，取 exp3 的值作为整个表达式的结果。例如：

```
z = x > y ? x : y ;          // z 的值就是 x、y 中较大的一个值
z = x >=0 ? x : -x ;         // z 的值就是 x 的绝对值
```

条件运算符 "?:" 是 C# 中唯一一个三元运算符。

2.3.7　运算符的优先级与结合性

当一个表达式含有多个运算符时，C# 编译器需要知道先做哪个运算，这就是所谓的运算符的优先级，它控制各个运算符的运算顺序。例如，表达式 x+5*2 是按 x+(5*2) 计算的，因为 "*" 运算符比 "+" 运算符的优先级高。

当操作数出现在具有相同优先级的运算符之间时，如表达式 "10-6-2" 按从左到右计算的结果是 2，如果按从右到左计算，结果是 6。当然 "−" 运算符是按从左到右的次序计算的，也就是左结合的。再如，表达式 "x=y=2" 在执行时是从右到左运算的，即先将数值 2 赋给变量 y，再将 y 的值赋给 x，所以 "=" 运算符是右结合的。

在表达式中，运算符的优先级和结合性控制着运算的执行顺序，也可以用圆括号 "( )" 显式地标明运算顺序，例如：

```
(x+y)* 2          // x 加上 y 后再乘以 2
```

表 2-9 列出了 C# 运算符的优先级与结合性，其中表顶部的优先级较高。

表 2-9　运算符的优先级与结合性

类别	运算符	结合性
初等项	. () [] new typeof checked unchecked	从左到右
一元后缀	++ −−	从右到左
一元前缀	++ −− + − ! ~ (T)(表达式)	从右到左
乘除法	* / %	从左到右
加减法	+ −	从左到右
移位	<< >>	从左到右
关系和类型检测	< > <= >= is as	从左到右
相等	== !=	从左到右
逻辑与	&	从左到右
逻辑异或	^	从左到右
逻辑或	|	从左到右
条件与	&&	从左到右
条件或	||	从左到右
条件	?:	从右到左
赋值	= *= /= %= += −= <<= >>= &= ^= |=	从右到左

2.3.8　表达式中的类型转换

在表达式中，操作数的数据类型可以不同，只要相互兼容即可。当表达式中混合了几种不同的数据类型时，C# 会基于运算的顺序将它们自动转换成同一类型。

自动转换是通过使用 C# 的类型提升规则来完成的，下面是 C# 的类型提升规则：

1）一个操作数是 decimal 类型，另一个操作数提升为 decimal，但 float 或 double 类型不能自动提升为 decimal。

2）一个操作数是 double 类型，另一个操作数提升为 double。

3）一个操作数是 float 类型，另一个操作数提升为 float。

4）一个操作数是 ulong 类型，另一个操作数提升为 ulong，但带符号数如 sbyte、short、int 或 long 不能自动提升。

5）一个操作数是 long 类型，另一个操作数提升为 long。

6）一个操作数是 uint 类型，另一个操作数若是 sbyte、short 或 int，那么这两个操作数都提升为 long。

7）一个操作数是 uint 类型，另一个操作数提升为 uint。

8）除以上情况外，两个数值类型的操作数都提升为 int 类型。

从上述的自动转换规则可以看出，并不是所有数据类型都能在同一个表达式中混合使用，例如，float 类型不能自动转换为 decimal 类型。幸运的是，对于其他情况使用强制类型转换仍有可能获得不兼容数据类型之间的转换。

强制类型的转换格式为：

```
（类型）    表达式
```

例如：

```
decimal  d1,  d2 ;
float  f1;
d1 = 99.999;
f1 = 0.98;
d2 = d1 + f1 ;                    // 出错，因为 float 类型的 f1 不能自动转换成 decimal 类型
d2 = d1 + (decimal) f1;          // OK
```

当从占用内存较多的数据类型向占用内存较少的数据类型做强制转换时，有可能发生数据丢失的情况。例如，从 long 数据类型强制转换成 int 类型时，如果 long 类型的值超过 int 所能表示的范围，则会丢失高位数据。

另外，虽然 char 类型属于整数类型的一种，但却不允许直接将一个整型数赋给一个 char 类型的变量，解决的方法就是用强制类型转换。bool 类型不能进行数据类型转换。

2.4 选择语句

选择语句就是条件判断语句，它能让程序在执行时根据特定条件是否成立而选择执行不同的语句块。C# 提供两种选择语句结构——if 语句和 switch 语句。

2.4.1 if 语句

if 语句在使用时可以有几种典型的形式，它们分别是：if 框架、if-else 框架、if-else if 框架以及嵌套的 if 语句。

1. if 框架

if 语句的语法形式为：

```
if （条件表达式）语句;
```

如果条件为真，则执行语句。在语法上这里的语句是指单条语句，若想执行一组语句，

可将这一组语句用 "{" 和 "}" 括起来构成一个块语句，当然在语法上块语句就是一条语句，下面涉及的语句都是这个概念。

例如：

```
if  ( x<0 )   x = -x ;                          // 取 x 的绝对值
if  (a+b>c && b+c>a && a+c>b)                    // 判断数据合法性
{
    p = (a+b+c) / 2 ;
    s = Math.Sqrt (p * (p-a) * (p-b) * (p-c) ) ; // 求三角形面积
}
```

2. if-else 框架

if-else 语句的语法形式为：

```
if (条件表达式)
    语句 1；
else
    语句 2；
```

如果条件表达式为真，执行语句 1；否则执行语句 2。

例如：

```
if  (a+b>c && b+c>a && a+c>b)                    // 判断数据合法性
{
    p = (a+b+c) / 2 ;
    s = Math.Sqrt (p * (p-a) * (p-b) * (p-c) ) ; // 求三角形面积
}
else
    Console.WriteLine (" 三角形的三条边数据有错！ ") ;
```

3. if-else if 框架

if-else if 语句的语法形式为：

```
if (条件表达式1)
    语句 1 ；
else if (条件表达式2)
    语句 2 ；
else if (条件表达式3)
    语句 3 ；
……
[ else
    语句 n ;]
```

这种语句执行时，从上往下计算相应的条件表达式，如果结果为真则执行相应语句，跳过 if-else if 框架的剩余部分，直接执行 if-else if 框架的下一条语句；如果结果为假，则继续往下计算相应的条件表达式，直到所有的条件表达式都不成立，则执行这条语句的最后部分 else 所对应的语句，或者如果没有 else 语句就什么也不做。

例如：

```
if (studentGrade>=90)
    Console.WriteLine (" 成绩优秀 ");
else if (studentGrade>=80)
    Console.WriteLine (" 成绩良好 ");
else if (studentGrade>=60)
    Console.WriteLine (" 成绩及格 ");
else
    Console.WriteLine (" 成绩不及格 ");
```

4. 嵌套的 if 语句

在 if 语句框架中，无论条件表达式为真或为假，将要执行的语句都有可能又是一个 if 语句，这种 if 语句中包含 if 语句的结构就称为嵌套的 if 语句。为了避免二义性，C# 规定 else 语句与和它处于同一模块最近的 if 相匹配。例如：

假设有一函数 $y = \begin{cases} 1 \ (x > 0) \\ 0 \ (x = 0) \\ -1 \ (x < 0) \end{cases}$，下面是用嵌套的 if 语句写的程序片段。

```
y=0;
if  (x>=0)
    if  (x>0)
         y=1 ;
    else  y=-1;
```

这个 else 与最近的 if 匹配，那么 else 的含义就是 x=0 的情况，所以这个程序逻辑上是错的。如果保留这个结构，程序应修正为：

```
y=0;
if  (x>=0)
{
    if  (x>0)
         y=1 ;
}
else  y=-1;
```

通过对嵌套的 if 语句加 "{ }"，把离 else 最近的 if 语句屏蔽了，这样 else 就与 if (x>=0) 匹配，从而正确地实现了这个函数的功能。

2.4.2 switch 语句

switch 语句是一个多分支结构的语句，它实现的功能与 if-else if 结构很相似，但在大多数情况下，switch 语句表达方式更直观、简单、有效。

switch 语句的语法形式为：

```
switch   (表达式)
{
    case  常量1:
        语句序列 1;                  // 由零条或多条语句组成
        break;
    case  常量2:
        语句序列 2;
        break;
    ......
    default:                        // default 是任选项，可以不出现
        语句序列 n;
        break;
}
```

switch 语句的执行流程是，首先计算 switch 后的表达式，然后将结果值一一与 case 后的常量值进行比较，如果找到相匹配的 case，程序就执行相应的语句序列，直到遇到跳转语句（break），switch 语句执行结束；如果找不到匹配的 case，就归结到 default 处，执行它的语句序列，直到遇到 break 语句为止；当然如果没有 default，则不执行任何操作。

使用 C# 的 switch 语句时需要注意以下几点：

1）switch 语句的表达式必须是整数类型，如 char、sbyte、byte、ushort、short、uint、int、ulong、long 或 string、枚举类型，case 常量必须与表达式类型相兼容，case 常量的值必须互异，不能有重复。

2）将与某个 case 相关联的语句序列接在另一个 case 语句序列之后是错误的，这称为"不穿透"规则，所以需要跳转语句结束这个语句序列，通常选用 break 语句作为跳转，也可以用 goto 转向语句等。"不穿透"规则是 C# 对 C、C++、Java 这类语言中的 switch 语句的一个修正，这样做的好处是：一是允许编译器对 switch 语句做优化处理时自由地调整 case 的顺序；二是防止程序员不经意地漏掉 break 语句而引起错误。

3）虽然不能让一个 case 的语句序列穿透到另一个 case 语句序列，但是可以有两个或多个 case 前缀指向相同的语句序列。

【例 2.3】　从键盘输入学生的百分制成绩，换算成等第制成绩。

```
namespace Ex2_3
{
    class Program
    {
        static void Main(string[] args)
        {
            Console.Write(" 输入学生百分制的成绩: ");
            int Grade = (int)Console.Read();
            switch (Grade/10)
            {
                case 9:
                case 10: Console.WriteLine(" 你的成绩为: A");
                    break;
                case 8: Console.WriteLine(" 你的成绩为: B");
                    break;
                case 7: Console.WriteLine(" 你的成绩为: C");
                    break;
                case 6: Console.WriteLine(" 你的成绩为: D");
                    break;
                default: Console.WriteLine(" 你的成绩为: E");
                    break;
            }
        }
    }
}
```

运行程序，输入 87，按回车键后结果如图 2-8 所示。

2.5　循环语句

循环语句是指在一定条件下，重复执行一组语句，它是程序设计中的一个非常重要也是非常基本的方法。C# 提供了四种循环语句，

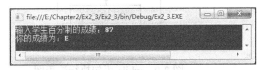

图 2-8　例 2.3 的运行结果

while、do-while、for 和 foreach。foreach 语句主要用于遍历集合中的元素，例如对于数组对象，可以用 foreach 遍历数组的每一个元素，详见 2.7 节。

2.5.1　while 语句

while 语句的语法形式为：

```
while (条件表达式)
    循环体语句；
```

如果条件表达式为真（true），则执行循环体语句。while 语句的执行流程如图 2-9 所示。

【例 2.4】 用 while 语句求 $\sum_{i=1}^{100} i$ 。

```
namespace Ex2_4
{
    class Program
    {
        static void Main(string[] args)
        {
            int Sum, i;
            Sum = 0; i = 1;
            while (i <= 100)
            {
                Sum += i;
                i++;
            }
            Console.WriteLine("Sum is " + Sum);
            Console.ReadLine();
        }
    }
}
```

2.5.2　do-while 语句

do-while 语句的语法形式为：

```
do
    循环体语句 ；
while (条件表达式)；
```

该循环首先执行循环体语句，再判断条件表达式。如果条件表达式为真 (true)，则继续执行循环体语句。do-while 循环语句执行流程如图 2-10 所示。

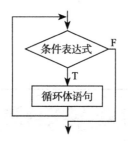

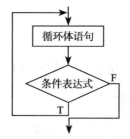

图 2-9　while 语句执行流程图　　　　图 2-10　do-while 语句执行流程图

【例 2.5】 用 do-while 语句求 $\sum_{i=1}^{100} i$ 。

```
namespace Ex2_5
{
    class Sum100
    {
        static void Main(string[] args)
```

```
        {
            int Sum , i ;
            Sum=0;  i=1;
            do
            {
                Sum += i;
                i++;
            }
            while (i <= 100);
            Console.WriteLine ("Sum is " + Sum);
            Console.ReadLine();
        }
    }
}
```

while 语句与 do-while 语句很相似，区别在于 while 语句的循环体有可能一次也不执行，而 do-while 语句的循环体至少执行一次。

2.5.3 for 语句

C# 的 for 循环是最具特色的循环语句，它功能较强、灵活多变、使用广泛。

for 语句的语法形式为：

```
for ( 表达式1;  表达式2;  表达式3 )
    循环体语句;
```

for 语句执行流程如图 2-11 所示。一般情况下，表达式 1 是设置循环控制变量的初值；表达式 2 是 bool 类型的表达式，作为循环控制条件；表达式 3 是设置循环控制变量的增值（正负均可）。

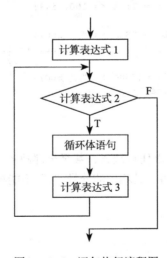

图 2-11 for 语句执行流程图

【例 2.6】 用 for 语句求 $\sum\limits_{i=1}^{100} i$ 。

```
namespace Ex2_6
{
    class Sum100
    {
```

```
static void Main(string[] args)
{
    int Sum, i;
    Sum = 0;
    for (i = 1; i <= 100; i++)
        Sum += i;
    Console.WriteLine("Sum is " + Sum);
    Sum = 0;
    for (i = 100; i > 0; i--)                // i也可以每次减1
        Sum += i;
    Console.WriteLine("Sum is " + Sum);
    Console.ReadLine();
}
}
}
```

for 循环的一些变化特点:

1) for 循环语句, 表达式1和表达式3可引入逗号运算符",", 这样可以对若干个变量赋初值或增值。

【例 2.7】 用 for 语句求 $\sum\limits_{i=1}^{100} i$。

```
namespace Ex2_7
{
    class Sum100
    {
        static void Main(string[] args)
        {
            int Sum, i;
            for (Sum = 0, i = 1; i <= 100; i++)
                Sum += i;
            Console.WriteLine("Sum is " + Sum);
            for (Sum = 0, i = 1; i <= 100; Sum += i, i++)
                ;                                // 循环体是一条空语句
            Console.WriteLine("Sum is " + Sum);
            Console.ReadLine();
        }
    }
}
```

2) for 循环的三个表达式可以任意缺省, 甚至全部缺省, 如果表达式2缺省就约定它的值是 true。但不管哪个表达式缺省, 其相应的分号";"不能缺省。

【例 2.8】 用 for 语句求 $\sum\limits_{i=1}^{100} i$。

```
namespace Ex2_8
{
    class Program
    {
        static void Main(string[] args)
        {
            int Sum, i;
            for (Sum = 0, i = 1; i <= 100; )        // 缺省表达式3
                Sum += i++;
            Console.WriteLine("Sum is " + Sum);
            for (Sum = 0, i = 1; ; Sum += i, i++)  // 缺省表达式2, 约定值是 true
```

```
                if (i > 100) break;               // 但条件满足时，break 语句跳出循环
            Console.WriteLine("Sum is " + Sum);
            Sum = 0; i = 1;
            for (; ; )                            // 三个表达式都缺省
            {
                Sum += i++;
                if (i > 100)                      // 这种情况一般都会用 if 语句来设置跳出循环
                    break;
            }
            Console.WriteLine("Sum is " + Sum);
            Console.ReadLine();
        }
    }
}
```

3）可在 for 循环内部声明循环控制变量。

如果循环控制变量仅仅只在这个循环中用到，那么为了更有效地使用变量，也可在 for
循环的初始化部分（表达式 1）声明该变量，当然这个变量的作用域就在这个循环内。

【例 2.9】 用 for 语句求 $\sum_{i=1}^{100} i$ 。

```
namespace Ex2_9
{
    class Sun100
    {
        static void Main(string[] args)
        {
            int Sum = 0;
            for (int i = 1; i <= 100; i++)        // i 只在这个 for 循环中有效
                Sum += i;
            Console.WriteLine("i = " + i);        // 编译出错，i 这时已经无效
            Console.WriteLine("Sum is " + Sum);
            Console.ReadLine();
        }
    }
}
```

2.6　跳转语句

跳转语句用于改变程序的执行流程，使之转移到指定之处。C# 中有 4 种跳转语句：
continue 语句、break 语句、return 语句、goto 语句。它们具有不同的含义，用于特定的上下
文环境之中。

2.6.1　continue 语句

continue 语句的语法形式为：

```
continue ;
```

continue 语句只能用于循环语句中，它的作用是结束本轮循环，不再执行余下的循环体
语句，对 while 和 do-while 结构的循环，在 continue 执行之后就立刻测试循环条件，以决定
循环是否继续下去；对 for 结构循环，在 continue 执行之后，先求表达式 3（即循环增量部分），
然后再测试循环条件。通常它会和一个条件语句结合使用，不会是独立的一条语句，也不会
是循环体的最后一条语句，否则没有任何意义。

如果 continue 语句陷于多重循环结构中，它只对包含它的最内层循环有效。

【例 2.10】 把 1～100 之间含有因子 3 的数输出。

```
namespace Ex2_10
{
    class Factor3
    {
        static void Main(string[] args)
        {
            for (int n = 1; n <= 100; n++)
            {
                if (n % 3 != 0)
                    continue;                  // 如果n不能被3整除，则直接进入下一轮循环
                Console.WriteLine(n);          // 只有能被3整除的数，才会执行到此
            }
            Console.ReadLine();
        }
    }
}
```

2.6.2 break 语句

break 语句的语法形式为：

```
break;
```

break 语句只能用于循环语句或 switch 语句中，如果在 switch 语句中执行到 break 语句，则立刻从 switch 语句中跳出，转到 switch 语句的下一条语句；如果在循环语句执行到 break 语句，则会导致循环立刻结束，跳转到循环语句的下一条语句。不管循环有多少层，break 语句只能从包含它的最内层循环跳出一层。

【例 2.11】 求 1～100 之间的所有素数。

```
namespace Ex2_11
{
    class Prime
    {
        static void Main(string[] args)
        {
            int m , k , n=0 ;
            for (m = 2; m < 100; m++)
            {
                for (k = 2; k < m; k++)
                    if (m % k == 0)
                        break;                 // 它从内循环语句中跳出，进入外循环的下一轮
                if (k >= m)
                {
                    Console.Write("{0,-4}", m);
                    if (++n % 10 == 0)
                        Console.WriteLine("\n");
                }
            }
            Console.ReadLine();
        }
    }
}
```

2.6.3 return 语句

return 语句的语法形式为：

```
return;
```

或

```
return  表达式;
```

return 语句出现在一个方法内，在方法中执行 return 语句时，程序流程转到调用这个方法处。如果方法没有返回值（返回类型修饰为 void），则使用 return 返回；如果方法有返回值，那么使用 return 表达式格式，其后面跟的表达式就是方法的返回值。

【例 2.12】 求 1～100 之间的所有素数。

```
namespace Ex2_12
{
    class Prime100
    {
        public static bool prime(int m)
        {
            for (int i = 2; i < m; i++)
                if (m % i == 0)
                    return false;                    // 返回给调用者
            return true;
        }
        static void Main(string[] args)
        {
            int m, k, n = 1;
            Console.Write("{0,-4}", 2);
            for (m = 3; m < 100; m += 2)
            {
                if (prime(m))                          // 调用方法 prime
                {
                    Console.Write("{0,-4}", m);
                    if (++n % 10 == 0)
                        Console.WriteLine("\n");
                }
            }
            Console.Read();
        }
    }
}
```

运行结果如图 2-12 所示。

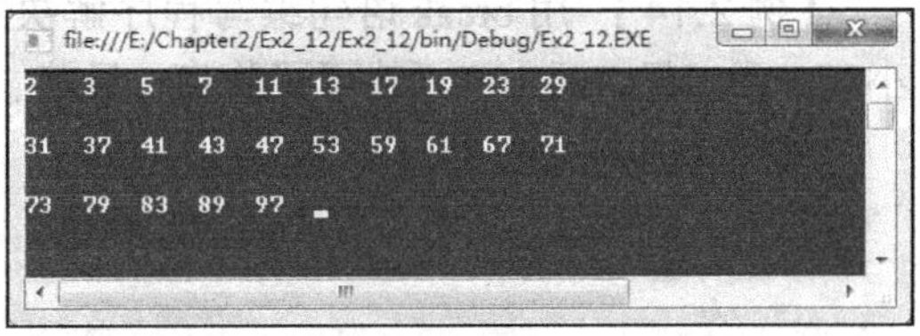

2.6.4 goto 语句

goto 语句可以将程序的执行流程从一个地方转移到另一个地方，非常灵活，但正因为它太灵活，容易造成程序结构混乱的局面，所以应该有节制地、合理地使用 goto 语句。

goto 语句的语法形式为：

图 2-12 求 1～100 之间所有素数的运行结果

```
goto  标号;
```

其中标号就是定位在某一语句之前的一个标识符，称为标号语句，它的格式是：

标号: 语句

它给出 goto 语句转向的目标。值得注意的是，goto 语句不能使控制转移到另一个语句块内部，更不能转到另一个函数内部。

另外，goto 语句如果用在 switch 语句中，它的格式是：

```
goto  case 常量；
goto  default ；
```

它只能在本 switch 语句中从一种情况转向另一种情况。

【例 2.13】 用 goto 语句编写程序解决百钱百鸡问题。公鸡 5 元一只，母鸡 3 元一只，小鸡 1 元三只，问 100 元钱可买公鸡、母鸡、小鸡各多少只？

```
namespace Ex2_13
{
    class Program
    {
        static void Main(string[] args)
        {
            int x, y, z;
            x = y = z = 0;
            for (x = 1; x <= 100 / 5; x++)
                for (y = 1; y <= 100 / 3; y++)
                {
                    z = 100 - x - y;
                    if (z % 3 == 0 && 5 * x + 3 * y + z / 3 == 100)
                        goto end;
                    // 直接从内循环中转出，跳了二层循环，这是 break 语句做不到的
                }
            end: Console.WriteLine("Cock={0}  Hen={1}  Chick={2}", x, y, z);
            Console.Read();
        }
    }
}
```

运行结果如图 2-13 所示。

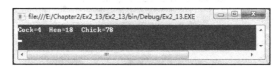

图 2-13 百钱百鸡问题的运行结果

【例 2.14】 用 break 语句编写程序解决百钱百鸡问题。公鸡 5 元一只，母鸡 3 元一只，小鸡 1 元三只，问 100 元钱可买公鸡、母鸡、小鸡各多少只？

```
namespace Ex2_14
{
    class Chook100
    {
        static void Main(string[] args)
        {
            int x, y, z;
            bool flag = false;
            x = y = z = 0;
            for (x = 1; x <= 100 / 5; x++)
            {
```

```
                for (y = 1; y <= 100 / 3; y++)
                {
                    z = 100 - x - y;
                    if (z % 3 == 0 && 5 * x + 3 * y + z / 3 == 100)
                    { flag = true; break; }
                    // 这个break语句只能跳出最内一层循环
                }
                if (flag)
                    break;        // 这个break语句跳出最外一层循环
            }
            Console.WriteLine("Cock={0}  Hen={1}  Chick={2}", x, y, z);
            Console.Read();
        }
    }
}
```

【例 2.15】 课程表查询。

```
namespace Ex2_15
{
    class Schedule
    {
        static void Main(string[] args)
        {
            Console.Write(" 输入一个 0～6 之间的数字代表星期日至星期六 ");
            int week;
            string sline;
            RepIn: sline = Console.ReadLine();
            week = int.Parse(sline);
            switch (week)
            {
                case 0:
                case 6: Console.WriteLine(" 今天是周末，自行安排！ ");
                    break;
                case 1: Console.WriteLine(" 今天的课程是：哲学、英语、C#");
                    break;
                case 2: Console.WriteLine(" 今天的课程是：数学、英语、体育 ");
                    break;
                case 3: Console.WriteLine(" 今天下午政治学习 ");
                    goto case 1;
                case 4: Console.WriteLine(" 今天的课程是：数学、英语、C#");
                    break;
                case 5: Console.WriteLine(" 今天下午打扫卫生 ");
                    goto case 2;
                default: Console.WriteLine(" 输入数据有错，请重新输入！ ");
                    goto RepIn;
            }
            Console.Read();

        }
    }
}
```

运行结果如图 2-14 所示。

图 2-14　课程表查询程序的运行结果

2.7 数组

数组是一种包含若干变量的数据结构，这些变量都具有相同的数据类型并且排列有序，因此可以用一个统一的数组名和下标唯一地确定数组中的元素。C# 中的数组主要有三种形式：一维数组、多维数组和不规则数组。

2.7.1 数组的定义

一般而言，数组都必须先声明后使用。在 C/C++ 这类语言中，数组在声明时，就要明确数组的元素个数，由编译器分配存储空间。但在 C# 中数组是一个引用型类型，声明数组时，只是预留一个存储位置以引用将来的数组实例，实际的数组对象是通过 new 运算符在运行时动态产生的。因此在数组声明时，不需要给出数组的元素个数。

1. 一维数组

（1）一维数组声明的语法形式

```
type [ ] arrayName ;
```

其中：

- type——可以是 C# 中任意的数据类型。
- []——表明后面的变量是一个数组类型，必须放在数组名之前。
- arrayName——数组名，遵循标识符的命名规则。

例如：

```
int [ ] a1;            // a1 是一个含有 int 类型数据的数组
double [ ] f1;         // f1 是一个含有 double 类型数据的数组
string [ ] s1;         // s1 是一个含有 string 类型数据的数组
```

（2）创建数组对象

用 new 运算符创建数组实例，有两种基本形式。

1）声明数组和创建数组分别进行：

```
type [ ] arrayName ;              // 数组声明
arrayName = new type [size];      // 创建数组实例
```

其中：

- size——表明数组元素的个数。

2）声明数组和创建数组实例也可以合在一起写：

```
type [ ] arrayName = new type [size] ;
```

例如：

```
int [ ] a1;
a1 = new int [10];               // a1 是一个有 10 个 int 类型元素的数组
string [ ] s1 = new string [5];  // s1 是含有 5 个 string 类型元素的数组
```

2. 多维数组

（1）多维数组声明语法形式

```
type [ , , , ] arrayName ;
```

多维数组就是指能用多个下标访问的数组。在声明时方括号内加逗号，就表明是多维数组，有 n 个逗号，就是 $n+1$ 维数组。

例如：

```
int [ , ] score;                               // score 是一个 int 类型的二维数组
float [ , , ] table;                           // table 是一个 float 类型的三维数组
```

（2）创建数组对象

1）声明数组和创建数组分别进行：

```
type [ , , , ] arrayName ;                     // 数组声明
arrayName = new type [size1, size2, size3];    // 创建数组实例
```

- size1, size2, size3——分别表明多维数组每一维的元素个数。

2）声明数组和创建数组实例也可以合在一起写：

```
type [, , , ] arrayName = new type [size1, size2, size3] ;
```

例如：

```
int [, ] score ;
score = new int [3, 4] ;                       // score 是一个 3 行 4 列的二维数组
float [ , , ] table=new float [2, 3, 4]        // table 是一个三维数组，每维分别是 2、3、4
```

（3）不规则数组

一维数组和多维数组都属于矩形数组，而 C# 所特有的不规则数组是数组的数组，它的内部每个数组的长度可以不同，就像一个锯齿形状。

- 不规则数组声明

```
type [ ] [ ] [ ] arrayName ;
```

方括号 [ ] 的个数与数组的维数相关。

例如：

```
int [ ] [ ] jagged ;                           // jagged 是一个 int 类型的二维不规则数组
```

- 创建数组对象

以二维不规则数组为例：

```
int [ ] [ ] jagged;
jagged = new int [3][ ];
jagged[0] = new int [4];
jagged[1] = new int [2];
jagged[2] = new int [6];
```

2.7.2　数组的初始化

在用 new 运算符生成数组实例时，若没有对数组元素初始化，则取它们的默认值，数值型变量默认值为 0，引用型变量默认值为 null。当然数组也可以在创建时按照自己的需要进行初始化，需要注意的是初始化时，不论数组的维数是多少，都必须显式地初始化所有数组元素，不能进行部分初始化。

1. 一维数组初始化

语法形式 1：

```
type [ ] arrayName = new type [size] { val1, val2, …,valn };
```

数组声明与初始化同时进行时，size 也就是数组元素的个数必须是常量，而且应该与大括号内的数据个数一致。

语法形式 2：

```
type [ ] arrayName = new type [ ] { val1, val2, …,valn };
```

省略 size，由编译系统根据初始化表中的数据个数，自动计算数组的大小。
语法形式 3：

```
type [ ] arrayName = { val1, val2, …,valn };
```

数组声明与初始化同时进行，还可以省略 new 运算符。
语法形式 4：

```
type [ ] arrayName ;
arrayName = new type [size] { val1, val2, …,valn };
```

把声明与初始化分开在不同的语句中进行时，size 同样可以缺省，也可以是一个变量。
例如：以下数组初始化实例都是等同的。

```
int [ ] nums = new int [10] {0, 1, 2, 3, 4, 5, 6, 7, 8, 9 };
int [ ] nums = new int [ ] {0, 1, 2, 3, 4, 5, 6, 7, 8, 9};
int [ ] nums = {0, 1, 2, 3, 4, 5, 6, 7, 8, 9 };
int [ ] nums ;
nums = new int [10] { 0, 1, 2, 3, 4, 5, 6, 7, 8, 9 };
```

2. 多维数组初始化

多维数组初始化是通过将对每维数组元素设置的初始值放在各自的一个大花括号内完成，
下面以最常用的二维数组为例来讨论。
语法形式 1：

```
type [ , ] arrayName = new type [size1, size2 ] {{ val11, val12, …,val1n },
     { val21, val22, …,val2n }, …, { valm1, valm2, …,valmn }};
```

数组声明与初始化同时进行，数组元素的个数是 size1*size2，数组的每一行分别用一个
花括号括起来，每个花括号内的数据就是这行的每一列元素的值，初始化时的赋值顺序按矩
阵的"行"存储原则。
语法形式 2：

```
type [ ] arrayName = new type [ , ] {{ val11, val12, …,val1n },
    { val21, val22, …,val2n }, …, { valm1, valm2, …,valmn }};
```

省略 size，由编译系统根据初始化表中花括号 {} 的个数确定行数，再根据 {} 内的数据
确定列数，从而得出数组的大小。
语法形式 3：

```
type [ , ] arrayName ={{ val11, val12, …,val1n },
        { val21, val22, …,val2n }, …, { valm1, valm2, …,valmn }};
```

数组声明与初始化同时进行，还可以省略 new 运算符。
语法形式 4：

```
type [ , ] arrayName ;
arrayName = new type [size1, size2] {{ val11, val12, …,val1n },
        { val21, val22, …,val2n }, …, { valm1, valm2, …,valmn }};
```

把声明与初始化分开在不同的语句中进行时，size1，size2 同样可以缺省，但也可以是
变量。

例如：以下数组初始化实例都是等同的。

```
int [,] a = new int [3,4] {{0, 1, 2, 3}, {4, 5, 6, 7}, {8, 9, 10, 11} };
int [,] a = new int [,] {{0, 1, 2, 3}, {4, 5, 6, 7}, {8, 9, 10, 11} };
int [,] a = {{0, 1, 2, 3}, {4, 5, 6, 7}, {8, 9, 10, 11} };
int [] a ;
a = new int [3, 4] {{0, 1, 2, 3}, {4, 5, 6, 7}, {8, 9, 10, 11} };
```

3. 不规则数组初始化

下面以二维不规则数组为例来讨论。

不规则数组是一个数组的数组，所以它的初始化通常是分步骤进行的。

```
type [] [] arrayName = new type [size] [];
```

size 可以是常量或变量，后面一个中括号 [ ] 内是空着的，表示数组的元素还是数组且这每一个数组的长度是不一样的，需要单独再用 new 运算符生成。

```
arrayName[0] = new type [size0] { val1, val2, …, valn1};
arrayName[1] = new type [size1] { val1, val2, …, valn2};
……
```

例如：

```
char [] [] st1 = new char [3][];                  // st1 是由三个数组组成的数组
st1[0] = new char [] {'S', 'e', 'p', 't', 'e', 'm', 'b', 'e', 'r' };
st1[1] = new char [] {'O', 'c', 't', 'o', 'b', 'e', 'r'};
st1[2] = new char [] {'N', 'o', 'v', 'e', 'm', 'b', 'e', 'r' };
```

2.7.3　数组元素的访问

一个数组具有初值时，就可以像其他变量一样被访问，既可以取数组元素的值，又可以修改数组元素的值。在 C# 中通过数组名和数组元素的下标来引用数组元素。

1. 一维数组的引用

一维数组的引用的语法形式为：

```
数组名 [下标]
```

下标——数组元素的索引值，实际上就是要访问的那个数组元素在内存中的相对位移。记住相对位移是从 0 开始的，所以下标的值从 0 到数组元素的个数 −1 为止。

【例 2.16】　定义一个数组，存放一组数据，找出这组数中的最大数和最小数。

```
namespace Ex2_16
{
    class MaxMin
    {
        static void Main(string[] args)
        {
            int max, min;
            int[] queue = new int[10] { 89, 78, 65, 52, 90, 92, 73, 85, 91, 95 };
            max = min = queue[0];
            for (int i = 1; i < 10; i++)
            {
                if (queue[i] > max) max = queue[i];
                if (queue[i] < min) min = queue[i];
            }
            Console.WriteLine(" 最大数是 {0}, 最小数是 {1}", max, min);
            Console.Read();
```

```
        }
    }
}
```

运行结果如图 2-15 所示。

图 2-15　例 2.16 的运行结果

2. 多维数组的引用

多维数组的引用的语法形式为：

数组名 [下标 1, 下标 2, …, 下标 n]

【例 2.17】　求两个矩阵的乘积。假定一个矩阵 *A* 为 3 行 4 列，另一个矩阵 *B* 为 4 行 3 列，根据矩阵乘法的规则，其乘积 *C* 为一个 3 行 3 列的矩阵。

```
namespace Ex2_17
{
    class Matrix
    {
        static void Main(string[] args)
        {
            int i, j, k;
            int[,] a = new int[3, 4] { { 1, 2, 3, 4 }, { 5, 6, 7, 8 }, { 9,
                10, 11, 12 } };
            int[,] b = new int[4, 3] { { 12, 11, 10 }, { 9, 8, 7 }, { 6, 5, 4 },
                { 3, 2, 1 } };
            int[,] c = new int[3, 3];
            for (i = 0; i < 3; i++)
                for (j = 0; j < 3; j++)
                    for (k = 0; k < 4; ++k)
                        c[i, j] += a[i, k] * b[k, j];
            for (i = 0; i < 3; ++i)
            {
                for (j = 0; j < 3; ++j)
                    Console.Write("{0, 4:d}", c[i, j]);
                Console.WriteLine();
            }
            Console.Read();
        }
    }
}
```

运行结果如图 2-16 所示。

图 2-16　计算出的矩阵

3. 不规则数组的引用

不规则数组的引用的语法形式为：

数组名 [下标 1] [下标 2] … [下标 n]

【例 2.18】 打印杨辉三角形。

```csharp
namespace Ex2_18
{
    class YH_tri
    {
        static void Main(string[] args)
        {
            int i, j, k;
            k = 7;
            int[][] Y = new int[k][];            // 定义二维锯齿状数组
            for (i = 0; i < k; i++)
            {
                Y[i] = new int[i + 1];
                Y[i][0] = 1;
                Y[i][i] = 1;
            }
            for (i = 2; i < k; i++)
                for (j = 1; j < i; j++)
                    Y[i][j] = Y[i - 1][j - 1] + Y[i - 1][j];
            for (i = 0; i < k; i++)
            {
                for (j = 0; j <= i; j++)
                    Console.Write("{0,5:d}", Y[i][j]);
                Console.WriteLine();
            }
            Console.Read();
        }
    }
}
```

运行结果如图 2-17 所示。

2.7.4　数组与 System.Array

在 C# 中，System.Array 类型是所有数组类型的抽象基类型，所有的数组类型均由之派生，这样设计的好处是任何数组都可以使用 System.Array 具有的属性及方法。例如，System.Array 有

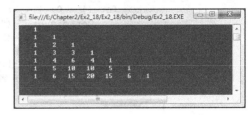

图 2-17　打印的杨辉三角

一个 Length 属性，通过它可以获取数组的长度；有一个 GetLength(n) 方法，用它可以得到第 n 维的数组长度（n 从 0 开始）。程序中利用这个属性和方法，可以有效地防止数组下标越界。

【例 2.19】 动态地定义一个数组，存放一组数据，找出这组数中的最大数和最小数。

```csharp
namespace Ex2_19
{
    class MaxMin
    {
        static void Main(string[] args)
        {
            int max, min;
            int[] queue = new int[] { 89, 78, 65, 52, 90, 92, 73, 85, 91, 95 };
            max = min = queue[0];
            for (int i = 1; i < queue.Length; i++)   // queue.Length 是一维数组的长度
```

```
                    {
                        if (queue[i] > max) max = queue[i];
                        if (queue[i] < min) min = queue[i];
                    }
                    Console.WriteLine(" 最大数是 {0}，最小数是 {1}", max, min);
                    Console.Read();
            }
        }
    }
```

【例 2.20】 求两个矩阵的乘积。假定一个矩阵 *A* 为 3 行 4 列，另一个矩阵 *B* 为 4 行 3 列，根据矩阵乘法的规则，其乘积 *C* 为一个 3 行 3 列的矩阵。

```
namespace Ex2_20
{
    class Matrix
    {
        static void Main(string[] args)
        {
            int i, j, k;
            int[,] a = new int[3, 4] { { 1, 2, 3, 4 }, { 5, 6, 7, 8 }, { 9, 10,
                11, 12 } };
            int[,] b = new int[4, 3] { { 12, 11, 10 }, { 9, 8, 7 }, { 6, 5, 4 },
                { 3, 2, 1 } };
            int[,] c = new int[3, 3];
            for (i = 0; i < c.GetLength(0); i++)          // c.GetLength(0) 是 c 数组
                                                          // 第一维的长度
                for (j = 0; j < c.GetLength(1); j++)      // c.GetLength(1) 是 c 数组
                                                          // 第二维的长度
                    for (k = 0; k < 4; ++k)
                        c[i, j] += a[i, k] * b[k, j];
            for (i = 0; i < 3; ++i)
            {
                for (j = 0; j < 3; ++j)
                    Console.Write("{0,4:d}", c[i, j]);
                Console.WriteLine();
            }
            Console.WriteLine("c 数组一共有 {0} 个元素 ", c.Length);
            // c.Length 是 c 数组的总体长度，即元素总个数（9 个），与它的维数无关
            Console.Read();
        }
    }
}
```

运行结果如图 2-18 所示。

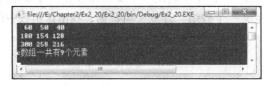

图 2-18　求两个矩阵乘积的运行结果

【例 2.21】 打印杨辉三角形。

```
namespace Ex2_21
{
    class YH_tri
```

```
        {
            static void Main(string[] args)
            {
                int i, j, k, m;
                k = 7;
                int[][] Y = new int[k][];              // 定义二维锯齿状数组 Y
                for (i = 0; i < Y.Length; i++)         // Y.Length 返回的是 Y 数组的长度, 7
                {
                    Y[i] = new int[i + 1];
                    Y[i][0] = 1;
                    Y[i][i] = 1;
                }
                for (i = 2; i < Y.Length; i++)
                    for (j = 1; j < Y[i].Length - 1; j++)   // Y[i].Length 是 Y[i] 这个
                                                             // 数组的长度
                        Y[i][j] = Y[i - 1][j - 1] + Y[i - 1][j];
                for (i = 0; i < Y.Length; i++)
                {
                    for (j = 0; j < Y[i].Length; j++)
                        Console.Write("{0,5:d}", Y[i][j]);
                    Console.WriteLine();
                }
                Console.Read();
            }
        }
    }
```

2.7.5 使用 foreach 语句遍历数组元素

C# 的 foreach 循环主要用于遍历集合中的每个元素，数组也属于集合类型，因此 foreach 语句允许用于数组元素的遍历。

foreach 语句的语法形式为：

```
foreach ( 类型  标识符  in  集合表达式 ) 语句;
```

其中：

- 标识符——foreach 循环的迭代变量，它只在 foreach 语句中有效，并且是一个只读局部变量，也就是说，在 foreach 语句中不能改写这个迭代变量。它的类型应与集合的基本类型相一致。
- 集合表达式——被遍历的集合，例如数组。

在 foreach 语句执行期间，迭代变量按集合元素的顺序依次读入其内容。对数组而言，foreach 语句可用于对数组中的每一个元素执行一遍循环体语句。

【例 2.22】 用 foreach 语句遍历数组找出最大数及最小数。

```
namespace Ex2_22
{
    class Program
    {
        static void Main(string[] args)
        {
            int max, min;
            int[] queue = new int[10] { 89, 78, 65, 52, 90, 92, 73, 85, 91, 95 };
            max = min = queue[0];
            foreach (int x in queue)
```

```
        {
            if (x > max) max = x;
            if (x < min) min = x;
        }
        Console.WriteLine("最大数是{0},最小数是{1}", max, min);
        Console.Read();
        }
    }
}
```

运行结果如图 2-19 所示。

图 2-19   遍历数组找出最大数最小数的运行结果

【例 2.23】 定义一个二维数组，显示二维数组中元素值大于等于 60 的数据，并统计大于等于 60 的元素个数。

```
namespace Ex2_23
{
    class ForExam
    {
        static void Main(string[] args)
        {
            int count;
            int[,] arrayNum = new int[3, 4] { { 98, 76, 87, 65 }, { 55, 68, 57,
                84 }, { 91, 100, 58, 76 } };
            count = 0;
            foreach (int x in arrayNum)
            if (x >= 60)
            {
                count++;
                Console.Write("{0,4:d}", x);
            }
            Console.Read();
        }
    }
}
```

运行结果如图 2-20 所示。

图 2-20   二维数组数据显示统计的运行结果

2.8 综合应用实例

【例 2.24】 扑克牌游戏。用计算机模拟洗牌，分发给四个玩家并将四个玩家的牌显示出来。

基本思路：一维数组 Card 存放 52 张牌（不考虑大、小王），二维数组 Player 存放四个玩家的牌。

用三位整数表示一张扑克牌，最高位表示牌的种类，后两位表示牌号。例如：

101，102，…，113 分别表示红桃 A，红桃 2，…，红桃 K；

201，202，…，213 分别表示方块 A，方块 2，…，方块 K；

301，302，…，313 分别表示梅花 A，梅花 2，…，梅花 K；

401，402，…，413 分别表示黑桃 A，黑桃 2，…，黑桃 K。

代码如下：

```csharp
namespace Ex2_24
{
    class TestCard
    {
        static void Main(string[] args)
        {
            int i, j, temp;
            Random Rnd = new Random();              // 随机数生成器
            int k;
            int[] Card = new int[52];
            int[,] Player = new int[4, 13];
            for (i = 0; i < 4; i++)                 // 52 张牌初始化
                for (j = 0; j < 13; j++)
                    Card[i * 13 + j] = (i + 1) * 100 + j + 1;
            Console.Write("要洗几次牌: ");
            string s = Console.ReadLine();
            int times = Convert.ToInt32(s);
            for (j = 1; j <= times; j++)
                for (i = 0; i < 52; i++)
                {
                    k = Rnd.Next(51 - i + 1) + i;   // 产生 i 到 52 之间的随机数
                    temp = Card[i];
                    Card[i] = Card[k];
                    Card[k] = temp;
                }
            k = 0;
            for (j = 0; j < 13; j++)                // 52 张牌分发给 4 个玩家
                for (i = 0; i < 4; i++)
                    Player[i, j] = Card[k++];
            for (i = 0; i < 4; i++)                 // 显示 4 个玩家的牌
            {
                Console.WriteLine("玩家 {0} 的牌: ", i + 1);
                for (j = 0; j < 13; j++)
                {
                    k = (int)Player[i, j] / 100;    // 分离出牌的种类
                    switch (k)
                    {
                        case 1:                     // 红桃
                            s = Convert.ToString('\x0003');
                            break;
                        case 2:                     // 方块
                            s = Convert.ToString('\x0004');
                            break;
                        case 3:                     // 梅花
                            s = Convert.ToString('\x0005');
                            break;
                        case 4:                     // 黑桃
                            s = Convert.ToString('\x0006');
                            break;
```

```
        }
        k = Player[i, j] % 100;              // 分离出牌号
        switch (k)
        {
            case 1:
                s = s + "A";
                break;
            case 11:
                s = s + "J";
                break;
            case 12:
                s = s + "Q";
                break;
            case 13:
                s = s + "K";
                break;
            default:
                s = s + Convert.ToString(k);
                break;
        }
        Console.Write(s);
        if (j < 12)
            Console.Write(", ");
        else
            Console.WriteLine(" ");
        }
    }
    Console.Read();
    }
  }
}
```

运行结果如图 2-21 所示。

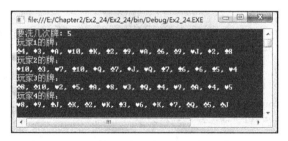

图 2-21　扑克牌游戏程序的运行结果

面向对象编程基础

早期的程序开发使用过程化的设计方法，对于大型应用程序的开发显得力不从心，后续维护也比较困难。而面向对象编程方式把客观世界中的业务及操作对象转变为计算机中的对象，这样，程序开发者能够以更趋近于人的思维方式来编程。这使得程序更易理解，开发效率大大提高，维护也更容易。本章主要讲述类和对象的概念。

C# 是面向对象的程序设计语言，它的整个语言结构都是基于面向对象编程的模型，所以为了更好、更有效地使用 C# 语言，首先应该了解面向对象编程的实质。

3.1　面向对象的概念

自然界中的各种事物都可以分类，例如，星球、动物、房子、学生、汽车等。类包含属性、事件和方法。类通过属性表示它的特征，通过方法实现它的功能，通过事件做出响应。

类可以派生形成子类（派生类），派生子类的类称为父类。对应一个系统最基本的类称为基类，一个基类可以有多个派生类，从基类派生出的类（子类）还可以进行派生。

例如：

```
基类：汽车类
汽车类子类：卡车、客车、轿车等
汽车类属性：车轮、方向盘、发动机、车门等
汽车类方法：前进、倒退、刹车、转弯、听音乐、导航等
汽车类事件：车胎漏气、油用到临界、遇到碰撞等
```

对象是类的具体化，是具有属性和方法的实体（实例）。对象通过唯一的标识名以区别于其他对象，对象有固定的对外接口，它是对象与外界通信的通道。

例如：

```
汽车类对象：比亚迪 F6、奥迪 A6L 等
```

从计算机的角度看，所谓对象就是将需要解决的问题抽象成一个能以计算机逻辑形式表现的封装实体。通过定义对象的属性和方法来描述它的特征和职责，通过定义接口来描述对象的地位以及与其他对象之间的关系，以此构成的面向对象的软件模型能更好地对应现实世界的问题模型，而且可扩充性和可维护性都得到全面保障与提升。可见，面向对象技术并不

是提供了新的计算能力，而是提供了一种新的方式，使得解决问题更加容易和自然。

3.1.1　对象、类、实例化

在面向对象程序设计技术中，对象是具有属性（又称状态）和操作（又称方法、行为方式和消息等）的实体。对象的属性表示它所处的状态，对象的操作则用来改变对象的状态以实现特定的功能。对象有一个唯一的标识名以区别于其他对象，对象有固定的对外接口，是对象在约定好的运行框架和消息传递机制中与外界通信的通道。对象是面向对象技术的核心，是构成系统的基本单元，所有面向对象的程序都是由对象组成的。

类是在对象之上的抽象，它为属于该类的全部对象提供了统一的抽象描述。所以类是一种抽象的数据类型，它是对象的模板；对象则是类的具体化，是类的实例。例如："TCL 电视机"是电视机类的一个实例。类与对象的关系如图 3-1 所示。

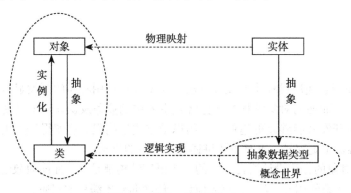

图 3-1　类与对象的关系

3.1.2　面向对象编程语言的三大原则

面向对象编程（Object-Oriented Programming）简称 OOP 技术，是开发计算机应用程序的一种新方法、新思想。现实世界中任何类的对象都具有一定的属性和操作，也总能用数据结构与算法两者合一地来描述，所以可以用下面的等式来定义对象和程序：

```
对象 = (算法 + 数据结构)
程序 = (对象 + 对象 + ……)
```

从上面的等式可以看出，程序就是由许多对象组成的一个整体，而对象则是一个程序中的实体。一个面向对象的语言在处理对象时，必须遵循的三个原则是：封装、继承、多态。

1. 封装

所谓"封装"，就是用一个框架把数据和代码组合在一起，形成一个对象。遵循面向对象数据抽象的要求，一般数据都被封装起来，也就是外部不能直接访问对象的数据，外部能见到的只有提供给外面访问的公共操作（也称接口，对象之间联系的渠道）。在 C# 中，类是支持对象封装的工具，对象则是封装的基本单元。

封装的对象之间进行通信的一种机制叫作消息传递。消息是向对象发出的服务请求，是面向对象系统中对象之间交互的途径。消息包含要求接收对象执行某些活动的信息，以及完成要求所需的其他信息（参数）。发送消息的对象不需要知道接收消息的对象如何对请求予以响应。接收者接收了消息，它就承担了执行指定动作的责任，作为消息的答复，接收者将执行某个方法来满足所接收的请求。

2. 继承

大千世界中的事物存在很多相似性,这种相似性是人们理解纷繁事物的基础。事物之间往往具有某种"继承"关系。比如,儿子与父亲往往有许多相似之处,因为儿子从父亲那里遗传了许多特性;汽车与卡车、轿车、客车之间存在着一般化与具体化的关系,它们都可以用继承来实现。

继承是面向对象编程技术的一块基石,通过它可以创建不同层次的类。例如,创建一个汽车的通用类,它定义了汽车的一般属性(如:车轮、方向盘、发动机、车门)和操作方法(如:前进、倒退、刹车、转弯等)。可以通过继承的方法从这个已有的类派生出新的子类,如卡车、轿车、客车等,它们都是汽车类的更具体的类,每个具体的类还可增加一些自己特有的东西,如图3-2所示,更一般的表示如图3-3所示。

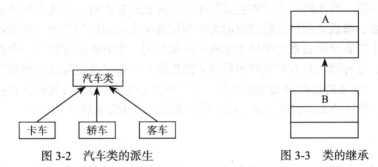

图3-2　汽车类的派生　　　　　　图3-3　类的继承

继承是父类和子类之间共享数据和方法的机制,通常把父类称为基类,子类称为派生类。一个基类可以有任意数目的派生类,从基类派生出的类还可以被派生,一群通过继承相联系的类就构成了类的树型层次结构。

如果一个类有两个或两个以上直接基类,则这样的继承结构称为多重继承或多继承。在现实世界中这种模型屡见不鲜,如具有组合功能的沙发床,它既有沙发的功能,又有床的功能,沙发床应允许同时继承沙发和床的特征,如图3-4所示,更一般的表示如图3-5所示。

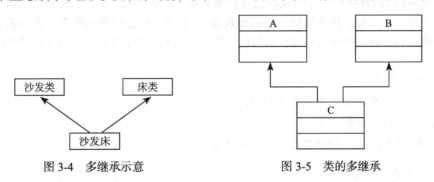

图3-4　多继承示意　　　　　　图3-5　类的多继承

尽管多继承从形式上看比较直观,但在实现上多继承可能引起继承操作或属性的冲突。现在很多语言已不再支持多继承,C#语言也对多继承的使用进行了限制,它通过接口来实现。接口可以从多个基接口继承。接口可以包含方法、属性、事件和索引器。一个典型的接口就是一个方法声明的列表,接口本身不提供它所定义的成员的实现。所以接口不能被实例化,一个实现接口的类再以适当的方式定义接口中声明的方法,如图3-6所示。

不仅如此,C#的接口概念十分适用于组件编程。在组件和组件之间、组件和客户之间都通过接口进行交互。详细介绍请参见第4章相关内容。

3. 多态

多态就其字面上的意思是：多种形式或多种形态。在面向对象编程中，多态是指同一个消息或操作作用于不同的对象，可以有不同的解释，产生不同的执行结果。例如，问甲同学："现在几点钟？"甲看一看表回答说："3点15分。"又问乙同学："现在几点钟？"乙想一想回答说："大概3点多钟。"又问丙同学："现在几点钟？"丙干脆回答说："不知道。"这就是同一个消息发给不同的对象，不同的对象做出不同的反应的例子。

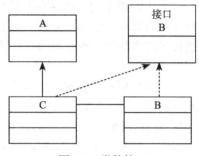

图3-6　类的接口

在面向对象编程中，多态性有两种，一种是静态多态，一种是动态多态。当在同一个类中直接调用一个对象的方法时，系统在编译过程中会根据传递的参数个数、参数类型以及返回值的类型等信息决定实现何种操作，这就是所谓的静态绑定。当在一个有着继承关系的类层次结构中间接调用一个对象的方法时，也就是调用经过基类的操作时，这种调用只有到系统运行时才能根据实际情况决定实现何种操作，这就是所谓的动态绑定。C#支持这两种类型的多态。在实现多态上C#可以有几种方式：接口多态性、继承多态性、通过抽象类实现的多态性。详细介绍请参见第4章相关内容。

3.2　类

正如前面所述，对象是面向对象语言的核心，数据抽象和对象封装是面向对象技术的基本要求，而实现这一切的主要手段和工具就是类。从编程语言的角度讲，类就是一种数据结构，它定义数据和操作这些数据的代码。把握面向对象编程的重要一步就是区分类与对象，类是对其成员的一种封装，对类进行对象实例化，并在其数据成员上实施操作才是完成现实任务的根本。实例化后的类为对象，其核心特征便是拥有了一份自己特有的数据成员拷贝。这些为对象所持有的数据成员称为实例成员。不为对象所持有的数据成员称为静态成员，在类中用static修饰符声明。类的成员包含数据成员（常量、域、事件）和函数成员（方法、属性、索引器、操作符、构造函数、析构函数等）。本章主要介绍类的声明、类的成员、构造函数、析构函数、方法的声明、方法的参数、静态方法与实例方法以及方法的重载与覆盖等。

3.2.1　类的声明

要定义一个新的类，首先要声明它。

类的声明的语法形式为：

```
[ 属性集信息 ]opt   [ 类修饰符 ]opt   class 类名 [ : 类基 ]opt
{
       [ 类主体 ]opt
}
```

其中：

- 属性集信息：用方括号括起，表示可选项，定义各种实体附加的一些说明信息，这是C#语言的一个重要特征。
- 类修饰符：可以是表3-1所列的几种之一或者是它们的有效组合，但在类声明中，同一修饰符不允许出现多次。
- 类基：它定义该类的直接基类和由该类实现的接口。当多于一项时，用逗号"，"分隔。如果没有显式地指定直接基类，那么它的基类隐含为 object。

表 3-1　类修饰符

修饰符	作用说明
public	表示不限制对类的访问。类的访问权限省略时默认为 public
protected	表示该类只能被这个类的成员或派生类成员访问
private	表示该类只能被这个类的成员访问
internal	表示该类能够由程序集中的所有文件使用，而不能由程序集之外的对象使用
new	只允许用在嵌套类中，它表示所修饰的类会隐藏继承下来的同名成员
abstract	表示这是一个抽象类，该类含有抽象成员，因此不能被实例化，只能用作基类
sealed	表示这是一个密封类，不能从这个类再派生出其他类。显然密封类不能同时为抽象类

最简单的类声明语法形式如下：

```
class 类名
{
    类成员
}
```

例如：

```
class Point                         // Point 类的访问权限默认为 public
{
    int x, y;
}
```

3.2.2　类的成员

类的定义包括类头和类体两部分，其中类体用一对大花括号 { } 括起来，类体用于定义该类的成员。

类体语法形式为：

```
{
    [ 类成员声明 ]opt
}
```

类成员由两部分组成，一个是类体中以类成员声明形式引入的类成员，另一个则是直接从它的基类继承而来的成员。类成员声明主要包括：常数声明、字段声明、方法声明、属性声明、事件声明、索引器声明、运算符声明、构造函数声明、析构函数声明、静态构造函数声明、类型声明等。当字段、方法、属性、事件、运算符和构造函数声明中含有 static 修饰符时，则表明它们是静态成员，否则就是实例成员。类成员声明中可以使用以下 5 种访问修饰符中的一种：public、private、protected、internal、protected internal。当类成员声明不包含访问修饰符时，默认约定访问修饰符为 private。

1. 常数声明

常数声明一般语法形式为：

```
[ 属性集信息 ]opt   [ 常数修饰符 ]opt   const 类型 标识符 = 常数表达式
[, 标识符 = 常数表达式 ]0+
```

其中：
- 常数修饰符可以是：new、public、protected、internal、private。
- 类型必须是：sbyte、byte、short、ushort、int、uint、long、ulong、char、float、double、

decimal、bool、string、枚举类型或引用类型。常数表达式的值类型应与目标类型相一致，或者可以通过隐式转换转换成目标类型。

例如：

```
class A_const
{
    public const int X=10;
    const double PI=3.14159;              // 默认访问修饰符，即约定为 private
    const double Y= 0.618+3.14;
}
```

常数表达式的值应该是一个可以在编译时计算的值，常数声明不允许使用 static 修饰符，但它和静态成员一样只能通过类访问。

例如：

```
class Test
{
    public static void Main( )
    {
        A_const m = new A_const ( );
        Console.WriteLine ("X={0}, PI={1},Y={2}", A_const.X , A_const.PI A_const.Y);
    }
}
```

2. 字段声明

字段声明的一般语法形式为：

[属性集信息]opt   [字段修饰符]opt   类型 变量声明列表；

其中：

- 变量声明列表：标识符或者用逗号 "，" 分隔的多个标识符，并且变量标识符还可用赋值号 "=" 设定初始值。

例如：

```
class A
{
    int  x=100 , y = 200;
    float  sum = 1.0;
}
```

- 字段修饰符为：new、public、protected、internal、private、static、readonly、volatile。其中 new、public、protected、internal、private 前面已做过介绍，加 static 修饰的字段是静态字段，不加 static 修饰的字段是实例字段。静态字段不属于某个实例对象，实例字段则属于实例对象。也就是说，一个类可以创建若干个实例对象，每个实例对象都有自己的实例字段映像，而若干个实例对象只能共有一份静态字段。所以对静态字段的访问只与类关联，对实例字段的访问要与实例对象关联。

加 readonly 修饰符的字段是只读字段，对只读字段的赋值只能在声明的同时进行，或者通过类的实例构造函数或静态构造函数实现。其他情况下，对只读字段只能读不能写。这与常量有共同之处，但 const 成员的值要求在编译时能计算，如果这个值要到运行时刻才能给出，又希望这个值一旦赋给就不能改变，那么就可以把它定义成只读字段。

【例 3.1】 通过构造函数对只读字段赋值。

```
namespace Ex3_1
```

```
{
    public class Area
    {
        public readonly double Radius;    // Radius 是只读字段
        private double x, y;
        public double Size;
        public static double Sum = 0.0;
        public Area()
        {
            Radius = 1.0;                 // 通过构造函数对 radius 赋值
        }
    }
    class Test
    {
        static void Main(string[] args)
        {
            Area s1 = new Area();
            Console.WriteLine("Radius={0}, Size={1},Sum={2}", s1.Radius, s1.Size,
                Area.Sum);
            //  静态字段通过类访问 Area.Sum，实例字段通过对象访问 s1.Size
            Console.Read();
        }
    }
}
```

运行结果如图 3-7 所示。

图 3-7　对只读字段赋值的运行结果

无论是静态字段还是实例字段，它们的初始值都被设置成字段类型的默认值。如果字段声明包含变量初始值设定，则在初始化执行期间相当于执行一个赋值语句。对静态字段的初始化发生在第一次使用该类静态字段之前，执行的顺序按静态字段在类声明中出现的文本顺序进行。对实例字段的初始化发生在创建一个类的实例时，它同样是按实例字段在类声明中的文本顺序执行的。

3.2.3　构造函数

定义了一个类之后，就可以通过 new 运算符将其实例化，生成一个对象。为了规范、安全地使用这个对象，C# 提供了对对象进行初始化的方法，这就是构造函数。

在 C# 中，类的成员字段可以分为实例字段和静态字段，与此相应的构造函数也分为实例构造函数和静态构造函数。

1. 实例构造函数声明

实例构造函数的声明语法形式为：

```
[ 属性集信息 ]opt    [ 构造函数修饰符 ]opt    标识符（[ 参数列表 ]opt ）
[: base （[ 参数列表 ]opt )]opt    [: this（[ 参数列表 ]opt )]opt
{
    构造函数语句块
}
```

其中：

- 构造函数修饰符：public、protected、internal、private、extern。

一般地，构造函数总是 public 类型。如果是 private 类型，表明类不能被外部类实例化。

- 标识符（[参数列表]opt）：标识符是构造函数名，必须与这个类同名，不声明返回类型，并且没有任何返回值。这与返回值类型为 void 的函数不同。可以没有构造函数参数，也可以有一个或多个。这表明构造函数在类的声明中可以有函数名相同但参数个数不同或者参数类型不同的多种形式，这就是所谓的构造函数重载。

用 new 运算符创建一个类的对象时，类名后的一对圆括号提供初始化列表，这实际上就是提供给构造函数的参数。系统根据这个初始化列表的参数个数、参数类型和参数顺序调用不同的构造函数。

【例 3.2】 Time 类的构造函数及其重载。

```
namespace Ex3_2
{
    public class Time
    {
        private int hour, minute, second;
        public Time()
        {
            hour = minute = second = 0;
        }
        public Time(int h)
        {
            hour = h;
            minute = second = 0;
        }
        public Time(int h, int m)
        {
            hour = h;
            minute = m;
            second = 0;
        }
        public Time(int h, int m, int s)
        {
            hour = h;
            minute = m;
            second = s;
        }
    }

    class Test
    {
        static void Main(string[] args)
        {
            Time t1, t2, t3, t4;          // 对 t1、t2、t3、t4 分别调用不同的构造函数
            t1 = new Time();
            t2 = new Time(8);
            t3 = new Time(8, 30);
            t4 = new Time(8, 30, 30);
        }
    }
}
```

关于构造函数，还要说明以下几点：

- : base（[参数列表]opt）：表示调用直接基类中的实例构造函数。
- : this（[参数列表]opt）：表示调用该类本身所声明的其他构造函数。

- 构造函数语句块：既可以对静态字段赋值，也可以对非静态字段进行初始化。但在构造函数体中不要做对类的实例进行初始化以外的事情，也不要尝试显式地调用构造函数。
- 实例构造函数是不能被继承的。如果一个类没有声明任何实例构造函数，则系统会自动提供一个默认的实例构造函数。

【例 3.3】 构造函数初始化。

创建实例对象时，根据不同的参数调用相应的构造函数完成初始化。

```
namespace Ex3_3
{
    class Point
    {
        public double x, y;
        public Point()
        {
            x = 0; y = 0;
        }
        public Point(double x, double y)
        {
            this.x = x;              // 当 this 在实例构造函数中使用时，
            this.y = y;              // 它的值就是对该构造对象的引用
        }
    }
    class Test
    {
        static void Main(string[] args)
        {
            Point a = new Point();
            Point b = new Point(3, 4);    // 用构造函数初始化对象
            Console.WriteLine("a.x={0}, a.y={1}", a.x, a.y);
            Console.WriteLine("b.x={0}, b.y={1}", b.x, b.y);
            Console.Read();
        }
    }
}
```

运行结果如图 3-8 所示。

上例中声明了一个类 Point，它提供了两个重载的构造函数。一个不带参数的 Point 构造函数和一个带有两个 double 参数的 Point 构造函数。如果类中没有提供这些构造函数，那么 CLR 会自动提供一个默认的构造函数。但一旦类中提供了自定义的构造函数，系统则不提供默认的构造函数，如例 3.4 所示。

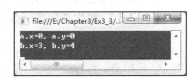

图 3-8　用不同的构造函数完成对象初始化的运行结果

【例 3.4】 Point 类只定义了一个带两个参数的构造函数。

```
namespace Ex3_4
{
    class Point
    {
        public double x, y;
        public Point(double x, double y)
        {
            this.x = x;                          // 当 this 在实例构造函数中使用时，
```

```
            this.y = y;                         // 它的值就是对该构造对象的引用
        }
    }
    class Test
    {
        static void Main(string[] args)
        {
            Point a = new Point();              // 出错
            Point b = new Point(3, 4);          // 用构造函数初始化对象
            Console.WriteLine("a.x={0}, a.y={1}", a.x, a.y);
            Console.WriteLine("b.x={0}, b.y={1}", b.x, b.y);
        }
    }
}
```

在创建 Point 对象 a 时，编译会报告出错消息，如图 3-9 所示。

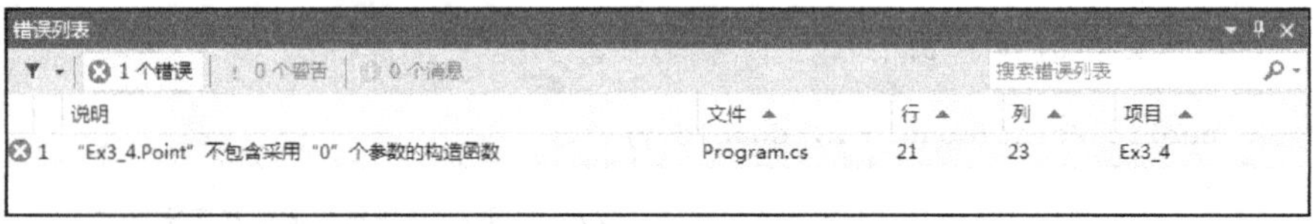

图 3-9　程序编译出错消息

在一个类的层次结构中，派生类对象的初始化由基类和派生类共同完成：基类的成员由基类的构造函数初始化，派生类的成员由派生类的构造函数初始化。

当创建派生类的对象时，就会展开一个链式的构造函数调用，在这个过程中，派生类构造函数在执行它自己的函数体之前，首先显式或隐式地调用基类构造函数。类似地，如果这个基类也是从另一个类派生而来的，那么这个基类的构造函数在执行之前也会先调用它的基类构造函数，以此类推，直到 Object 类的构造函数为止。如果派生类中又有对象成员，则执行基类的构造函数之后，再执行成员对象类的构造函数，最后执行派生类的构造函数。至于执行基类的哪个构造函数，视情形而定，默认情况下执行基类的无参构造函数，如果要执行基类的有参构造函数，则必须在派生类构造函数的基类列表中指出。

下面程序描述了派生类构造函数的格式，以及在初始化对象时构造函数的调用次序。

【例 3.5】　派生类构造函数及其调用。

```
namespace Ex3_5
{
    class Point
    {
        private int x, y;
        public Point()
        {
            x = 0; y = 0;
            Console.WriteLine("Point() constructor : {0} ", this);
        }
        public Point(int x, int y)
        {
            this.x = x;
            this.y = y;
            Console.WriteLine("Point(x,y) constructor : {0} ", this);
        }
    }
    class Circle : Point
```

```
{
    private double radius;
    public Circle()                        // 默认约定调用基类的无参构造函数 Point()
    {
        Console.WriteLine("Circle () constructor : {0} ", this);
    }
    public Circle(double radius)
        : base()
    {
        this.radius = radius;
        Console.WriteLine("Circle (radius) constructor : {0} ", this);
    }
    public Circle(int x, int y, double radius)
        : base(x, y)
    {
        this.radius = radius;
        Console.WriteLine("Circle (x, y, radius) constructor : {0} ", this);
    }
}

class Program
{
    static void Main(string[] args)
    {
        Point a = new Point();
        Circle b = new Circle(3.5);
        Circle c = new Circle(1, 1, 4.8);
        Console.Read();
    }
}
```

运行结果如图 3-10 所示。

图 3-10   派生类对象在初始化时，调用构造函数的次序

📎 **注意：**

　　例 3.5 中 this 是一个保留字，仅限于在构造函数和方法成员中使用，在类的构造函数中出现表示对正在构造的对象本身的引用，在类的方法中出现表示对调用该方法的对象的引用，在结构的构造函数中出现表示对正在构造的结构的引用，在结构的方法中出现表示对调用该方法的结果的引用。

2. 静态构造函数声明

静态构造函数的声明语法形式为：

[属性集信息]opt   [静态构造函数修饰符]opt   标识符 ( )
{
　　　静态构造函数体
}

其中：

- 静态构造函数修饰符：[extern] static 或者 static [extern]，如果有 extern 修饰，则说明这是一个外部静态构造函数，不提供任何实际的实现，所以静态构造函数体仅仅是一个分号。
- 标识符 ( )：标识符是静态构造函数名，必须与这个类同名，静态构造函数不能有参数。
- 静态构造函数体：静态构造函数的目的是对静态字段进行初始化，所以它只能对静态数据成员进行初始化，而不能对非静态数据成员进行初始化。

静态构造函数是不可继承的，而且不能被直接调用。只有创建类的实例或者引用类的任何静态成员时，才能激活静态构造函数，所以在给定的应用程序域中静态构造函数至多被执行一次。如果类中没有声明静态构造函数，而又包含带有初始设定的静态字段，那么编译器会自动生成一个默认的静态构造函数。

【例 3.6】 静态构造函数。

```
namespace Ex3_6
{
    class Screen
    {
        static int Height;
        static int Width;
        int Cur_X, Cur_Y;
        static Screen()
        {    // 静态构造函数，对类的静态字段初始化
            Height = 768;
            Width = 1024;
        }
    }
    class Program
    {
        ...
    }
}
```

3.2.4 析构函数

一般来说，创建一个对象时需要用构造函数初始化数据，相应地，释放一个对象时就用析构函数。所以析构函数是用于实现析构类实例所需操作的方法。

析构函数的声明语法形式为：

[属性集信息]$_{opt}$ [extern]$_{opt}$ ～标识符 ( )
{
        析构函数体
}

其中：

- 标识符必须与类名相同，但为了与构造函数区分，前面需加"～"表明它是析构函数。
- 析构函数不能写返回类型，也不能带参数，因此它不可能被重载，当然它也不能被继承，所以一个类最多只能有一个析构函数。一个类如果没有显式地声明析构函数，则编译器将自动生成一个默认的析构函数。

析构函数不能由程序显式地调用，而是由系统在释放对象时自动调用。如果这个对象是一个派生类对象，那么在调用析构函数时也会产生链式反应，首先执行派生类的析构函数，然后执行基类的析构函数，如果这个基类还有自己的基类，这个过程就会不断重复，直到调用 Object 类的析构函数为止，其执行顺序与构造函数正好相反。

【例 3.7】 析构函数的调用次序。

```
namespace Ex3_7
{
    public class Point
    {
        private int x, y;
        ~Point()
        {
            Console.WriteLine("Point's  destructor ");
        }
    }
    public class Circle : Point
    {
        private double radius;
        ~Circle()                    // 默认约定调用基类的无参构造函数 Point()
        {
            Console.WriteLine("Circle's  destructor ");
        }
    }
    class Test
    {
        static void Main(string[] args)
        {
            Circle b = new Circle();
            b = null;
            GC.Collect();            // 强制对所有代进行回收的垃圾进行回收
            Console.Read();
        }
    }
}
```

运行结果如图 3-11 所示。

析构函数通常用于对象释放时所需做的收尾工作，例如释放所占内存，但在 C# 中提供了一种自动内存管理机制，资源的释放是由"垃圾回收器"（GC）自动完成的，一般不需要用户干预。实际上，析构函数是在"垃圾回收器"回收对象的存储空间之前调用的，如果析构函数仅仅是为了释放对象由系统管理的资源，就没有必要了。

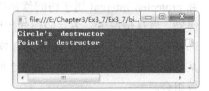

图 3-11　析构函数的调用次序

然而，在有些情况下需要释放非系统管理的资源时就必须通过写代码的方式来解决，那么使用析构函数释放非托管资源就是最合适的。

3.3　方法

C# 实现了完全意义上的面向对象，它没有全局常数、全局变量和全局方法，任何事物都必须封装在类中。一个类体包括两部分，一个是数据域以反映对象所处的状态，一个是方法以实现由对象或类执行的计算或操作。通常，程序的其他部分也是通过类所提供的方法与它进行互操作。对方法的理解可以从如下几个方面入手：方法的声明、方法的参数、静态方法与实例方法、方法的重载与覆盖等。

3.3.1 方法的声明

方法是按照一定格式组织的一段程序代码，在类中用方法声明的方式来定义。
方法声明的语法形式为：

```
[ 属性集信息 ]opt   [ 方法修饰符 ]opt   返回类型 方法名（ [ 形参表 ]opt ）
{
      方法体
}
```

其中：
- 方法修饰符如表 3-2 所示。

表 3-2 方法修饰符

修饰符	作用说明
new	在一个继承结构中，用于隐藏基类同名的方法
public	表示该方法可以在任何地方被访问
protected	表示该方法可以在它的类体或派生类类体中被访问，但不能在类体外访问
private	表示该方法只能在这个类体内被访问
internal	表示该方法可以被同处于一个工程的文件访问
static	表示该方法属于类型本身，而不属于某特定对象
virtual	表示该方法可在派生类中重写，从而更改该方法的实现
abstract	表示该方法仅仅定义了方法名及执行方式，但没有给出具体实现，所以包含这种方法的类是抽象类，有待于派生类的实现
override	表示该方法是从基类继承的 virtual 方法的新实现
sealed	表示这是一个密封方法，它必须同时包含 override 修饰，以防止它的派生类进一步重写该方法
extern	表示该方法从外部实现

方法修饰符中 public、protected、private、internal 和 protected internal 属于访问修饰符，用于表示访问的级别，默认情况下，方法的访问级别为 public。访问修饰符也可以和其他方法修饰符有效地组合在一起，但某些修饰符是互相排斥的。表 3-3 所列的组合被视为无效组合。

表 3-3 修饰符的无效组合

修饰符	不能与下列选项一起使用
static	virtual、abstract 和 override
virtual	static、abstract 和 override
override	new、static 和 virtual
abstract	virtual 和 static
new	override
extern	abstract

- 返回类型：方法可以返回值也可以不返回值，如果返回值，则需要说明返回值的类型，它可以是任何一种 C# 的数据类型，在方法体内是通过 return 语句将数据交给调用者。如果方法不返回值，则它的返回类型可标为 void，缺省情况下为 void。
- 方法名：每个方法都有一个名称，一般可以按标识符的命名规则随意给定方法名，不过要记住 Main() 是为开始执行程序的方法预留的，另外不要使用 C# 的关键字作为方法名。为了使方法容易理解和记忆，建议方法的命名尽可能地同所要进行的操作联系起来，也就是我们通常说的顾名思义。
- 形参表：由零个或多个用逗号分隔的形式参数组成的，形式参数可用属性、参数修饰符、类型等描述。当形参表为空时，外面的圆括号不能省略。

- 方法体：用花括号括起的一个语句块。

【例 3.8】 下面程序中的 StackTp 类定义了几个方法以模拟实现一个压栈操作。

```
namespace Ex3_8
{
    class StackTp
    {
        int MaxSize;
        int Top;
        int[] StkList;
        public StackTp()                   // 构造函数
        {
            MaxSize = 100;
            Top = 0;
            StkList = new int[MaxSize];
        }
        public StackTp(int size)           // 构造函数
        {
            MaxSize = size;
            Top = 0;
            StkList = new int[MaxSize];

        }
        public bool isEmptyStack()         // 方法
        {
            if (Top == 0)
                return true;
            else
                return false;
        }
        public bool isFullStack()
        {
            if (Top == MaxSize)
                return true;
            else
                return false;
        }
        public void push(int x)
        {
            StkList[Top] = x;
            Top++;
        }
    }
    class Test
    {
        static void Main(string[] args)
        {
            StackTp ST = new StackTp(20);
            string s1;
            if (ST.isEmptyStack())         // 调用方法 isEmptyStack()
                s1 = "Empty";
            else
                s1 = "not Empty";
            Console.WriteLine("Stack is " + s1);
            for (int i = 0; i < 20; i++)
                ST.push(i + 1);
            if (ST.isFullStack())          // 调用方法 isFullStack()
                s1 = "Full";
```

```
        else
            s1 = "not Full";
        Console.WriteLine("Stack is " + s1);
        Console.Read();
        }
    }
}
```

运行结果如图 3-12 所示。

3.3.2 方法的参数

参数的作用就是使消息在方法中传入或传出，
当声明一个方法时，包含的参数说明是形式参数
（形参）。当调用一个方法时，给出的对应实际参量
是实际参数（实参），传入或传出就是在实参与形参之间发生的，在 C# 中实参与形参有四种
传递方式。

图 3-12   StockTp 类的压栈操作的运行结果

1. 值参数

在方法声明时不加修饰的形参就是值参数，它表明实参与形参之间按值传递。当这个方
法被调用时，编译器为值参数分配存储单元，然后将对应的实参的值复制到形参中。实参可
以是变量、常量、表达式，但要求其值的类型必须与形参声明的类型相同或者能够被隐式地
转化为这种类型。这种传递方式的好处是在方法中对形参的修改不影响外部的实参，也就是
说数据只能传入方法而不能从方法传出，所以值参数有时也被称为入参数。

【例 3.9】 下面的程序演示了当方法 Sort 传递的是值参数时，对形参的修改不影响其
实参。

```
namespace Ex3_9
{
    class Myclass
    {
        public void Sort(int x, int y, int z)
        {
            int tmp;                         // tmp是方法Sort的局部变量
            // 将x, y, z按从小到大排序
            if (x > y) { tmp = x; x = y; y = tmp; }
            if (x > z) { tmp = x; x = z; z = tmp; }
            if (y > z) { tmp = y; y = z; z = tmp; }
        }
    }
    class Test
    {
        static void Main(string[] args)
        {
            Myclass m = new Myclass();
            int a, b, c;
            a = 30; b = 20; c = 10;
            m.Sort(a, b, c);
            Console.WriteLine("a={0}, b={1}, c={2}", a, b, c);
            Console.Read();
        }
    }
}
```

运行结果如图 3-13 所示。

变量 a、b、c 的值并没有发生改变,因为它们都是按值传给形参 x、y、z 的,形参 x、y、z 的变化并不能影响外部的 a、b、c。

图 3-13　方法的值参数传递的运行结果

如果给方法传递的是一个引用对象,它遵循的仍是值参数传递方式,形参另外分配一块内存,接受实参的引用值拷贝,同样对引用值的修改不会影响外面的实参,但是,如果改变参数所引用的对象,则会影响实参所引用的对象,因为它们是同一块内存区域。

【例 3.10】 下面的程序演示的是当方法传递的是一个引用对象(例如数组)时,对形参的修改会影响到实参。

```
namespace Ex3_10
{
    class Myclass
    {
        public void SortArray(int[] a)
        {
            int i, j, pos, tmp;
            for (i = 0; i < a.Length - 1; i++)
            {
                for (pos = j = i; j < a.Length; j++)
                    if (a[pos] > a[j]) pos = j;
                if (pos != i)
                {
                    tmp = a[i];
                    a[i] = a[pos];
                    a[pos] = tmp;
                }
            }
        }
    }
    class Program
    {
        static void Main(string[] args)
        {
            Myclass m = new Myclass();
            int[] score = { 87, 89, 56, 90, 100, 75, 64, 45, 80, 84 };
            m.SortArray(score);
            for (int i = 0; i < score.Length; i++)
            {
                Console.Write("score[{0}]={1}, ", i, score[i]);
                if (i == 4) Console.WriteLine();
            }
            Console.Read();
        }
    }
}
```

运行结果如图 3-14 所示。

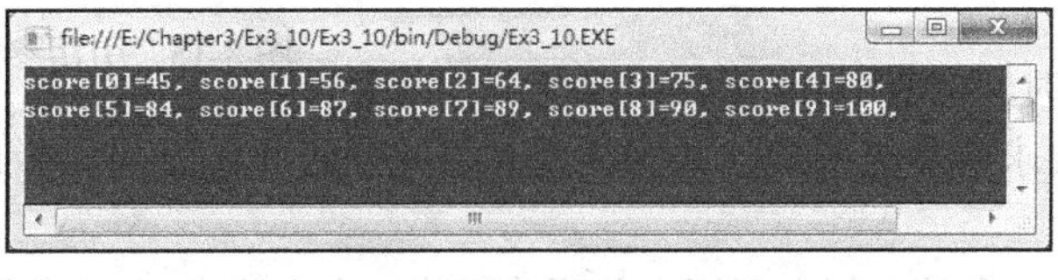

图 3-14　引用对象作为参数传递的运行结果

从例 3.10 的运行结果可以看出，数组其实是一种对象，数组名 score 是一个对象的引用，当它作为一个参数传递时，形参也得到了这个对象的引用，相当于实参和形参同指向一个内存区域，在方法内通过形参 a 的引用对这个区域的修改，在调用方法之后通过 score 引用到的是同一区域，当然就是按从小到大的顺序排列的数组。

2. 引用参数

如果调用一个方法，期望能够对传递给它的实际变量进行操作，如例 3.9 中 Sort 方法对 x、y、z 的排序希望对调用这个方法的实际变量 a、b、c 产生作用，用 C# 默认的按值传递是不可能实现的。所以 C# 使用了 ref 修饰符来解决此类问题，它告诉编译器，实参与形参的传递方式是引用。

引用与值参数不同，引用参数并不创建新的存储单元，它与方法调用中的实际参数变量同处一个存储单元。因此，在方法内对形参的修改就是对外部实参变量的修改。

【例 3.11】 将例 3.9 程序中 Sort 方法的值参数传递方式改成引用参数传递，这样在方法 Sort 中对参数 x、y、z 按从小到大的顺序排列影响了调用它的实参 a、b、c。

```
namespace Ex3_11
{
    class Myclass
    {
        public void Sort(ref int x, ref int y, ref int z)
        {
            int tmp;                              // tmp 是方法 Sort 的局部变量
            // 将 x, y, z 按从小到大排序
            if (x > y) { tmp = x; x = y; y = tmp; }
            if (x > z) { tmp = x; x = z; z = tmp; }
            if (y > z) { tmp = y; y = z; z = tmp; }
        }
    }
    class Program
    {
        static void Main(string[] args)
        {
            Myclass m = new Myclass();
            int a, b, c;
            a = 30; b = 20; c = 10;
            m.Sort(ref  a, ref  b, ref  c);
            Console.WriteLine("a={0}, b={1}, c={2}", a, b, c);
            Console.Read();
        }
    }
}
```

运行结果如图 3-15 所示。

使用 ref 参数时需要注意以下几点：

1）ref 关键字仅对跟在它后面的参数有效，而不能应用于整个参数表。例如，Sort 方法中的 x、y、z 都要加 ref 修饰。

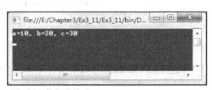

图 3-15　引用参数传递方式的运行结果

2）在调用方法时，也使用 ref 修饰实参变量，因为是引用参数，所以要求实参与形参的数据类型必须完全匹配，而且实参必须是变量，不能是常量或表达式。

3）在方法外，ref 参数必须在调用之前明确赋值；在方法内，ref 参数被视为已赋初值。

3. 输出参数

在参数前加 out 修饰符的被称为输出参数，它与 ref 参数很相似，只有一点除外，就是它只能用于从方法中传出值，而不能从方法调用处接受实参数据。在方法内 out 参数被认为是未赋过值的，所以在方法结束之前应该对 out 参数赋值。

【例 3.12】 求一个数组元素中的最大值、最小值以及平均值。

希望得到三个返回值，显然用方法的返回值不能解决，而且这三个值必须通过计算得到，初始值没有意义，所以解决方案是定义三个 out 参数。

```
namespace Ex3_12
{
    class Myclass
    {
        public void MaxMinArray(int[] a, out int max, out int min, out double avg)
        {
            int sum;
            sum = max = min = a[0];
            for (int i = 1; i < a.Length; i++)
            {
                if (a[i] > max) max = a[i];
                if (a[i] < min) min = a[i];
                sum += a[i];
            }
            avg = sum / a.Length;
        }
    }
    class Test
    {
        static void Main(string[] args)
        {
            Myclass m = new Myclass();
            int[] score = { 87, 89, 56, 90, 100, 75, 64, 45, 80, 84 };
            int smax, smin;
            double savg;
            m.MaxMinArray(score, out smax, out smin, out savg);
            Console.Write("Max={0}, Min={1}, Avg={2} ", smax, smin, savg);
            Console.Read();
        }
    }
}
```

运行结果如图 3-16 所示。

ref 和 out 参数的使用并不局限于值类型参数，它们也可用于引用类型来传递对象。

【例 3.13】 下面的程序定义了两个方法，一是 Swap1，一个是 Swap2，它们都有两个引用对象作为参数，但 Swap2 的参数加了 ref 修饰，调用这两个方法产生的结果是不一样的。

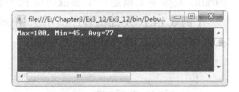

图 3-16　输出参数传递方式的运行结果

```
namespace Ex3_13
{
    class Myclass
    {
        public void Swap1(string s, string t)
        {
```

```
            string tmp;
            tmp = s;
            s = t;
            t = tmp;
        }
        public void Swap2(ref  string s, ref  string t)
        {
            string tmp;
            tmp = s;
            s = t;
            t = tmp;
        }
    }
    class Test
    {
        static void Main(string[] args)
        {
            Myclass m = new Myclass();
            string s1 = "ABCDEFG", s2 = "134567";
            m.Swap1(s1, s2);
            Console.WriteLine("s1={0}", s1);      // s1 和 s2 的引用并没有改变
            Console.WriteLine("s2={0}", s2);
            m.Swap2(ref s1, ref s2);              // s1 和 s2 的引用互相交换了
            Console.WriteLine("s1={0}", s1);
            Console.WriteLine("s2={0}", s2);
            Console.Read();
        }
    }
}
```

运行结果如图 3-17 所示。

4. 参数数组

一般而言，调用方法时其实参必须与该方法声明的形参在类型和数量上相匹配，但有时候我们更希望灵活一些，能够给方法传递任意个数的参数，比如在三个数中找最大、最小数和在五个数中找最大、最小数，甚至在任意多个数中找最大、最小数。C# 提供了传递可变长度的参数表的机制，即使用 params 关键字来指定一个参数可变长的参数表。

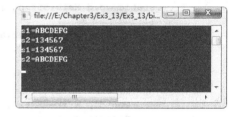

图 3-17 Swap1 和 Swap2 两个不同参数传递方式的运行结果

【**例 3.14**】 下面的程序演示了 Myclass 类中的方法 MaxMin 有一个参数数组类型的参数，在调用这个方法时所具有的灵活性。

```
namespace Ex3_14
{
    class Myclass
    {
        public void MaxMin(out int max, out int min, params int[] a)
        {
            if (a.Length == 0)    // 如果可变参数为零个，可以取一个约定值或产生异常
            {
                max = min = -1;
                return;
            }
            max = min = a[0];
```

```
            for (int i = 1; i < a.Length; i++)
            {
                if (a[i] > max) max = a[i];
                if (a[i] < min) min = a[i];
            }
        }
    }
class Test
    {
        static void Main(string[] args)
        {
            Myclass m = new Myclass();
            int[] score = { 87, 89, 56, 90, 100, 75, 64, 45, 80, 84 };
            int smax, smin;
            m.MaxMin(out smax, out smin);                   // 可变参数的个数可以是零个
            Console.WriteLine("Max={0}, Min={1} ", smax, smin);
            m.MaxMin(out smax, out smin, 45, 76, 89, 90); // 在四个数之间找最大、最小
            Console.WriteLine("Max={0}, Min={1} ", smax, smin);
            m.MaxMin(out smax, out smin, score);                // 可变参数也可接受数组对象
            Console.WriteLine("Max={0}, Min={1} ", smax, smin);
            Console.Read();
        }
    }
}
```

运行结果如图 3-18 所示。

从例 3.18 中可以看出，设立可变参数非常方便、实用。但在使用时要注意以下几点：

1）一个方法中只能声明一个 params 参数，如果还有其他常规参数，则 params 参数应放在参数表的最后。

2）用 params 修饰符声明的参数是一个一维数组类型，例如，可以是 int [ ]、string [ ]、double [ ] 或 int [ ]、string [ ] 等，但不能是 int [,]、string [,] 等。

图 3-18 含有参数数组的 MaxMin 方法被调用的运行结果

3）由于 params 参数其实是一个数组，因此在调用时可以为参数数组指定零个或多个参数，其中每个参数的类型都应与参数数组的元素类型相同或能隐式地转换。

4）当调用具有 params 参数的方法时，可以作为一个元素列表（如 m.MaxMin (smax, smin, 45, 76, 89, 90);）或作为一个数组（如 m.MaxMin (out smax, out smin, score);）传递给 params 参数。

5）无论采用哪种方式来调用方法，params 参数都是作为一个数组来处理的，所以在方法内可以使用数组的长度属性来确定在每次调用中所传递参数的个数。

6）params 参数在内部会进行数据的复制，不可能将 params 修饰符与 ref 和 out 修饰符组合起来用。所以，在这个方法中，即使对参数数组的元素进行了修改，在这个方法之外的数值也不会发生变化。

3.3.3 静态方法与实例方法

类的数据成员可以分为静态字段和实例字段。静态字段是和类相关联的，不依赖于特定对象的存在，实例字段是和对象相关联的，访问实例字段依赖于实例的存在。因此，根据静态字段和实例字段的特性，构造函数将其分为静态构造函数和实例构造函数，方法也将其分为静态方法和实例方法。

通常，若一个方法声明中含有 static 修饰符，则表明这个方法是静态方法，同时说明它只对这个类中的静态成员操作，不可以直接访问实例字段。

若一个方法声明中不包含 static 修饰符，则该方法是一个实例方法。一个实例方法的执行与特定对象关联，所以需要一个对象存在。实例方法可以直接访问静态字段和实例字段。

【例 3.15】 设计一个商品销售的简单管理程序。每一种商品对象要存储的是商品总数及商品单价。每销售一件商品要计算销售额和库存。cashRegister 类将销售总额定义成静态变量 cashSum，那么访问 cashSum 的方法 productCost 也就定义成静态方法，而 makeSale 方法是计算销售额及库存的，所以定义成实例方法。请注意它们在使用中的不同。

```csharp
namespace Ex3_15
{
    class cashRegister
    {
        int numItems;                              // 商品总数
        double cost;                               // 商品单价
        static double cashSum;                     // cashSum是静态变量，即销售总额
        public cashRegister(int numItems, double cost)
        {
            this.numItems = numItems;
            this.cost = cost;
        }
        public cashRegister()
        {
            numItems = 0;
            cost = 0.0;
        }
        static cashRegister()
        {
            cashSum = 0.0;
            // this.cashSum=0.0;                    错误，静态方法不允许使用this
        }
        public void makeSale(int num)              // 实例方法
        {
            this.numItems -= num;
            cashSum += cost * num;                  // 实例方法可以访问静态成员
        }
        public static double productCost()         // 静态方法，只能访问静态成员
        {
            return cashSum;
            // return this.cashSum;                 错误，静态方法不能使用this
        }
        public int productCount()
        {
            return numItems;
        }
    }
    class Test
    {
        static void Main(string[] args)
        {
            cashRegister Candy = new cashRegister(200, 1);
            cashRegister Chips = new cashRegister(500, 3.5);
            Candy.makeSale(5);
            Console.Write("Candy.numItems={0} ", Candy.productCount());
            // 调用实例方法与对象 Candy 相关联
            Console.WriteLine("cashSum={0} ", cashRegister.productCost());
```

```
                // 调用静态方法与类 cashRegister 相关联
                Chips.makeSale(10);
                Console.Write("Chips.numItems={0} ", Chips.productCount());
                // 调用实例方法与对象 Chips 相关联
                Console.WriteLine("cashSum={0} ", cashRegister.productCost());
                // cashSum 即 Candy 和 Chips 售出总价
                Console.Read();
            }
        }
    }
```

运行结果如图 3-19 所示。

在例 3.15 中，我们可以看到实例方法 makeSale() 中可以使用 this 来引用变量 numItems。

这里 this 关键字表示引用当前对象实例的成员。在实例方法体内也可以省略 this，直接引用 numItems，实际上两者的语义相同。而静态方法不与对象关联，所以不能用 this 指针。this 关键字一般用于实例构造函数、实例方法和实例访问器以访问对象实例的成员。

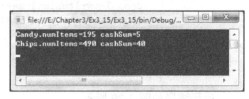

图 3-19   例 3.15 的运行结果

3.3.4   方法的重载与覆盖

一个方法的名字和形式参数的个数、修饰符以及类型共同构成了这个方法的签名，同一个类中不能有签名相同的方法。如果一个类中有两个或两个以上的方法的名字相同，而它们的形参个数或形参类型有所不同是允许的，它们属于不同的方法签名。实际上这些同名方法都在某些方面具有唯一性，编译器能够正确区分它们。需要注意的是，方法的返回类型不是方法签名的组成部分，也就是说，仅仅是返回类型不同的同名方法，编译器是不能识别的。下面通过一个例子来介绍方法重载。

【例 3.16】 下面的程序定义的 Myclass 类中含有四个名为 max 的方法，但它们或者参数个数不同，或者参数类型不同，在 Main 中调用该方法时，编译器会根据参数的个数和类型确定调用哪个 max 方法。

```
namespace Ex3_16
{
    class Myclass                    // 该类中有 max 方法的四个不同版本
                                     // 它们或者参数类型不同，或者参数个数不同
    {
        public int max(int x, int y)
        {
            return x >= y ? x : y;
        }
        public double max(double x, double y)
        {
            return x >= y ? x : y;
        }
        public int max(int x, int y, int z)
        {
            return max(max(x, y), z);
        }
        public double max(double x, double y, double z)
        {
            return max(max(x, y), z);
```

```
            }
        }
    class Test
    {
        static void Main(string[] args)
        {
            Myclass m = new Myclass();
            int a, b, c;
            double e, f, g;
            a = 10; b = 20; c = 30;
            e = 1.5; f = 3.5; g = 5.5;
            // 调用方法时，编译器会根据实参的类型和个数调用不同的方法
            Console.WriteLine("max({0},{1})= {2} ", a, b, m.max(a, b));
            Console.WriteLine("max({0},{1},{2})= {3} ", a, b, c, m.max(a, b, c));
            Console.WriteLine("max({0},{1})= {2} ", e, f, m.max(e, f));
            Console.WriteLine("max({0},{1},{2})= {3} ", e, f, g, m.max(e, f, g));
            Console.Read();
        }
    }
}
```

运行结果如图 3-20 所示。

从例 13.16 可以看出，方法 max 是求若干参
数中的最大值，类 Myclass 中有四个同名的方法
max，它们或者参数个数不一样，或者参数类型
不一样。在调用 max 方法时，编译器会根据调
用时给出的实参个数及类型调用相应的方法，这
就是编译时实现的多态。多态是面向对象编程语

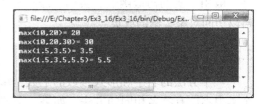

图 3-20   重载 max 方法的运行结果

言的特性之一，重载是多态的形式之一。在 C# 中，最常用的重载就是方法重载。

在一个有继承关系的类层次结构中，类中的方法由两部分组成，一个是类体中声明的方
法，另一个则是直接从它的基类继承而来的方法。但派生类很少会一成不变地继承基类中所
有的方法，如果需要对基类的方法做出修改，就要在派生类中对基类方法进行覆盖。有两种
覆盖方式，一种是用关键字 new 修饰派生类中与基类同名的方法。如果派生类与基类有相同
名称或签名的成员，那么在派生类中就隐藏了基类成员，为了警示，编译器会发出一个警告
消息。如果派生类有意隐藏基类成员，可在派生类成员声明中加 new 修饰符，这样可取消警
告消息。

【例 3.17】 下面的程序定义了一个基类 Shape，含有字段域 width 和 height，分别表示形
状的宽和高，并定义了一个 area 方法求形状的面积。它的派生类 Triangle 和 Trapezia 都用关
键字 new 修饰了 area 方法。

```
namespace Ex3_17
{
    class Shape
    {
        protected double width;
        protected double height;
        public Shape()
        { width = height = 0; }
        public Shape(double x)
        { width = height = x; }
        public Shape(double w, double h)
        {
            width = w;
```

```
                    height = h;
                }
        public double area()
        { return width * height; }
    }
    class Triangle : Shape                  // 三角形
    {
        public Triangle(double x, double y)
            : base(x, y)
        {
        }
        new public double area()            // 派生类方法与基类方法同名, 编译时会有警告消息
        {
            return width * height / 2;
        }
    }
    class Trapezia : Shape                   // 梯形
    {
        double width2;
        public Trapezia(double w1, double w2, double h)
            : base(w1, h)
        {
            width2 = w2;
        }
        new public double area()            // 加 new 隐藏基类的 area 方法
        {
            return (width + width2) * height / 2;
        }
    }
    class Test
    {
        static void Main(string[] args)
        {
            Shape A = new Shape(2, 4);
            Triangle B = new Triangle(1, 2);
            Trapezia C = new Trapezia(2, 3, 4);
            Console.WriteLine("A.area= {0} ", A.area());// 调用 Shape 的 area 方法
            Console.WriteLine("B.area= {0} ", B.area());   // 调用 Triangle 的 area 方法
            Console.WriteLine("C.area= {0} ", C.area());   // 调用 Trapezia 的 area 方法
            A = B;                           // 在 C# 中, 基类的引用也能够引用派生类对象
            Console.WriteLine("A.area= {0} ", A.area()); // 调用 Shape 的 area 方法
            A = C;
            Console.WriteLine("A.area= {0} ", A.area()); // 调用 Shape 的 area 方法
            Console.Read();
        }
    }
}
```

运行结果如图 3-21 所示。

从例 3.17 可以看出, 使用关键字 new 修饰方法, 可以在一个继承结构中隐藏有相同签名的方法。但是正如程序中演示的基类对象 A 被引用到派生类对象 B 时, 它访问的仍是基类的方法。更多的时候, 我们期望根据当前引用的对象来判断调用哪一个方法, 这个判断过程是在运行时进行的。

另一种更为灵活和有效的手段是首先将基类的方法用关键字 virtual 修饰为虚拟方法, 再由派生类

图 3-21 继承结构中的方法重载的运行结果

用关键字 override 修饰与基类中虚拟方法具有相同签名的方法,表明是对基类的虚拟方法重载。后者的优势在于它可以在程序运行时再决定调用哪一个方法,这就是所谓的运行时多态,或者称为动态绑定。

【例 3.18】 改写例 3.17,在 Shape 类中用 virtual 修饰方法 area,而在派生类 Triangle 和 Trapezia 中用关键字 override 修饰 area 方法,这样就可以在程序运行时决定调用哪个类的 area 方法。

```
namespace Ex3_18
{
    class Shape
    {
        protected double width;
        protected double height;
        public Shape()
        { width = height = 0; }
        public Shape(double x)
        { width = height = x; }
        public Shape(double w, double h)
        {
            width = w;
            height = h;
        }
        public virtual double area()        // 基类中用 virtual 修饰符声明一个虚方法
        { return width * height; }
    }
    class Triangle : Shape                  // 三角形
    {
        public Triangle(double x, double y)
            : base(x, y)
        {
        }
        public override double area()       // 派生类中用 override 修饰符覆盖基类虚方法
        {
            return width * height / 2;
        }
    }
    class Trapezia : Shape                  // 梯形
    {
        double width2;
        public Trapezia(double w1, double w2, double h)
            : base(w1, h)
        {
            width2 = w2;
        }
        public override double area()       // 派生类中用 override 修饰符覆盖基类虚方法
        {
            return (width + width2) * height / 2;
        }
    }
    class Test
    {
        static void Main(string[] args)
        {
            Shape A = new Shape(2, 4);
            Triangle B = new Triangle(1, 2);
            Trapezia C = new Trapezia(2, 3, 4);
```

```
Console.WriteLine("A.area= {0} ", A.area());// 调用 Shape 的 area 方法
Console.WriteLine("B.area= {0} ", B.area()); // 调用 Triangle 的 area 方法
Console.WriteLine("C.area= {0} ", C.area()); // 调用 Trapezia 的 area 方法
A = B;
Console.WriteLine("A.area= {0} ", A.area()); // 调用 Triangle 的 area 方法
A = C;
Console.WriteLine("A.area= {0} ", A.area()); // 调用 Trapezia 的 area 方法
Console.Read();
        }
    }
}
```

运行结果如图 3-22 所示。

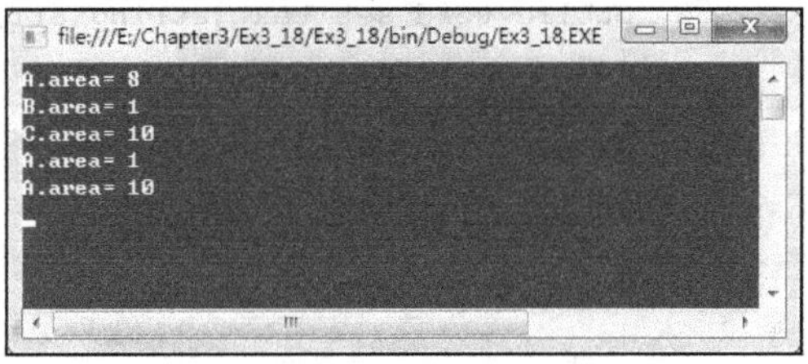

从例 3.18 可以看到，由于 area 方法在基类中被定义为虚方法又在派生类中被覆盖，因此当基类的对象引用 A 被引用到派生类对象时，调用的就是派生类覆盖的 area 方法。

一个重载方法可以通过 base 引用被重载的基方法。例如：

图 3-22　用 virtual 和 override 实现的方法
重载的运行结果

```
class Triangle : Shape                  // 三角形
{
    public override double area ( )      // 派生类中用 override 修饰符覆盖基类虚方法
    double s;
    s = base.area( );                   // 调用基类的虚方法
    return s/2 ;
}
```

在类的层次结构中，只有使用 override 修饰符，派生类中的方法才可以覆盖（重载）基类的虚方法，否则就是隐藏基类的方法。

具体使用时应注意以下几点：

1）不能将虚方法声明为静态的，因为多态性是针对对象的，而不是针对类的。

2）不能将虚方法声明为私有的，因为私有方法不能被派生类覆盖。

3）覆盖方法必须与它相关的虚方法匹配，也就是说，它们的方法签名（方法名称、参数个数、参数类型）、返回类型以及访问属性等都应该完全一致。

4）一个覆盖方法覆盖的必须是虚方法，但它本身又是一个隐式的虚方法，所以它的派生类还可以覆盖这个方法。不过还是不能将一个覆盖方法显式地声明为虚方法。

3.4　属性

为了实现良好的数据封装和数据隐藏，类的字段成员的访问属性一般设置成 private 或 protected，这样在类的外部就不能直接读写这些字段成员了，通常的办法是提供 public 级的方法来访问私有的或受保护的字段。

【例 3.19】　下面程序中的 TextBox 类提供公共方法 set_text 和 get_text 来访问私有数据 text。

```
namespace Ex3_19
{
    class TextBox
```

```
    {
        private string text;
        private string fontname;
        private int fontsize;
        private bool multiline;
        public TextBox()
        {
            text = "text1";
            fontname = " 宋体 ";
            fontsize = 12;
            multiline = true;
        }
        public void set_text(string str)
        {
            text = str;
        }
        public string get_text()
        {
            return text;
        }
    }
    class Test
    {
        static void Main(string[] args)
        {
            TextBox Text1 = new TextBox();
            Console.WriteLine("Text1.text= {0} ", Text1.get_text());
            Text1.set_text(" 这是文本框 ");
            Console.WriteLine("Text1.text= {0} ", Text1.get_text());
            Console.Read();
        }
    }
}
```

运行结果如图 3-23 所示。

但 C# 提供了属性（property）这个更好的方法，把字段域和访问它们的方法相结合。对类的用户而言，属性值的读写与字段域语法相同，对编译器来说，属性值的读写是通过类中封装的特别方法 get 访问器和 set 访问器实现的。

属性的声明语法形式为：

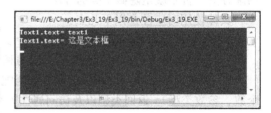

图 3-23　例 3.19 的运行结果

```
[ 属性集信息 ]opt    [ 属性修饰符 ]opt    类型  成员名
{
    访问器声明
}
```

其中：

- 属性修饰符：属性修饰符与方法修饰符相同，包括 new、static、virtual、abstract、override 和四种访问修饰符的合法组合，它们遵循相同的规则。
- 类型：指定该声明所引入的属性的类型。
- 成员名：指定该属性的名称。
- 访问器声明：声明属性的访问器，可以是一个 get 访问器或一个 set 访问器，或者两者都有。

访问器的声明语法形式为:

```
get                      // 读访问器
{
    …                    // 访问器语句块
}
set                      // 写访问器
{
    …                    // 访问器语句块
}
```

　　get 访问器的返回值类型与属性的类型相同，所以在语句块中的 return 语句必须有一个可隐式转换为属性类型的表达式。

　　set 访问器没有返回值，但它有一个隐式的值参数，其名称为 value，value 的类型与属性的类型相同。

　　同时包含 get 和 set 访问器的属性是读写属性，只包含 get 访问器的属性是只读属性，只包含 set 访问器的属性是只写属性。

　　【例 3.20】　改写例 3.19，对 TextBox 类的 text、fontname、fontsize、multiline 域提供属性方式的读写访问。

```
namespace Ex3_20
{
    class TextBox
    {
        private string text;
        private string fontname;
        private int fontsize;
        private bool multiline;
        public TextBox()
        {
            text = "text1";
            fontname = "宋体";
            fontsize = 12;
            multiline = false;
        }
        public string Text                  // Text 属性, 可读可写
        {
            get
            { return text; }
            set
            { text = value; }
        }
        public string FontName               // FontName 属性, 只读属性
        {
            get
            { return fontname; }
        }
        public int FontSize                  // FontSize 属性, 可读可写
        {
            get
            { return fontsize; }
            set
            { fontsize = value; }
        }
        public bool MultiLine                // MultiLine 属性, 只写
        {
```

```
        set
        { multiline = value; }
    }
}
class Test
{
    static void Main(string[] args)
    {
        TextBox Text1 = new TextBox();
        // 调用 Text 属性的 get 访问器
        Console.WriteLine("Text1.Text= {0} ", Text1.Text);
        Text1.Text = " 这是文本框 ";      // 调用 Text 属性的 set 访问器
        Console.WriteLine("Text1.Text= {0} ", Text1.Text);
        Console.WriteLine("Text1.Fontname= {0} ", Text1.FontName);
        Text1.FontSize = 36;
        Text1.MultiLine = true;
        Console.WriteLine("Text1.FontSize= {0} ", Text1.FontSize);
        Console.Read();
    }
}
}
```

运行结果如图 3-24 所示。

在例 3.20 中，类 TextBox 定义了四个属性，在类体外使用这些属性是用 Text1.Text、Text1.FontName 等形式，它们和字段域的访问非常类似。编译器根据它们出现的位置调用不同的访问器，如果在表达式中引用该属性则调用 get 访问器，如果给属性赋值则调用 set 访问器，赋值号右边的表达式值传给 value。

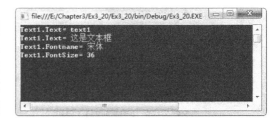

图 3-24　例 3.20 的运行结果

属性是字段的自然扩展，当然属性也可作为特殊的方法使用，并不要求它和字段域一一对应，所以属性还可以用于各种控制和计算。

【例 3.21】　下面的程序中定义的 Label 类设置了 Width 和 Heigh 属性用于计算两点之间的宽和高。

```
namespace Ex3_21
{
    class Point
    {
        int x, y;
        public int X
        {
            get
            { return x; }
        }
        public int Y
        {
            get
            { return y; }
        }
        public Point()
        { x = y = 0; }
        public Point(int x, int y)
        {
```

```
            this.x = x;
            this.y = y;
        }
    }
    class Label
    {
        Point p1 = new Point();
        Point p2 = new Point(5, 10);
        public int Width          // 计算两点之间的宽度
        {
            get
            {
                return p2.X - p1.X;
            }
        }
        public int Height          // 计算两点之间的高度
        {
            get
            {
                return p2.Y - p1.Y;
            }
        }
    }

    class Test
    {
        static void Main(string[] args)
        {
            Label Label1 = new Label();
            Console.WriteLine("Label1.Width= {0} ", Label1.Width);
            Console.WriteLine("Label1.Height= {0} ", Label1.Height);
            Console.Read();
        }
    }
```

运行结果如图 3-25 所示。

最后，在使用属性时应注意，尽管属性与字段域有相同的使用语法，但它本身并不代表字段域。属性不直接对应存储位置，所以不能把它当变量使用，不能把属性作为 ref 或者 out 参数传递。属性和方法一样也有静态修饰，在静态属性的访问器中只能访问静态数据并且不能引用 this。

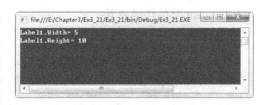

图 3-25　例 3.21 的运行结果

3.5　综合应用实例

【例 3.22】　设计学生成绩管理程序。根据学生选修的课程以及课程学分和课程成绩计算 GPA，最后可以按 GPA 的值对学生进行排序。

基本思路：本程序的学生总人数、课程名、课程学分可以由控制台输入，为叙述简单，假定每个学生所选修的课程相同。

Course 类定义了课程名、课程学分字段域，并使用属性公开私有字段。另外，Course 类还定义了 Name 属性、构造函数。

Course 类代码如下：

```
class Course
{
    string courseName;                  // 课程名
    int courseMark;                     // 课程学分
    public Course()
    {       }
    public Course(string Name, int Mark)
    {
        courseName = Name;
        courseMark = Mark;
    }
    public string Name                  // Name 属性, 课程名可读可写
    {
        get
        { return courseName; }
        set
        { courseName = value; }
    }
    public int Mark                     // Mark 属性, 课程学分可读可写
    {
        get
        { return courseMark; }
        set
        { courseMark = value; }
    }
}
```

Student 类定义学生姓名、学号、选修课程数、Course 类、成绩及 GPA 等字段, 并使属性公开 (public)。假定选修课程一样, 所以将课程数、Course 类对象定义为 static 字段, 不需要每个学生都有这份数据副本。

Student 类还定义了 CourseNum 静态属性、GPA 属性、Name 属性, SetCourse 方法, 用于设置课程名, 因为不需要为每个学生设置, 所以定义成静态方法。AddData 属性给每个学生加入姓名、学号、成绩。ComputeGPA 方法计算学生成绩的 GPA。stuSwap 方法对两个 Student 对象内容进行交换。

Student 类的代码如下:

```
class Student
{
    string stuName;                 // 学生姓名
    string stuID;                   // 学生学号
    static int numberOfCourse;      // 加 static 修饰表明这个域为所有学生类对象共享
    static Course[] list;           // Course 类对象数组, 用于设置每门课程名、课程学分
    int[] stuScore;                 // 每个学生对象要填写的各课程成绩
    double stuGPA;                  // GPA 值
    public Student()
    {
        // 当第一次创建 Student 对象时, 创建 list 对象数组, 并初始化
        list = new Course[numberOfCourse];
        for (int i = 0; i < numberOfCourse; i++)
            list[i] = new Course();
        stuScore = new int[numberOfCourse];
    }
    // 将 CourseNum 定义成静态属性是因为它只对静态域进行操作
    public static int CourseNum
    {
        get
```

```
        { return numberOfCourse; }
        set
        { numberOfCourse = value; }
    }
    public double GPA                           // GPA 属性是只读属性
    {
        get
        { return stuGPA; }
    }
    public string Name                          // Name 属性可读可写
    {
        get
        { return stuName; }
        set
        { stuName = value; }
    }
    // 将 SetCourse 设为静态方法, 是因为它仅访问静态数据域, 不需要创建 Student 类对象就可直接
    // 用 Student 类名调用。它的形参是一个参数数组, 这样调用时就可根据实际选修的课程数来设置
    public static void SetCourse(params Course[] topic)
    {
        for (int i = 0; i < topic.Length; i++)
        {
            list[i].Name = topic[i].Name;
            list[i].Mark = topic[i].Mark;
        }
    }
    // AddData 方法将一个学生的数据添加到学生类对象数组中
    public void AddData(string name, string Id, int[] score)
    {
        stuName = name;
        stuID = Id;
        for (int i = 0; i < score.Length; i++)
            stuScore[i] = score[i];
    }
    public void ComputeGPA()                     // 根据课程的学分以及学生成绩计算 GPA
    {
        int i;
        double sMark, sumMark = 0, sumGP = 0;
        for (i = 0; i < stuScore.Length; i++)
        {
            if (stuScore[i] >= 95)
                sMark = 4.5;
            else if (stuScore[i] >= 90)
                sMark = 4;
            else if (stuScore[i] >= 85)
                sMark = 3.5;
            else if (stuScore[i] >= 80)
                sMark = 3;
            else if (stuScore[i] >= 75)
                sMark = 2.5;
            else if (stuScore[i] >= 70)
                sMark = 2;
            else if (stuScore[i] >= 65)
                sMark = 1.5;
            else if (stuScore[i] == 60)
                sMark = 1;
            else
```

```
                    sMark = 0;
                sumGP += list[i].Mark * sMark;
                sumMark += list[i].Mark;
            }
            stuGPA = sumGP / sumMark;
        }
        // stuSwap 方法提供两个 Student 类对象的交换操作，注意它们的形参被修饰为 ref
        public void stuSwap(ref Student stu1, ref Student stu2)
        {
            string name, Id;
            int i;
            int[] score = new int[Student.CourseNum];
            double gpa;
            name = stu1.Name;
            Id = stu1.stuID;
            gpa = stu1.GPA;
            for (i = 0; i < Student.CourseNum; i++)
                score[i] = stu1.stuScore[i];
            stu1.stuName = stu2.stuName;
            stu1.stuID = stu2.stuID;
            stu1.stuGPA = stu2.stuGPA;
            for (i = 0; i < Student.CourseNum; i++)
                stu1.stuScore[i] = stu2.stuScore[i];
            stu2.stuName = name;
            stu2.stuID = Id;
            stu2.stuGPA = gpa;
            for (i = 0; i < Student.CourseNum; i++)
                stu2.stuScore[i] = score[i];
        }
    }
```

Test 类中的 MaxMinGPA 方法求最大和最小 GPA 值，SortGPA 方法按学生的 GPA 值对 Student 类对象数组进行排序。

Test 类代码如下：

```
class Test
{
    static void Main(string[] args)
    {
        Test T = new Test();
        int i, j, Num, Mark;
        string sline, Name, Id;
        double sMax, sMin;
        Console.Write("请输入学生总人数 ");
        sline = Console.ReadLine();               // 从控制台接受学生总人数
        Num = int.Parse(sline);                   // 将 string 类型转换成 int 类型
        Console.Write("请输入选修课程总数 ");
        sline = Console.ReadLine();
        Student.CourseNum = int.Parse(sline);     // CourseNum 是 Student 的静态属性
        Student[] Stu = new Student[Num];         // 根据输入的学生总人数，动态地创建对象
        for (i = 0; i < Num; i++)                 //  对 Student 类的对象数组进行初始化
            Stu[i] = new Student();
        Course[] tp = new Course[Student.CourseNum]; // 根据课程数创建 Course 类对象数组
        int[] score = new int[Student.CourseNum];
        for (i = 0; i < Student.CourseNum; i++)   // 具体输入每门课名称、学分
        {
```

```
        Console.Write(" 请输入选修课程名 ");
        Name = Console.ReadLine();
        Console.Write(" 请输入选修课程学分 ");
        sline = Console.ReadLine();
        Mark = int.Parse(sline);
        tp[i] = new Course(Name, Mark);   // 根据课程名、学分对 Course 数组进行初始化
    }
    Student.SetCourse(tp);                // 用类名调用 Student 的静态方法 SetCourse
    for (i = 0; i < Num; i++)             // 输入学生姓名、学号、各门课成绩
    {
        Console.Write(" 请输入学生姓名 ");
        Name = Console.ReadLine();
        Console.Write(" 请输入学号 ");
        Id = Console.ReadLine();
        for (j = 0; j < Student.CourseNum; j++)
        {
            Console.Write(" 请输入 {0} 课程的成绩 ", tp[j].Name);
            sline = Console.ReadLine();
            score[j] = int.Parse(sline);
        }
        Stu[i].AddData(Name, Id, score);  // 将当前输入的一个学生数据加到对象数组中
        Stu[i].ComputeGPA();              // 计算当前这个学生的 GPA
        Console.WriteLine(" 你的 GPA 值是: {0:F2}", Stu[i].GPA);
    }
    T.MaxMinGPA(out sMax, out sMin, Stu);   // 计算 GPA 的最大值和最小值
    Console.WriteLine("GPA 最高为 {0:F2}, 最低为: {1:F2}", sMax, sMin);
    Console.WriteLine(" 按 GPA 从高到低输出: ");
    T.SortGPA(ref Stu);
    for (i = 0; i < Num; i++)
        Console.WriteLine(" {0}   , {1:F2}", Stu[i].Name, Stu[i].GPA);
    Console.Read();
}
// MaxMinGPA 方法用于计算 Student 类对象数组中 GPA 的最大值和最小值, 它的形参 max 和 min 被
// 修饰为 out 型, 表明它的实参不需要做初始化, 它会从方法中获得返回值
public void MaxMinGPA(out double max, out double min, Student[] stu)
{
    if (stu.Length == 0)
    {
        max = min = -1;
        return;
    }
    max = min = stu[0].GPA;
    for (int i = 1; i < stu.Length; i++)
    {
        if (max < stu[i].GPA) max = stu[i].GPA;
        if (min > stu[i].GPA) min = stu[i].GPA;
    }
}
// SortGPA 方法按选择排序法对 Student 类对象数组排序, 当需要交换时, 再调用 Student 的
// stuSwap 方法。请注意它的形参被修饰为 ref, 而在方法体内调用 stuSwap 方法时实参也要修饰 ref
public void SortGPA(ref Student[] stu)
{
    int i, j, pos;
    for (i = 0; i < stu.Length - 1; i++)
    {
        for (j = (pos = i) + 1; j < stu.Length; j++)
```

```
            if (stu[pos].GPA < stu[j].GPA)
                pos = j;
        if (pos != i)
            stu[i].stuSwap(ref stu[i], ref stu[pos]);
        }
    }
}
```

运行结果如图 3-26 所示。

图 3-26　学生成绩管理程序的运行结果

第 4 章

面向对象编程进阶

在第 3 章中介绍了类的基本特征，在本章中将介绍 C# 面向对象编程进阶部分，包括"委托和事件""结构与接口""集合与索引器""预处理命令""组件与程序集"，以及"泛型"等内容。

4.1 类的继承与多态

目前的面向对象编程语言都提供了继承和多态的功能，C# 作为一种面向对象的高级编程语言也具有这样的特点。继承是面向对象语言的基本特征，它使得可以在原有的类基础之上，对原有的程序进行扩展，从而提高程序开发的效率，实现代码的复用。同一种方法作用于不同对象可能产生不同的结果，这就是多态性。它是通过在基类中使用虚方法，在其派生类中使用重载实现的。

4.1.1 继承

在面向对象的编程中，经常用到一些具有相同特点的类，将这些相同特点提取出来就可以生成一个基类，其他的类继承基类的成员，比如方法、属性等。不仅如此，派生类还可以在继承的父类成员的基础上增加一些变量和方法。派生类也可以覆盖被继承的方法，并且重写这个方法。继承有实现代码复用、提高开发效率等优点。

1. 使用继承

继承是指这样一种能力：可以使用现有类的所有功能，并且无须重新编写原来的类就能对这些功能进行扩展。使用继承产生的类被称为派生类或者子类，而被继承的类称为基类、超类或父类。客观世界中的许多事物之间往往都具有相同的特征，即具有继承的特点。图 4-1 和图 4-2 是两个采用类的层次图表示的继承的例子。

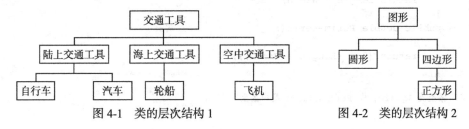

图 4-1 类的层次结构 1　　　　　　　　图 4-2 类的层次结构 2

下面用编程实现图 4-2 所示类的层次结构。

【例 4.1】 类的继承。

```csharp
namespace Ex4_1
{
    // 定义基类 Shape
    public class Shape
    {
        protected string Color;
        public Shape()
        { ;}
        public Shape(string Color)
        {
            this.Color = Color;
        }
        public string GetColor()
        {
            return Color;
        }
    }
    // 定义 Circle 类, 从 Shape 类中派生
    public class Circle : Shape
    {
        private double Radius;
        public Circle(string Color, double Radius)
        {
            this.Color = Color;
            this.Radius = Radius;
        }
        public double GetArea()
        {
            return System.Math.PI * Radius * Radius;
        }
    }
    // 派生类 Rectangular, 从 Shape 类中派生
    public class Rectangular : Shape
    {
        protected double Length, Width;
        public Rectangular()
        {
            Length = Width = 0;
        }
        public Rectangular(string Color, double Length, double Width)
        {
            this.Color = Color;
            this.Length = Length;
            this.Width = Width;
        }
        public double AreaIs()
        {
            return Length * Width;
        }
        public double PerimeterIs()            // 周长
        {
            return (2 * (Length + Width));
        }
    }
    // 派生类 Square, 从 Rectangular 类中派生
```

```
        public class Square : Rectangular
        {
            public Square(string Color, double Side)
            {
                this.Color = Color;
                this.Length = this.Width = Side;
            }
        }

        class TestInheritance
        {
            static void Main(string[] args)
            {
                Circle Cir = new Circle("orange", 3.0);
                Console.WriteLine("Circle color is {0},Circle area is {1}", Cir.
GetColor(), Cir.GetArea());
                Rectangular Rect = new Rectangular("red", 13.0, 2.0);
                Console.WriteLine("Rectangualr color is {0},Rectangualr area is {1},
Rectangular perimeter is {2}", Rect.GetColor(), Rect.AreaIs(), Rect.PerimeterIs());
                Square Squ = new Square("green", 5.0);
                Console.WriteLine("Square color is {0},Square Area is {1}, Square
perimeter is {2}", Squ.GetColor(), Squ.AreaIs(), Squ.PerimeterIs());
                Console.Read();
            }
        }
    }
```

运行结果如图 4-3 所示。

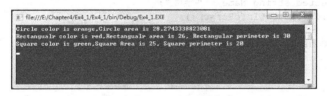

图 4-3　例 4.1 的运行结果

基类 Shape 直接派生了 Circle 和 Rectangular 类，Rectangular 类又派生了 Square 类。基类的字段 Color 修饰符为 protected，方法 GetColor 修饰符为 public，它们在派生类中都可使用。派生类在继承基类的成员基础上，也可以各自增加功能。

如果一个派生类拥有两个以上父类，则称为多重继承，如果仅有一个父类，则称为单继承。多重继承在使用程序语言实现时，会造成一些不必要的困扰，虽然在 C++ 中可以使用多重继承，但 C# 不支持。C# 虽然不支持多重继承，但是提供了另一种类似于多重继承的机制——接口，有关接口的内容请参阅 4.4 节。

2. base 关键字

例 4.1 程序中的 Square 类也可以改写为：

```
// 派生类 Square, 从 Rectangular 类中派生
public class Square: Rectangular
{
    public Square(string Color,double Side):base(Color,Side,Side)
    { ; }
}
```

关键字 base 的作用是调用 Rectangular 类的构造函数，并将 Square 类的变量初始化。如

果将 Square 类改写成：

```
// 派生类 Square, 从 Rectangular 类中派生
public class Square: Rectangular
{
    public Square(string Color,double Side)
    { ; }
}
```

实际上这种情况调用的是父类的无参构造函数，而不是有参构造函数，等同于：

```
// 派生类 Square, 从 Rectangular 类中派生
public class Square: Rectangular
{
    public Square(string Color,double Side):base()
    { ; }
}
```

base 关键字除了能调用基类对象的构造函数，还可以调用基类的方法。在下例中，Employee 类的 GetInfoEmployee 方法使用 base 关键字调用了基类 Person 的 GetInfoPerson 方法。

【例 4.2】 base 调用基类的方法。

```
namespace Ex4_2
{
    public class Person
    {
        protected string Phone = "444-555-666";
        protected string Name = "李明";
        public void GetInfoPerson()
        {
            Console.WriteLine("Phone: {0}", Phone);
            Console.WriteLine("Name: {0}", Name);
        }
    }
    class Employee : Person
    {
        public string ID = "ABC567EFG";
        public void GetInfoEmployee()
        {
            // 调用基类 Person 的 GetInfoPerson 方法
            base.GetInfoPerson();
            Console.WriteLine("Employee ID: {0}", ID);
        }
    }
    class TestClass
    {
        static void Main(string[] args)
        {
            Employee Employees = new Employee();
            Employees.GetInfoEmployee();
        }
    }
}
```

3. 继承中的构造函数与析构函数

在前面讨论过，派生类的构造函数会隐式地调用父类的无参构造函数。那么，如果父类也派生于其他类，会是什么样的情形呢？ C# 的执行顺序是这样的：根据层次链找到顶层的

基类，先调用基类的构造函数，再依次调用各级派生类的构造函数。而析构函数的次序正好相反。

【例 4.3】 继承中的构造函数与析构函数。

```
namespace Ex4_3
{
    public class Grandsire
    {
        public Grandsire()
        {
            Console.WriteLine(" 调用 Grandsire 的构造函数 ");
        }
        ~ Grandsire()
        {
            Console.WriteLine(" 调用 Grandsire 的析构函数 ");
        }
    }
    public class Father : Grandsire
    {
        public Father()
        {
            Console.WriteLine(" 调用 Father 的构造函数 ");
        }
        ~ Father()
        {
            Console.WriteLine(" 调用 Father 的析构函数 ");
        }
    }
    public class Son : Father
    {
        public Son()
        {
            Console.WriteLine(" 调用 Son 的构造函数 ");
        }
        ~ Son()
        {
            Console.WriteLine(" 调用 Son 的析构函数 ");
        }
    }
    public class BaseLifeSample
    {
        public static void Main(string[] args)
        {
            Son s1 = new Son();
            Console.Read();
        }
    }
}
```

运行结果如图 4-4 所示。

图 4-4 例 4.3 的运行结果

类一般不需要使用析构函数回收占用资源，而是由系统自动完成，这里使用的目的是更好地了解构造函数和析构函数的执行过程。

4. System.Object 类

C# 所有类都派生于 System.Object 类。在定义类时如果没有指定派生于哪一个类，系统就默认其派生于 Object 类。例 4.1 中 Shape 类的定义就等同于：

```
public class Shape :System.Object
{
    ...
}
```

System.Object 类常见的公有方法如下。

1）Equals：如果两个对象具有相同值，方法将返回 true。

2）GetHashCode：方法返回对象的值的散列码。

3）ToString：通过在派生类中重写该方法，返回一个表示对象状态的字符串。

4.1.2 多态

多态也是面向对象语言的基本特征之一，它是指在程序执行之前无法根据函数名和参数确定调用哪一个操作，只能在程序执行过程中，根据实际运行情况动态地确定，这给编程带来高度的灵活性。实现多态的方法是使用虚方法。

1. 虚方法的重载

在类的方法前加上关键字 virtual，则该方法就被定义为虚方法。通过对虚方法的重载，可以实现在程序运行过程中确定调用的方法。需要注意的是，这里所讲的重载与第 3 章所讲的通过参数类型与参数个数的不同而实现的重载含义是不同的。

【例 4.4】 虚方法的重载。

```
namespace Ex4_4
{
    class A
    {
        public void F() { Console.WriteLine("A.F"); }
        public virtual void G() { Console.WriteLine("A.G"); }
    }
    class B : A
    {
        new public void F() { Console.WriteLine("B.F"); }
        public override void G() { Console.WriteLine("B.G"); }
    }
    class Test
    {
        static void Main(string[] args)
        {
            B b = new B();
            A a = b;
            a.F();
            b.F();
            a.G();
            b.G();
            Console.Read();
        }
    }
}
```

在 A 类定义中提供了实方法 F 和虚方法 G，派生类 B 则对方法 F 实现覆盖，对虚方法 G 实现虚方法的重载。在代码 "A a = b；" 中，实际上 a 仍旧是一个 b 对象。运行结果如图 4-5 所示。

在例 4.1 中，计算圆形和矩形的面积分别用了两个不同的方法：GetArea 和 AreaIs，这两个方法也可以通过虚方法实现。在 Shape 中增加以下虚方法：

图 4-5　例 4.4 的运行结果

```
public virtual double GetArea()
{
    return 0.0;
}
```

在 Circle 类中对虚方法重载：

```
public override double GetArea()
{
    return System.Math.PI * radius * radius;
}
```

在 Rectangular 类中对虚方法重载：

```
public override double GetArea()
{
    return Length*Width;
}
```

【例 4.5】　用虚方法实现重载。

```
namespace Ex4_5
{
    // 定义基类 Shape
    public class Shape
    {
        protected string Color;
        public Shape()
        { ; }
        public Shape(string Color)
        {
            this.Color = Color;
        }
        public string GetColor()
        {
            return Color;
        }
        public virtual double GetArea()
        {
            return 0.0;
        }
    }
    // 定义 Circle 类, 从 Shape 类中派生
    public class Circle : Shape
    {
        private double Radius;
        public Circle(string Color, double Radius)
        {
```

```
                this.Color = Color;
                this.Radius = Radius;
            }
        public override double GetArea()
        {
                return System.Math.PI * Radius * Radius;
        }
    }

// 派生类 Rectangular，从 Shape 类中派生
public class Rectangular : Shape
{
        protected double Length, Width;
        public Rectangular(string Color, double Length, double Width)
        {
                this.Color = Color;
                this.Length = Length;
                this.Width = Width;
        }
        public override double GetArea()
        {
                return Length * Width;
        }
        public double PerimeterIs()                                    // 周长
        {
                return (2 * (Length + Width));
        }
    }
// 派生类 Square，从 Rectangular 类中派生
public class Square : Rectangular
{
        public Square(string Color, double Side)
            : base(Color, Side, Side)
        { ;}
    }

    class TestInheritance
    {
        static void Main(string[] args)
        {
            Circle Cir = new Circle("orange", 3.0);
            Console.WriteLine("Circle color is {0},Circle area is {1}",Cir.GetColor(),
Cir.GetArea());
            Rectangular Rect = new Rectangular("red", 13.0, 2.0);
            Console.WriteLine("Rectangualr color is {0},Rectangualr area is {1},
Rectangular perimeter is {2}", Rect.GetColor(), Rect.GetArea(), Rect.PerimeterIs());
            Square Squ = new Square("green", 5.0);
            Console.WriteLine("Square color is {0},Square Area is {1}, Square
perimeter is {2}", Squ.GetColor(), Squ.GetArea(), Squ.PerimeterIs());
            Shape Shp = Cir;
            Console.WriteLine("Circle area is {0}", Shp.GetArea());
            Shp = Rect;
            Console.WriteLine("Rectangualr area is {0}", Shp.GetArea());
            Console.Read();
        }
    }
}
```

运行结果如图 4-6 所示。

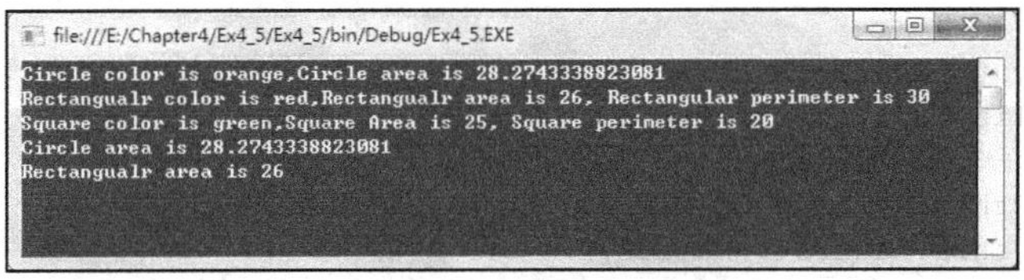

图 4-6　例 4.5 的运行结果

2. 抽象类与抽象方法

抽象类是一种特殊的基类，不与具体的事物联系。抽象类的定义使用关键字 abstract。在图 4-2 类的层次结构示意图中，并没有"图形"这样的具体事物，所以可以将"图形"定义为抽象类，它派生了"圆形"和"四边形"这样一些可以具体实例化的普通类。需要注意的是，抽象类是不能被实例化的，它只能作为其他类的基类。将 Shape 类定义为如下抽象类：

```
public abstract class Shape
{
    ...
}
```

在抽象类中也可以使用关键字 abstract 定义抽象方法，要求所有的派生非抽象类都要重载实现抽象方法。引入抽象方法的原因在于抽象类本身是一种抽象的概念，有的方法并不要具体的实现，而是留下来让派生类来重载实现。Shape 类中 GetArea 方法本身没什么具体的意义，而只有到了派生类 Circle 和 Rectangular 中才可以用于计算具体的面积。

抽象方法的写法如下：

```
public abstract double GetArea();
```

则派生类重载实现如下：

```
public override double GetArea()
{
    ...
}
```

【例 4.6】　抽象类和抽象方法的实现。

```
namespace Ex4_6
{
    // 定义基类 Shape
    public abstract class Shape
    {
        protected string Color;
        public Shape()
        { ; }
        public Shape(string Color)
        {
            this.Color = Color;
        }
        public string GetColor()
        {
            return Color;
        }
        public abstract double GetArea();
    }
```

```csharp
// 定义 Circle 类，从 Shape 类中派生
public class Circle : Shape
{
    private double Radius;
    public Circle(string Color, double Radius)
    {
        this.Color = Color;
        this.Radius = Radius;
    }
    public override double GetArea()
    {
        return System.Math.PI * Radius * Radius;
    }
}
// 派生类 Rectangular, 从 Shape 类中派生
public class Rectangular : Shape
{
    protected double Length, Width;
    public Rectangular(string Color, double Length, double Width)
    {
        this.Color = Color;
        this.Length = Length;
        this.Width = Width;
    }
    public override double GetArea()
    {
        return Length * Width;
    }
    public double PerimeterIs()                               // 周长
    {
        return (2 * (Length + Width));
    }
}
// 派生类 Square, 从 Rectangular 类中派生
public class Square : Rectangular
{
    public Square(string Color, double Side)
        : base(Color, Side, Side)
    { ; }
}

class Program
{
    static void Main(string[] args)
    {
        Circle Cir = new Circle("orange", 3.0);
        Console.WriteLine("Circle color is {0},Circle area is {1}", Cir.
GetColor(), Cir.GetArea());
        Rectangular Rect = new Rectangular("red", 13.0, 2.0);
        Console.WriteLine("Rectangualr color is {0},Rectangualr area is {1},
Rectangular perimeter is {2}", Rect.GetColor(), Rect.GetArea(), Rect.PerimeterIs());
        Square Squ = new Square("green", 5.0);
        Console.WriteLine("Square color is {0},Square Area is {1}, Square
perimeter is {2}", Squ.GetColor(), Squ.GetArea(), Squ.PerimeterIs());

    }
}
```

3. 密封类和密封方法

抽象类作为基类，是不能被实例化的，只能由其他类继承。相对应的还有一种不能被其他类继承的类，称为密封类，使用 sealed 关键字定义。如果 Rectangular 类定义为如下密封类：

```
public sealed class Rectangular:Shape
{
    …
}
```

这样 Rectangular 类的派生类 Square 就不再保留，否则就会出错。

如果类的方法声明包含 sealed 修饰符，称该方法为密封方法。类的实例方法声明包含 sealed 修饰符，则必须同时使用 override 修饰符。使用密封方法可以防止派生类进一步重写该方法。如果将 Circle 类的 GetArea 方法定义为密封类，必须先将 Shape 类的 GetArea 方法定义为：

```
public virtual double GetArea()
{
    …
}
```

然后在 Circle 类中实现密封方法：

```
public sealed override double GetArea()
{
    …
}
```

4.2　操作符重载

第 2 章介绍的操作符一般用于系统预定义的数据类型。如果在类中定义操作符，就称为操作符重载。操作符重载包括一元操作符重载和二元操作符重载，以及用户定义的数据类型转换。

如果有一个复数 Complex 类对一元操作符 "++" 重载，可以写成：

```
public static Complex operator ++(Complex a)
{
    …
}
```

对二元操作符 "+" 重载可以写成：

```
public static Complex operator +(Complex a, Complex b)
{
    …
}
```

一元操作符有一个参数，二元操作符有两个参数。重载操作符开始必须以 public static 修饰。可以重载的操作符包括：

- 一元操作符：+、-、!、~、++、--、true、false。
- 二元操作符：+、-、*、/、%、&、|、^、<<、>>、==、!=、>、<、>=、<=。

下面的操作符要求同时重载，而不能只重载其中的一个：

- 一元操作符：true 和 false。
- 二元操作符：== 和 !=、> 和 <、>= 和 <=。

操作符重载为类的一些操作带来了方便。例如，两个复数的实部相加运算写成：

```
public static double  Add(complex a, complex b)
{
    return a.r+b.r
}
```

但这样的写法不够简洁，并且类的成员修饰符不为 public 时就不能这样直接操作。

【例 4.7】 操作符重载的实现。

```
namespace Ex4_7
{
    class Complex
    {
        double r, v;                                        // r+ v i
        public Complex(double r, double v)
        {
            this.r = r;
            this.v = v;
        }
        // 二元操作符 + 重载
        public static Complex operator +(Complex a, Complex b)
        {
            return new Complex(a.r + b.r, a.v + b.v);
        }
        // 一元操作符 - 重载
        public static Complex operator -(Complex a)
        {
            return new Complex(-a.r, -a.v);
        }
        // 一元操作符 ++ 重载
        public static Complex operator ++(Complex a)
        {
            double r = a.r + 1;
            double v = a.v + 1;
            return new Complex(r, v);
        }
        public void Print()
        {
            Console.Write(r + " + " + v + "i\n");
        }
    }

    class Program
    {
        static void Main(string[] args)
        {
            Complex a = new Complex(3, 4);
            Complex b = new Complex(5, 6);
            Complex c = -a;
            c.Print();
            Complex d = a + b;
            d.Print();
            a.Print();
            Complex e = a++;                         // 先赋值后 ++
            a.Print();
            e.Print();
            Complex f = ++a;                         // 先 ++ 后赋值
```

```
            a.Print();
            f.Print();
            Console.Read();
        }
    }
}
```

运行结果如图 4-7 所示。

在操作符重载中，返回值往往需要新建一个
Complex 对象。

另一种操作符重载类型是用户定义的数据类
型转换，它可实现不同数据类型之间的转换，包
括显式转换和隐式转换两种方式。

编程中往往需要将一个类型转换成另外一个
类型。例如将 int 转换成 double，它们是系统已经

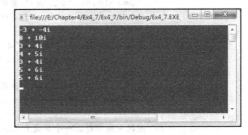

图 4-7　例 4.7 的运行结果

预定义的类型，编译器知道如何来执行它们的转换，具体内容在 4.3 节中讨论。如果它们中间
有的类型不是编译器预定义的类型，编译器将不知道如何执行转换。解决的方法是使用用户
定义的数据类型转换。

如果转换过程中不会丢失数据而出现异常，就采用隐式转换；如果转换过程中有可能丢
失数据，就要采用显式转换。

隐式类型转换的写法如下：

```
public static implicit operator Square(double s)
{
    ...
}
```

实现 double 向 Square 转换功能。关键字 explicit 实现显式类型转换：

```
public static explicit operator double(Square s)
{
    ...
}
```

【例 4.8】　用户定义的数据类型转换。

```
namespace Ex4_8
{
    class Square
    {
        private double Side;
        public Square(int s)
        {
            Console.WriteLine("int 类型参数构造函数 ");
            Side = (double)s;
        }
        public Square(double s)
        {
            Console.WriteLine("double 类型参数构造函数 ");
            Side = s;
        }
        // 重写 Object 类的 ToString() 方法
        public override string ToString()
        {
```

```
        Console.WriteLine(" 重写 object 类的 ToString() 方法 ");
        return this.Side.ToString();
}
// 重载 + 操作符, 参数为两个 Square 类
public static Square operator +(Square x, Square y)
{
        Console.WriteLine(" 重载 + 操作符, 参数为两个 square 类 ");
        return new Square(x.Side + y.Side);
}
// 重载 + 操作符, 一个参数为 Square 类, 另一个为 double 类型
public static Square operator +(Square x, double y)
{
        Console.WriteLine(" 重载 + 操作符, 参数一个为 square 类, 一个为 double 类型 ");
        return new Square(x.Side + y);
}
// 重载 + 操作符, 一个参数为 Square 类, 另一个为 int 类型
public static Square operator +(Square x, int y)
{
        Console.WriteLine(" 重载 + 操作符, 参数一个为 square 类, 一个为 int 类型 ");
        return x + (double)y;                          // 调用前面的重载 + 操作符
}
// 隐式类型转换, 实现 double 类型转换为 Square 类型
public static implicit operator Square(double s)
{
        Console.WriteLine(" 隐式类型转换, 实现 double 类型转换为 Square ");
        return new Square(s);
}
// 隐式类型转换, 实现 int 类型转换为 Square 类型
public static implicit operator Square(int s)
{
        Console.WriteLine(" 隐式类型转换, 实现 int 类型转换为 Square ");
        return new Square((double)s);
}
// 重载 == 操作符
public static bool operator ==(Square x, Square y)
{
        Console.WriteLine(" 重载 == 操作符, 两个参数都为 square 类 ");
        return x.Side == y.Side;
}
// 重载 != 操作符
public static bool operator !=(Square x, Square y)
{
        Console.WriteLine(" 重载 != 操作符, 两个参数都为 square 类 ");
        return !(x == y);                              // 调用前面的重载 == 操作符
}
// 重载 == 和 != 的同时还要重载 object 类的 GetHashCode() 和 Equals(), 否则编译器会出现警告
// 也可以不重写这两个方法, 对运行结果没有影响
public override bool Equals(object o)
{
        return this == (Square)o;
}
public override int GetHashCode()
{
        return (int)Side;
}
// 重载 > 操作符
public static bool operator >(Square x, Square y)
{
```

```
            Console.WriteLine("重载 >操作符，两个参数都为 square 类");
            return x.Side > y.Side;
        }
        // 重载 <操作符
        public static bool operator <(Square x, Square y)
        {
            Console.WriteLine("重载 <操作符，两个参数都为 square 类");
            return x.Side < y.Side;
        }
        // 重载 <= 操作符
        public static bool operator <=(Square x, Square y)
        {
            Console.WriteLine("重载 <= 操作符，两个参数都为 square 类");
            return (x < y) || (x == y);           // 调用重载的操作符 == 和 <
        }
        // 重载 >= 操作符
        public static bool operator >=(Square x, Square y)
        {
            Console.WriteLine("重载 >= 操作符，两个参数都为 square 类");
            return (x > y) || (x == y);           // 调用重载的操作符 == 和 >
        }
}
class Program
{
    static void Main(string[] args)
    {
        Square s1=new Square(10);
        Square s2=new Square(20);
        Square s3=s1+s2;                // 调用 operator + (Square,Square)
        Console.WriteLine(s3);          // 调用重写 Object 类的 ToString() 方法
        Console.WriteLine(s3+15);       // 调用重写的 operator + (Square,int)
                                        // 以及 ToString()
        Console.WriteLine(s3+1.5);      // 调用重写的 operator + (Square,double)
                                        // 和 ToString()
        s3=10;                          // 调用隐式转换 public static implicit
                                        // operator Square(int )
        Console.WriteLine(s3);
        Square s4=10;
        Console.WriteLine(s1==s4);      // 调用 == 操作符
        Console.WriteLine(s1!=s4);      // 调用 != 操作符
        Console.WriteLine(s1>s2);       // 调用 > 操作符
        Console.WriteLine(s1<=s4);      // 调用 <= 操作符
        Console.Read();
    }
}
```

运行结果如图 4-8 所示。

Square 与 double 和 int 之间有两个隐式转换。因为从 double 及 int 隐式转换的过程中不会丢失数据而出现异常，所以采用了隐式转换。

Square 类默认的基类是 Object 类，所以可以重载 Object 类的方法 ToString。WriteLine 方法默认的参数为 String 对象，所以在输出之前都要调用 ToString 方法，将参数转换为 String 类型。

图 4-8　例 4.8 的运行结果

4.3　类型转换

实际编程中，经常遇到类型之间相互转换的问题，如将一个 int 类型转换成一个 long 类型。类型转换方法分为隐式类型转换和显式类型转换，也可以采用 Convert 提供的方法实现类型转换。

4.3.1　隐式类型转换

隐式类型转换不需要加任何声明就可以实现类型的转换，其规则简单。

1. 隐式数值类型转换

数值类型转换是指在整数类型、实数类型和字符类型之间的转换。sbyte 类型向 int 类型转换是一种隐式数值类型转换，转换一般不会失败，也不会丢失数据。如：

```
sbyte a = 100;
int b = a;
```

隐式数值类型转换如表 4-1 所示。

从 int 到 long，从 long 到 float、double 等几种类型转换可能导致精度下降，但不会导致数值上的丢失。从表 4-1 中可以看出，对于任何原始类型，如果值的范围完全包含在其他类型的值范围内，那么就能进行隐式转换。需要注意的是，char 类型可以转换为其他的整数或实数类型，但不能将其他类型转换为 char 类型。

表 4-1　隐式数值类型转换

原始类型	可转换到的类型	可能有数值丢失
sbyte	short, int, long, float, double, decimal	
byte	short, ushort, int, uint, long, ulong, float, double, decimal	
short	int, long, float, double, decimal	

(续)

原始类型	可转换到的类型	可能有数值丢失
ushort	int, uint, long, ulong, float, double, decimal	
int	long, float, double, decimal	float
uint	long, ulong, float, double, decimal	float
long	float, double, decimal	float, double
ulong	float, double, decimal	float, double
char	ushort, int, uint, long, ulong, float, double, decimal	
float	double	

【例 4.9】 隐式数值类型转换。

```
namespace Ex4_9
{
    class Program
    {
        static void Main(string[] args)
        {
            char a = 'm';
            int b = a;
            Console.WriteLine("a equals:{0}", a);
            Console.WriteLine("b equals:{0}", b);
            Console.Read();
        }
    }
}
```

运行结果如图 4-9 所示。

图 4-9　例 4.9 的运行结果

如果这样写：

```
int b = 7;
char a = b;
Console.WriteLine("a equals:{0}",a);
Console.WriteLine("b equals:{0}",b);
```

编译器将报错，因为无法将类型 int 隐式转换为 char，如图 4-10 所示。

图 4-10　隐式数值类型转换的错误列表

2. 隐式枚举转换

隐式枚举转换只允许将十进制 0 转换为枚举类型的变量。

【例 4.10】 隐式枚举转换。

```
namespace Ex4_10
{
    enum Color
    { Red, Green, Blue }
    class Program
    {
        static void Main(string[] args)
        {
            Color a = Color.Red;
            Console.WriteLine("a equals:{0}", a);
            a = 0;
            Console.WriteLine("a equals:{0}", a);
            Console.Read();
        }
    }
}
```

运行结果如图 4-11 所示。

图 4-11 例 4.10 的运行结果

如果写成 a = 1 或其他数值，编译器将提示无法将类型 int 隐式转换为 Color，如图 4-12 所示。

	说明	文件 ▲	行 ▲	列 ▲	项目 ▲
⊗ 1	无法将类型 "int" 隐式转换为 "Ex4_10.Color"，存在一个显式转换(是否缺少强制转换?)	Program.cs	16	17	Ex4_10

图 4-12 隐式枚举转换的错误列表

3. 隐式引用转换

类型 s 向类型 t 隐式引用转换的条件是：s 是从 t 派生来的，且 s 和 t 可以是接口或类。两个数组之间隐式转换的条件是：两个数组的维数相同，元素都是引用类型，且存在数组元素的隐式引用转换。例如：

```
class Employee                         // 隐含继承自 System.Object
{
    ...
}
class App
{
    Employee e;
    object o = e;
    ...
}
```

可以使用隐式转换的原因在于 Employee 是派生自 Object 类。

4.3.2 显式类型转换

显式类型转换只能在某些情况下实现转换，而且规则复杂，需要用户正确地指定要转换的类型，又称强制类型转换。

1. 显式数值类型转换

int 类型向 byte 类型转换就是一种显式数值类型转换。例如：

```
int b = 100;
sbyte a =(byte)b;
```

sbyte 取值范围是 0~255，当 int b 显式地转换为 sbyte 时不会丢失信息。

```
int b = 1000;
sbyte a =(byte)b;
```

而上面这样则会有信息丢失，这是在使用显式数值转换时要注意的。

显式数值类型可转换的类型如表 4-2 所示。

表 4-2   显式数值类型转换

原始类型	可转换到的类型
sbyte	byte, ushort, uint, ulong, char
byte	sbyte ,char
short	sbyte, byte, ushort, uint, ulong, char
ushort	sbyte, byte, short, char
int	sbyte, byte, short, ushort, uint, ulong, char
uint	sbyte, byte, short, ushort, int, char
long	sbyte, byte, short, ushort, int, uint, ulong, char
ulong	sbyte, byte, short, ushort, int, uint, long, char
char	sbyte, byte, short
float	sbyte, byte, short, ushort, int, uint, long, ulong, char, decimal
double	sbyte, byte, short, ushort, int, uint, long, ulong, char, float, decimal
decimal	sbyte, byte, short, ushort, int, uint, long, ulong, char, float, double

2. 显式枚举转换

显式枚举转换包括几种情况：从 sbyte、byte、short、ushort、int、uint、long、ulong、char、float、double、decimal 类型转换到任何枚举类型；从任何枚举类型转换到 sbyte、byte、short、ushort、int、uint、long、ulong、char、float、double、decimal 类型；从任何枚举类型到其他枚举类型。显式枚举转换的本质是枚举类型的元素类型与要转换的类型之间的显式转换。

【例 4.11】 显式枚举转换。

```
namespace Ex4_11
{
    enum Color
    {
        Red,
        Green = 10,
        Blue
    }

    class Program
    {
        static void Main(string[] args)
```

```
        {
            Console.WriteLine(StringFromColor(Color.Red));
            Console.WriteLine(StringFromColor(Color.Green));
            Console.WriteLine(StringFromColor(Color.Blue));
            Console.Read();
        }
        // 枚举类型向整数类型显式转换
        static string StringFromColor(Color c)
        {
            switch (c)
            {
                case Color.Red:
                    // 将指定的 String 中的每个格式项替换为相应对象的值的文本等效项
                    return String.Format("Red = {0}", (int)c);
                case Color.Green:
                    return String.Format("Green = {0}", (int)c);
                case Color.Blue:
                    return String.Format("Blue = {0}", (int)c);
                default:
                    return "Invalid color";
            }
        }
    }
}
```

运行结果如图 4-13 所示。

图 4-13　例 4.11 的运行结果

3. 显式引用转换

类型 s 向类型 t 显式引用转换的条件是 t 是从 s 派生来的，且 s 和 t 可以是接口或类。两个数组之间进行显式转换的条件是两个数组的维数相同，元素都是引用类型，不能有任何一方是值类型数组，且存在数组元素的显式或隐式转换。

例如：

```
class Employee                          // 隐含继承自 System.Object
{
    ...
}
class App
{
    object o
    Employee e = (Employee)o;
    ...
}
```

4.3.3　使用 Convert 转换

System.Convert 类中有一套静态方法实现类型的转换，即使要转换的类型之间没有什么联系也可以很方便地实现类型的转换。这套方法如表 4-3 所示。

表 4-3　Convert 类转换的方法

方法	实现的转换	方法	实现的转换
Convert.ToBoolean()	bool	Convert.ToInt32()	int
Convert.ToByte()	byte	Convert.ToInt64()	long
Convert.ToChar()	char	Convert.ToSByte()	sbyte
Convert.ToString()	string	Convert.ToSingle()	float
Convert.ToDecimal()	decimal	Convert.ToUInt16()	ushort
Convert.ToDouble()	double	Convert.ToUInt32()	uint
Convert.ToInt16()	short	Convert.ToUInt64()	ulong

　　无法产生有意义结果的转换将引发异常，运行结果将不执行任何转换。异常通常为 OverflowException，可以用异常处理块 try/catch 捕获和处理异常。除此之外，代码也会传递一个 FormatException 异常，表示传递到转换函数的值的格式不正确。有关异常处理的知识见 4.6 节。例如，从 Char 转换为 Boolean、Single、Double、Decimal，以及从这些类型转换为 Char 都会引发异常。如

```
string tr = "32767";
System.Convert.ToInt16(str);
```

可以正常进行类型转换。但是

```
string str = "32768";
System.Convert.ToInt16(str);
```

或

```
string str = "";
System.Convert.ToInt16(str);
```

就不行了，要转换的字符串的值超过 short 的范围，或者不是数值都会导致异常。下面看一个转换的例子。

　　【例 4.12】　System.Convert 实现类型转换。

```
namespace Ex4_12
{
    class TestConvert
    {
        static void Main(string[] args)
        {
            short a;
            try
            {
                Console.WriteLine("Enter a string:");
                a = Convert.ToInt16(Console.ReadLine());
                Console.WriteLine("a equals:{0}", a);
            }
            catch (FormatException)
            {
                Console.WriteLine(" 字符串不是由数字组成或为空 .");
                Console.Read();
            }
            catch (OverflowException)
            {
                Console.WriteLine(" 字符串的数值超出了 short 范围 .");
                Console.Read();
            }
```

运行结果如图 4-14 所示。

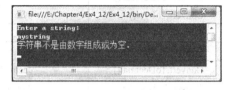

图 4-14 例 4.12 的运行结果

4.4 结构与接口

4.4.1 结构

C# 中的结构除了有数据成员, 还有构造函数、方法、属性、事件、索引等成员。结构也可以实现多个接口。结构与类相似, 但也有一些区别。比如, 结构是值类型, 而类是引用类型。

【例 4.13】 值类型的结构。

```
namespace Ex4_13
{
    // 定义结构 MyStruct
    struct MyStruct
    {
        // 定义字段 x,y
        public int x;
        public int y;
        // 定义构造函数
        public MyStruct(int i, int j)
        {
            x = i;
            y = j;
        }
        // 定义方法
        public void Sum()
        {
            int sum = x + y;
            Console.WriteLine("The sum is {0}", sum);
        }
    }
    class Class1
    {
        static void Main(string[] args)
        {
            MyStruct s1 = new MyStruct(1, 2);
            MyStruct s2 = s1;
            s1.x = 2;
            s1.Sum();
            s2.Sum();
            Console.Read();
        }
    }
}
```

运行结果如图 4-15 所示。

程序中的 s2 获得了 s1 的一份数据拷贝, 虽然 s1.x 的值改变了, 但并没有影响 s2。当两个类的实例相等时, 表示它们指向同一段内存地址, 所以试图改变一个必然要影响另一个。

图 4-15 例 4.13 的运行结果

结构实例化时可以不用 new。例如，Class1 也可以写成：

```
class Class1
{
    static void Main()
    {
        MyStruct s1;
        s1.x = 1;
        s1.y = 2;
        MyStruct s2 = s1;
        s1.x = 2;
        s1.Sum();
        s2.Sum();
    }
}
```

如果在 Main() 中加入以下代码：

```
MyStruct s3 = new MyStruct();
s3.Sum();
```

虽然结构中没有默认的无参构造函数，但是可以调用无参构造函数，并且将值类型的数据成员设置为对应值类型的缺省值，将其引用类型的数据成员设置为 null。所以 s3.x 和 s3.y 都为 0，s3 最终的和也为 0。

结构与类的区别如表 4-4 所示。

表 4-4　结构与类的区别

结　　构	类
值类型	引用类型
可以不使用 new 实例化	必须使用 new 初始化
没有默认的构造函数，但可以添加构造函数	有默认的构造函数
没有析构函数	有析构函数
没有 abstract、protected 和 sealed 修饰符	可以使用 abstract、protected 和 sealed 修饰符

结构使用的成员一般是数值，如点、矩形和颜色等轻量对象。值类型在堆栈上分配地址，引用类型在堆上分配地址。堆栈的执行效率比堆的执行效率高，因此结构的效率高于类。原因在于堆使用完了还需要由 .NET 的垃圾收集器自动回收，特别当程序中大量使用堆时，将导致程序性能下降。

4.4.2　接口

1. 接口介绍

接口是用来定义一种程序的协定，它好比一种模板，定义了实现接口的对象必须实现的方法，其目的就是让这些方法可以作为接口实例被引用。下面是一个接口的定义：

```
public interface IPartA
{
    void SetDataA(string dataA);
}
```

接口使用关键字 interface 定义，可以使用的修饰符包括 new、public、protected、internal、private 等。接口的命名通常是以 I 开头，如 IPartA、IPartB。接口的成员可以是方法、属性、索引器和事件，但不可以有任何成员变量，也不能在接口中实现接口成员。接口不能被实例化。接口的成员默认是公共的，因此不允许成员加上修饰符。

【例 4.14】 接口演示。

```
namespace Ex4_14
{
    // 定义接口 IPartA
    public interface IPartA
    {
        void SetDataA(string dataA);
    }
    // 定义接口 IPartB, 继承自 IPartA
    public interface IPartB : IPartA
    {
        void SetDataB(string dataB);
    }
    // 定义类 SharedClass, 继承自接口 IPartB
    public class SharedClass : IPartB
    {
        private string DataA;
        private string DataB;
        // 实现接口 IPartA 的方法 SetDataA
        public void SetDataA(string dataA)
        {
            DataA = dataA;
            Console.WriteLine("{0}", DataA);
        }
        // 实现接口 IPartB 的方法 SetDataB
        public void SetDataB(string dataB)
        {
            DataB = dataB;
            Console.WriteLine("{0}", DataB);
        }
    }
    class test
    {
        static void Main(string[] args)
        {
            SharedClass a = new SharedClass();
            a.SetDataA("interface IPartA");
            a.SetDataB("interface IPartB");
            Console.Read();
        }
    }
}
```

运行结果如图 4-16 所示。

程序中一共定义两个接口和一个类。接口 IPartA 定义方法 SetDataA，接口 IPartB 定义方法 SetDataB。接口之间也有继承关系，接口 IPartB 继承接口 IPartA，也就继承了接口 IPartA 的 SetDataA 方法。接口只能定义方法，实现要由类或者结构来完成。SharedClass 类派生于接口 IPartB，因此要实现 IPartB 的 SetDataB 方法，也要实现 IPartA 的 SetDataA 方法。

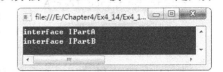

图 4-16 例 4.14 的运行结果

接口允许多重继承。

```
interface ID:IA,IB,IC
{
    ...
}
```

类可以同时有一个基类和零个以上的接口，并要将基类写在前面。

```
class ClassB:ClassA,IA,IB
{
    ...
}
```

2. 接口的实现

若指出接口成员所在的接口，则称为显式接口成员。上面的程序接口实现可改写成：

```
// 没有定义为public
void IPartA.SetDataA(string dataA)
{
    DataA=dataA;
    Console.WriteLine("{0}",DataA);
}
// 没有定义为public
void IPartB.SetDataB(string dataB)
{
    DataB=dataB;
    Console.WriteLine("{0}",DataB);
}
```

显式接口成员只能通过接口来调用。

```
class test
{
    static void Main()
    {
        SharedClass a = new SharedClass();
        IPartB partb = a;
        partb.SetDataA("interface IPartA");
        partb.SetDataB("interface IPartB");
    }
}
```

方法本身并不是由类 SharedClass 提供的，所以 a.SetDataA（"interface IPartA"）或 a.SetDataB（"interface IPartB"）调用都是错误的。显式接口成员没被声明为 public，是因为这些方法都有双重的身份。当在一个类中使用显式接口成员时，该方法被认为是私有方法，因此不能用类的实例调用它。但是，当将类的引用转型为接口引用时，接口中定义的方法就可以被调用，这时它又成为了一个公有方法。

再举一个比较有趣的例子。

【例 4.15】 显式接口调用。

```
namespace Ex4_15
{
    public interface IWindow
    { Object GetMenu();   }
    public interface IRestaurant
    { Object GetMenu();   }
```

```
// 该类型继承自 system.Object，并实现了 IWindow 和 IRestaurant 接口
public class GiuseppePizzaria : IWindow, IRestaurant
{
    // 该方法包括了 IWindow 接口的 GetMenu 方法实现
    Object IWindow.GetMenu()
    { return "IWindow.GetMenu"; }
    // 该方法包括了 IRestaurant 接口的 GetMenu 方法实现
    Object IRestaurant.GetMenu()
    { return "IRestaurant.GetMenu"; }
    // 这个 GetMenu 方法与接口没有任何关系
    public Object GetMenu()
    { return "GiuseppePizzaria.GetMenu"; }
    static void Main()
    {
        // 构造一个类个实例
        GiuseppePizzaria gp = new GiuseppePizzaria();
        Object menu;
        // 调用公有的 GetMenu 方法，使用 GiuseppePizzaria 引用
        // 显式接口成员将为私有方法，因此不可能被调用
        menu = gp.GetMenu();
        Console.WriteLine(menu);
        // 调用 IWindow 的 GetMenu 方法，使用 IWindow 引用
        // 因此只有 IWindow. GetMenu 方法被调用
        menu = ((IWindow)gp).GetMenu();
        Console.WriteLine(menu);
        // 调用 IRestaurant 的 GetMenu 方法，使用 IRestaurant 引用
        // 因此只有 IRestaurant. GetMenu 方法被调用
        menu = ((IRestaurant)gp).GetMenu();
        Console.WriteLine(menu);
        Console.Read();
    }
}
```

运行结果如图 4-17 所示。

当然，在实际编程中一般不会用到一个类中实现相同
方法的接口，但这对了解显式接口很有帮助。

4.5 集合与索引器

图 4-17 显式接口调用示例运行结果

4.5.1 集合

C# 为用户提供了一种称为集合的新类型。集合类似于数组，是一组组合在一起的类型化的对象，可以通过遍历来访问数组中的每个元素。.NET 提供实现集合的接口，包括 IEnumerable、ICollection、Ilist 等，只需继承实现集合接口。另外，可以直接使用 .NET 已经定义的一些集合类，包括 Array、ArrayList、Queue、Stack、BitArray、Hashtable 等。集合类由命名空间 System.Collections 提供。

1. 自定义集合

自定义集合是指实现 System.Collections 提供的集合接口的集合。下面以 IEnumerable 集合接口为例介绍自定义集合。

IEnumerable 接口定义如下：

```
public interface IEnumerable
```

```
{
    Ienumerator GetEnumerator();
}
```

实现 IEnumerable 的同时要实现 IEnumerator 接口。IEnumerator 接口如下：

```
public interface IEnumerator
{
    object Current
    {
        get();
    }
    bool MoveNext();
    void Reset();
}
```

【例 4.16】　IEnumerable 自定义集合。

```
using System;
using System.Collections;                        // 导入集合类的命名空间
namespace Ex4_16
{
    // 定义集合中的元素 MyClass 类
    class MyClass
    {
        public string Name;
        public int Age;
        // 带参构造器
        public MyClass(string name, int age)
        {
            this.Name = name;
            this.Age = age;
        }
    }
    // 实现接口 Ienumerator 和 IEnumerable 类 Iterator
    public class Iterator : IEnumerator, IEnumerable
    {
        // 初始化 MyClass 类型的集合
        private MyClass[] ClassArray;
        int Cnt;
        public Iterator()
        {
            // 使用带参构造器赋值
            ClassArray = new MyClass[4];
            ClassArray[0] = new MyClass("Kith", 23);
            ClassArray[1] = new MyClass("Smith", 30);
            ClassArray[2] = new MyClass("Geo", 19);
            ClassArray[3] = new MyClass("Greg", 14);
            Cnt = -1;
        }
        // 实现 IEnumerator 的 Reset() 方法
        public void Reset()
        {
            // 指向第一个元素之前，Cnt 为 -1，遍历从 0 开始
            Cnt = -1;
        }
        // 实现 IEnumerator 的 MoveNext() 方法
        public bool MoveNext()
        {
```

```
        return (++Cnt < ClassArray.Length);
    }
    // 实现 IEnumerator 的 Current 属性
    public object Current
    {
        get
        {
            return ClassArray[Cnt];
        }
    }
    // 实现 IEnumerable 的 GetEnumerator() 方法
    public IEnumerator GetEnumerator()
    {
        return (IEnumerator)this;
    }
    static void Main()
    {
        Iterator It = new Iterator();
        // 像遍历数组一样遍历集合
        foreach (MyClass MY in It)
        {
            Console.WriteLine("Name : " + MY.Name.ToString());
            Console.WriteLine("Age : " + MY.Age.ToString());
        }
        Console.Read();
    }
}
```

运行结果如图 4-18 所示。

如果一个集合类是新建的，那么就不能使用它的
Current 属性，这是由于 Current 被放置在第一项之前。为了
能指向集合中的第一项，要使用 MoveNext 方法，遍历到第
一个元素后，用 Current 属性就可获取集合的当前元素。可
以通过 MoveNext 集合中的各个元素，直到 Current 得到的值
为 null，表示当前已经遍历到集合的末尾。Reset 方法将集合
恢复到初始状态，指向第一个元素之前。

图 4-18   例 4.16 的运行结果

foreach 循环是访问集合元素的便捷方法，隐藏调用 IEnumerable 的 GetEnumerator 方法，
获得 Iterator，并将集合指向 -1 的位置。foreach 循环反复调用 MoveNext 方法移动集合，使
用 Current 获取集合当前元素。

同样，也可使用 System.Collections 中的其他集合接口实现自定义集合。

2. 使用集合类

另一种使用集合的方法是使用系统已经定义的集合类。下面就以 Stack 类为例介绍。

Stack 类表示对象的后进先出集合。Stack 类常用的方法如下。

- Clear：从 Stack 中移除所有对象。
- Pop：移除并返回位于 Stack 顶部的对象。
- Push：将对象插入 Stack 的顶部。
- Peek：返回位于 Stack 顶部的对象但不将其移除。

Stack 类将它的对象存储在数组中。只要数组大到可以存储新的对象，调用 Push 方法就
是非常有效的。但是，如果内部数组必须调整大小，就必须分配新数组，并把现有的对象复

制到新数组中。为了避免这一昂贵的操作成本，可以采用预先分配一个大的内部数组，或定义满足执行需要的合适的增长系数。

【例 4.17】 Stack 类的用法示例。

```
using System;
using System.Collections;                           // 导入集合类的命名空间
namespace Ex4_17
{
    class StackExample
    {
        static void Main(string[] args)
        {
            Stack s = new Stack();
            // 压入元素
            s.Push("So");
            s.Push("This");
            s.Push("Is");
            s.Push("How");
            s.Push("Queues");
            s.Push("Work");
            Console.WriteLine("Contents of stack...");
            // 读每一个元素
            foreach (string str in s)
            {
                Console.WriteLine(str);
            }
            while (s.Count > 0)
            {
                string str = (string)s.Pop();
                // 弹出元素，后进先出
                Console.WriteLine("Poping {0}", str);
            }
            Console.WriteLine("Done");
            Console.Read();
        }
    }
}
```

运行结果如图 4-19 所示。

其他的集合类（如 Queue、Hashbale、Comparer 等）虽然各自都有不同的方法，但都可以使用类似的办法调用。

4.5.2 索引器

使用索引器的目的是能够像访问数组一样访问类中的数组型的对象。通过对对象元素的下标的索引，就可以访问指定的对象。索引器类似于属性，也是使用 get 关键字和 set 关键字定义了对被索引元素的读写权限，不同的是索引器有索引参数。

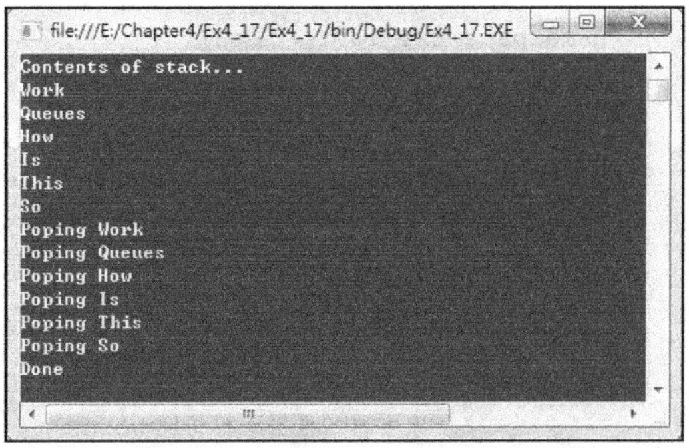

图 4-19   例 4.17 的运行结果

【例 4.18】 索引器示例。

```
namespace Ex4_18
{
    class MyClass
    {
        private string[] data = new string[5];
        // 索引器定义，根据下标访问 data
        public string this[int index]
        {
            get
            { return data[index]; }
            set
            { data[index] = value; }
        }
    }
    class MyClient
    {
        public static void Main()
        {
            MyClass mc = new MyClass();
            // 调用索引器 set 赋值
            mc[0] = "Rajesh";
            mc[1] = "A3-126";
            mc[2] = "Snehadara";
            mc[3] = "Irla";
            mc[4] = "Mumbai";
            // 调用索引器 get 读出
            Console.WriteLine("{0},{1},{2},{3},{4}", mc[0], mc[1], mc[2], mc[3], mc[4]);
            Console.Read();
        }
    }
}
```

运行结果如图 4-20 所示。

图 4-20 例 4.18 的运行结果

索引器的 get 和 set 中可以增加各种计算和控制代码。

【例 4.19】 包含计算和控制代码的索引器。

```
namespace Ex4_19
{
    public class SpellingList
    {
        protected string[] words = new string[size];
        static public int size = 10;
        public SpellingList()
        {
            for (int x = 0; x < size; x++)
                words[x] = String.Format("Word{0}", x);
        }
        // 索引器，根据下标访问 words
        public string this[int index]
        {
            get
```

```
        {
            string tmp;
            if (index >= 0 && index <= size - 1)
                tmp = words[index];
            else
                tmp = "";
            return (tmp);
        }
        set
        {
            if (index >= 0 && index <= size - 1)
                words[index] = value;
        }
    }
}
public class TestApp
{
    public static void Main()
    {
        SpellingList myList = new SpellingList();
        myList[3] = "=====";
        myList[4] = "Brad";
        myList[5] = "was";
        myList[6] = "Here!";
        myList[7] = "=====";
        for (int x = 0; x < SpellingList.size; x++)
            Console.WriteLine(myList[x]);
        Console.Read();
    }
}
```

运行结果如图 4-21 所示。

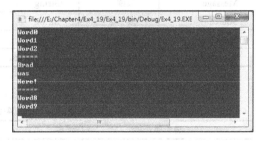

图 4-21　例 4.19 的运行结果

4.6　异常处理

程序经常会有这样或那样的错误，比如参数格式有误，或者变量超出范围等。因此，编程语言一般要有异常处理。C# 的异常处理功能非常强大，所有异常都被定义为异常类，属于命名空间 System.Exception 或它的一个子类。

4.6.1　异常与异常类

1. 异常

Win32 API 程序出现错误时，没有使用异常处理机制进行处理，大多数 Win32 API 都是通过返回 bool 值，用 false 来表示函数调用出现问题。COM 用 HRESULT 来描述程序的运行情况。HRESULT 的高位为 1，表示一个假设被违反，HRESULT 的其他位则可以帮助判断问题的原因。请看下面的代码：

```
bool RemoveFromAccount(string AccountId,decimal Amount)
{
    bool Exists = VerifyAccountId(AccountId);
    if (Exists)
```

```
    {
        bool CanWithdraw = CheckAvailability(AccountId,Amount);
        if (CanWithdraw)
        {
            return Withdraw(AccountId,Amount);
        }
    }
    return false;
}
```

从程序可以看出：依靠返回的 bool 值来判断程序的执行情况，必须通过额外的处理程序，比如这里的 if 语句来处理，这增加了程序的代码，容易出现错误情况被遗漏或误解，程序也不容易修改和升级。

C# 异常返回的不再是简单的 true 或 false，而是异常传播。每一个异常都包含一个描述字符串，通过字符串就可以知道程序在哪里出了问题。通过这样的异常处理，程序更加容易阅读、维护和升级。

2. 异常类

当代码出现被除数为零、分配空间失败等错误时，就会自动创建异常对象，它们大多是 C# 异常类的实例。System.Exception 类是异常类的基类，一般不会直接使用 System.Exception，它没有反映具体的异常信息，而是使用它的派生类。

System.Exception 提供了一些了解异常信息的属性，如表 4-5 所示。

表 4-5　System.Exception 属性

属　　性	访问权限	类　　型	描　　述
HelpLink	只读	String	获取或设置指向此异常所关联的帮助文件的链接
InnerException	只读	Exception	获取导致当前异常的 Exception 实例
Message	只读	String	获取描述当前异常的信息
Source	读 / 写	String	获取或设置导致错误的应用程序或对象的名称
StackTrace	只读	String	获取当前异常发生所经历的方法的名称和签名
TargetSite	只读	MethodBase	获取引发当前异常的方法

经常使用的 C# 异常类如表 4-6 所示。

表 4-6　异常类

异常类	描　　述
System.ArithmeticException	在算术运算期间发生的异常（如 System.DivideByZeroException 和 System.OverflowException）的基类
System.ArrayTypeMismatchException	当存储一个数组时，如果由于被存储的元素的实际类型与数组的实际类型不兼容而导致存储失败，就会引发此异常
System.DivideByZeroException	在试图用零除整数值时引发
System.IndexOutOfRangeException	在试图使用小于零或超出数组界限的下标索引数组时引发
System.InvalidCastException	当从基类型或接口到派生类型的显式转换在运行时失败时引发
System.NullReferenceException	在需要使用引用对象的场合，如果使用 null 引用，就会引发此异常
System.OutOfMemoryException	在分配内存（通过 new）的尝试失败时引发
System.OverflowException	在 checked 上下文中的算术运算溢出时引发
System.StackOverflowException	当执行堆栈由于保存了太多挂起的方法调用而耗尽时，就会引发此异常；这通常表明存在非常深或无限的递归
System.TypeInitializationException	在静态构造函数引发异常，并且没有可以捕捉到它的 catch 子句时引发

4.6.2 异常处理

1. try 语句

将有可能发生异常的代码作为 try 语句块，处理 try 语句中出现的异常代码放到 catch 语句块。finally 语句则是不管 try 语句中有没有异常发生，最后都要执行其中的程序块。下面是一个简单的例子。

【例 4.20】 try-catch-finally 语句示例。

```
namespace Ex4_20
{
    class WithFinally
    {
        public static void Main()
        {
            // 有可能发生异常的语句放入 try 语句中
            try
            {
                int x = 5;
                int y = 0;
                int z = x / y;                    // 异常，除数为 0
                Console.WriteLine(z);             // 不再执行
            }
            // try 语句发生异常将跳转到 catch 块
            catch (DivideByZeroException)
            {
                Console.WriteLine("Error occurred, unable to compute");
            }
            // 不管有没有异常发生，都将执行 finally 块中的代码
            finally
            {

                Console.WriteLine("Thank you for using the program");
            }
            Console.Read();
        }
    }
}
```

运行结果如图 4-22 所示。

代码有一个除以零的式子将引发 DivideByZeroException 异常。发生异常以后，try 语句块中发生异常的语句后面的代码将不再执行，而是寻找与此 try 语句关联的 catch

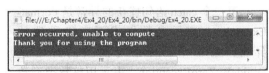

图 4-22 例 4.20 的运行结果

块，并执行其中的代码。finally 块则是不管上面有没有异常发生都要执行。try 语句有 3 种形式：try-catch，try-catch-finally，try-finally。

通常情况下，要将可能发生异常的多条代码放入 try 块中。一个 try 块中必须有至少一个与之关联的 catch 块或 finally 块，单独一个 try 块是没有意义的。

catch 块中包含的是出现异常时要执行的代码。一个 try 块后面可以有零个以上的 catch 块。如果 try 块中没有异常，则 catch 块中的代码不会被执行。catch 后面的括号中放入希望捕获的异常，如例 4.20 中的 DivideByZeroException 异常。当两个 catch 语句的异常类有派生关系的时候，要将包括派生的异常类 catch 语句放到前面，包括基类的 catch 语句放到后面。

finally 块中包含了一定要执行的代码，通常是一些资源释放、关闭文件等代码。

【例 4.21】 多 catch 语句示例。

```
namespace Ex4_21
{
    class Withfinally
    {
        public static void Main()
        {
            try
            {
                int x = 5;
                int y = 0;
                int z = x / y;             // 异常，除数为 0
                Console.WriteLine(z);
            }
            catch (FormatException)
            {
                Console.WriteLine("Error occurred, FormatException");
            }
            catch (DivideByZeroException)
            {
                Console.WriteLine("Error occurred, DivideByZeroException");
            }
            catch (Exception)
            {
                Console.WriteLine("Error occurred, Exception");
            }
            finally
            {
                Console.WriteLine("Thank you for using the program");
            }
            Console.Read();
        }
    }
}
```

运行结果如图 4-23 所示。

第一个 catch 语句捕获的异常是 Format-Exception，表示参数格式不正确导致的异常；第二个 catch 语句捕获的异常是 DivideByZeroException，表示用整数类型数

图 4-23　例 4.21 的运行结果

据除以零抛出异常；第三个 catch 语句捕获的异常是 Exception，它是所有异常类的基类。最终执行的是第二个 catch 语句。如果将第三个 catch 语句作为第一个 catch 语句，则程序编译不能通过，会提示以下信息：

前一个 catch 子句已经捕获该类型或超类型 ("System.Exception") 的所有异常

2. throw

异常的发生有两种可能：代码执行过程中满足了异常的条件而使程序无法正常运行下去；通过 throw 语句无条件抛出异常。第一种情况上面已经介绍过了。第二种情况则与第一种情况完全相反，通过 throw 语句主动在程序中抛出异常，抛出的异常要用 catch 语句捕获，否则程序运行将中断。

throw 语句的用法如下：

```
throw expression
```

throw 语句抛出的异常表达式 expression 必须表示一个 System.Exception 类型或它的派生类。throw 语句后也可以没有 expression 表达式，表示再次将异常抛出。

【例 4.22】　throw 语句抛出异常。

```
namespace Ex4_22
{
    class ThrowExample
    {
        public void Div()
        {
            try
            {
                int x = 5;
                int y = 0;
                int z = x / y;
                Console.WriteLine(z);
            }
            catch (DivideByZeroException e)
            {
                throw new ArithmeticException("被除数为零", e); // 抛出另一个异常
            }
        }
        public static void Main()
        {
            try
            {
                ThrowExample ThrowException = new ThrowExample();
                ThrowException.Div();
            }
            catch (Exception e)   // 捕获 throw 抛出的异常
            {
                Console.WriteLine("Exception:{0}", e.Message); // 输出描述异常的信息
            }
            Console.Read();
        }
    }
}
```

运行结果如图 4-24 所示。

图 4-24　例 4.22 的运行结果

throw 语句重新抛出一个新的异常 ArithmeticException，然后由 Main() 中的 catch 捕获。

【例 4.23】　throw 语句异常再次抛出。

```
namespace Ex4_23
{
    class ThrowExample
    {
        public void Div()
```

```
        {
            try
            {
                int x = 5;
                int y = 0;
                int z = x / y;
                Console.WriteLine(z);
            }
            catch (DivideByZeroException)
            {
                throw;                      // 再次抛出异常
            }
        }
        public static void Main()
        {
            try
            {
                ThrowExample throwexample = new ThrowExample();
                throwexample.Div();
            }
            catch (DivideByZeroException e)    // 捕获 throw 再次抛出的
                                               // DivideByZeroException 异常
            {
                Console.WriteLine("Exception:{0}", e.Message);
            }
            Console.Read();
        }
    }
}
```

运行结果如图 4-25 所示。

图 4-25   例 4.23 的运行结果

throw 语句将 Div() 的 DivideByZeroException 再次抛出，由 Main() 中的 catch 语句捕获它。
下面再举一个稍微复杂的例子。

【例 4.24】 异常处理综合案例。

```
namespace Ex4_24
{
    public class MainEntryPoint
    {
        public static void Main()
        {
            string UserInput;
            while (true)
            {
                try
                {
                    Console.Write("Input a number between 0 and 5 " + "(or just
hit return to exit)> ");
                    UserInput = Console.ReadLine();
                    if (UserInput == "")
                        break;
```

```
                    int index = Convert.ToInt32(UserInput);
                    if (index < 0 || index > 5)
                        // 抛出 IndexOutOfRangeException 异常
                        throw new IndexOutOfRangeException("You typed in "
+ UserInput);
                    Console.WriteLine("Your number was " + index);
                }
                catch (IndexOutOfRangeException e)
                {
                    Console.WriteLine("Exception: " + "Number should be between
0 and 5. " + e.Message);
                }
                catch (Exception e)
                {
                    Console.WriteLine("An exception was thrown. Message was: "
+ e.Message);
                }
                catch
                {
                    Console.WriteLine("Some other exception has occurred");
                }
                finally
                {
                    Console.WriteLine("Thank you");
                }
            }
        }
    }
}
```

输入数不在 0 和 5 之间将引发 IndexOutOfRangeException 异常，由第一个 catch 捕获；第二个 catch 语句捕获除 IndexOutOfRangeException 异常以外的 Exception 异常及其派生类异常；第三个 catch 语句既没有定义异常类型也没有定义异常变量的 catch 子句，称作一般 catch 子句，该 catch 子句一般在事先不能确定会发生什么样的异常的情况下使用，一个 try 语句中只能有一个一般 catch 子句，而且该 catch 子句必须在其他 catch 子句的后面。

4.7 委托与事件

4.7.1 委托

1. 委托

C# 的委托相当于在 C/C++ 中的函数指针。函数指针用指针获取一个函数的入口地址，实现对函数的操作。委托与 C/C++ 中的函数指针的不同在于，委托是面向对象的，是引用类型，因此对委托的使用要先定义后实例化，最后才调用。

使用关键字 delegate 定义一个委托：

```
delegate int SomeDelegate(int nID, string sName);
```

再实例化：

```
SomeDelegate d1 = new SomeDelegate(wr.InstanceMethod);
```

最后调用：

```
d1(5, "aaa");
```

通过委托 SomeDelegate 实现对方法 InstanceMethod 的调用，调用必需的一个前提条件是：方法 InstanceMethod 的参数和定义 SomeDelegate 的参数一致，并且返回值为 int。方法 InstanceMethod 的定义如下：

```
public int InstanceMethod(int nID, string sName)
```

委托的实例化中的参数既可以是非静态方法，也可以是静态方法。

【例 4.25】 委托示例。

```
namespace Ex4_25
{
    class SimpleClass
    {
        public class WorkerClass
        {
            // 委托引用的非静态方法
            public int InstanceMethod(int nID, string sName)
            {
                int retval = 0;
                retval = nID * sName.Length;
                Console.WriteLine(" 调用 InstanceMethod 方法 ");
                return retval;
            }
            // 委托引用的静态方法
            static public int StaticMethod(int nID, string sName)
            {
                int retval = 0;
                retval = nID * sName.Length;
                Console.WriteLine(" 调用 StaticMethod 方法 ");
                return retval;
            }
        }
        // 定义委托, 参数与上面两个方法相同
        public delegate int SomeDelegate(int nID, string sName);
        static void Main(string[] args)
        {
            // 调用实例方法       ( 非静态方法 )
            WorkerClass wr = new WorkerClass();
            SomeDelegate d1 = new SomeDelegate(wr.InstanceMethod);
            Console.WriteLine("Invoking delegate InstanceMethod,
return={0}", d1(5, "aaa"));
            // 调用静态方法
            SomeDelegate d2 = new SomeDelegate(WorkerClass.StaticMethod);
            Console.WriteLine("Invoking delegate StaticMethod, return={0}",
d2(5, "aaa"));
            Console.Read();
        }
    }
}
```

运行结果如图 4-26 所示。

2. 多播

与上面的一次委托只调用一个方法相比，一次委托也可以调用多个方法，称为多播。通过 + 和 – 运算符可实现多播的增加或减少。

图 4-26 例 4.25 的运行结果

【例 4.26】 多播示例。

```
namespace Ex4_26
{
    class SimpleClass
    {
        public class WorkerClass
        {
            // 委托引用的非静态方法
            public int InstanceMethod(int nID, string sName)
            {
                int retval = 0;
                retval = nID * sName.Length;
                Console.WriteLine(" 调用 InstanceMethod 方法 ");
                return retval;
            }
            // 委托引用的静态方法
            static public int StaticMethod(int nID, string sName)
            {
                int retval = 0;
                retval = nID * sName.Length;
                Console.WriteLine(" 调用 StaticMethod 方法 ");
                return retval;
            }
        }
        // 定义委托，签名与上面两个方法相同
        public delegate int SomeDelegate(int nID, string sName);
        static void Main(string[] args)
        {
            // 调用实例方法
            WorkerClass wr = new WorkerClass();
            SomeDelegate d1 = new SomeDelegate(wr.InstanceMethod);
            Console.WriteLine("Invoking delegate InstanceMethod, return={0}",
d1(5, "aaa"));
            // 调用静态方法
            SomeDelegate d2 = new SomeDelegate(WorkerClass.StaticMethod);
            Console.WriteLine("Invoking delegate StaticMethod, return={0}",
d2(5, "aaa"));
            // 多播
            Console.WriteLine();
            Console.WriteLine(" 测试多播 ...");
            // 多播 d3 由两个委托 d1 和 d2 组成
            SomeDelegate d3 = d1 + d2;
            Console.WriteLine("Invoking delegate(s) d1 AND d2 (multi-cast), return={0} ",
d3(5, "aaa"));
            // 委托中的方法个数
            int num_method = d3.GetInvocationList().Length;
            Console.WriteLine("Number of methods referenced by delegate d3:
{0}", num_method);
            // 多播 d3 减去委托 d2
            d3 = d3 - d2;
            Console.WriteLine("Invoking delegate(s) d1 (multi-cast), return={0} ",
d3(5, "aaa"));
            // 委托中的方法个数
            num_method = d3.GetInvocationList().Length;
            Console.WriteLine("Number of methods referenced by delegate d3:
{0}", num_method);
            Console.Read();
        }
    }
}
```

运行结果如图 4-27 所示。

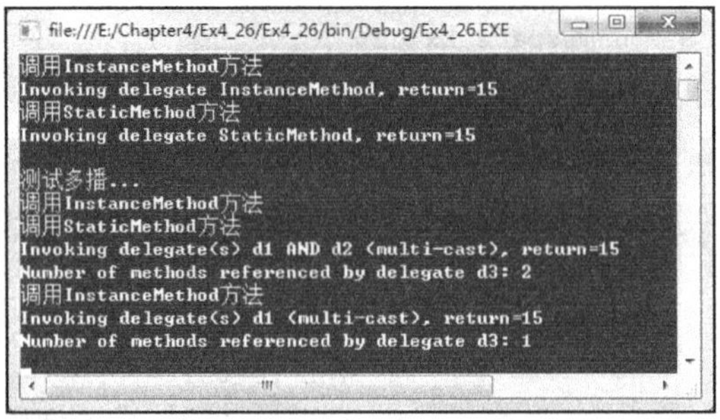

图 4-27　例 4.26 的运行结果

多播开始时，d3 中有两个委托 d1 和 d2，d3（5, "aaa"）调用等于后一个委托 d2（5, "aaa"）。从 d3 中减去 d2，d3 中只有一个方法 d1，d3（5, "aaa"）调用等于 d1（5, "aaa"）。d3.GetInvocationList().Length 表示的是多播实例中委托包含方法的个数。委托是从 System.Delegate 类派生而来的，多播则派生于 System.Delegate 的派生类 System.MulticastDelegate。对于下面的代码：

```
SomeDelegate d3 =d1+ d2;
```

也可以用 Delegate.Combine 方法写成：

```
SomeDelegate d3 = (SomeDelegate) Delegate.Combine(d1, d2);
```

也可以使用 MulticastDelegate.Combine 的方法写成：

```
SomeDelegate d3 =(SomeDelegate)MulticastDelegate.Combine(d1,d2);
```

4.7.2　事件

事件作为 C# 中的一种类型，为类和类的实例定义发出通知的能力，从而将事件和可执行代码捆绑在一起。事件最常见的用途是窗体编程，当发生单击按钮、移动鼠标等事件时，相应的程序将收到通知，再执行代码。

C# 事件以“发布 - 预订”的方式工作。先在一个类中公布事件，然后就可以在任意数量的类中预订事件。事件的工作过程如图 4-28 所示。

图 4-28　事件的工作过程

C# 事件机制是基于委托实现的，因此首先定义如下委托 EventHandler：

```
public delegate void EventHandler(object from , myEventArgs e)
```

System.EventArgs 是包含事件数据的类的基类，在代码中可直接使用 EventArgs 类。myEventArgs 类派生于 EventArgs 类，实现自定义事件数据的功能。这里的 from 表示发生事件的对象。

定义事件的格式如下：

```
event 事件的委托名 事件名
```

例如，事件 TextOut 定义如下：

```
public event EventHandler TextOut;
```

事件的激活一般写成：

```
    if (TextOut != null)
        TextOut(this,new EventArgs());
```

检查 TextOut 事件有没有被订阅，如不为 null，则表示有用户订阅。订阅事件的是
TestApp 类，首先实例化 EventSource，然后订阅事件。

```
evsrc.TextOut += new  EventSource.EventHandler(CatchEvent);
```

也可以取消订阅：

```
evsrc.TextOut -= new  EventSource.EventHandler(CatchEvent);
```

方法 evsrc.TriggerEvent() 激活事件，如果已经订阅了事件，则调用处理代码，否则什么
也不执行。这里要注意，CatchEvent 和 InstanceCatch 方法的签名与定义的委托 EventHandler
签名要相同，这与委托的工作机制类似。

【例 4.27】 事件示例。

```
namespace Ex4_27
{
    // 定义事件包含数据
    public class MyEventArgs : EventArgs
    {
        private string StrText;
        public MyEventArgs(string StrText)
        {
            this.StrText = StrText;
        }
        public string GetStrText
        {
            get
            {
                return StrText;
            }
        }
    }
    // 发布事件的类
    class EventSource
    {
        MyEventArgs EvArgs = new MyEventArgs("触发事件");
        // 定义委托
        public delegate void EventHandler(object from, MyEventArgs e);
        // 定义事件
        public event EventHandler TextOut;
        // 激活事件的方法
        public void TriggerEvent()
        {
            if (TextOut != null)
                TextOut(this, EvArgs);
        }
    }
    // 订阅事件的类
    class TestApp
    {
        public static void Main()
        {
            EventSource evsrc = new EventSource();
            // 订阅事件
            evsrc.TextOut += new EventSource.EventHandler(CatchEvent);
```

```
            // 触发事件
            evsrc.TriggerEvent();
            Console.WriteLine("------");
            // 取消订阅事件
            evsrc.TextOut -= new EventSource.EventHandler(CatchEvent);
            // 触发事件
            evsrc.TriggerEvent();                      // 事件订阅已取消，什么也不执行
            Console.WriteLine("------");
            TestApp theApp = new TestApp();
            evsrc.TextOut += new EventSource.EventHandler(theApp.InstanceCatch);
            evsrc.TriggerEvent();
            Console.WriteLine("------");
            Console.Read();
        }
        // 处理事件的静态方法
        public static void CatchEvent(object from, MyEventArgs e)
        {
            Console.WriteLine("CathcEvent:{0}", e.GetStrText);
        }
        // 处理事件的方法
        public void InstanceCatch(object from, MyEventArgs e)
        {
            Console.WriteLine("InstanceCatch:{0}", e.GetStrText);
        }
    }
}
```

运行结果如图 4-29 所示。

4.8　预处理命令

　　预处理就是在编译程序之前由预处理器对源
程序进行一些加工处理工作。C# 的预处理类似
于 C++ 预处理，与 C++ 不同的是，C# 没有独立
的预处理器，并不是编译器开始编译代码之前的

图 4-29　例 4.27 的运行结果

一个单独的处理步骤，它是作为词法分析的一部分来执行的。预处理指令以 # 开头，并且一
行只能有一个预处理指令，指令结尾不需用分号表示语句的结束。预处理指令包括 #define、
#undef、#if、#elif、#else、#endif、#warning、#error、#region、#endregion 和 #line 等。

4.8.1　#define、#undef 指令

　　#define 和 #undef 指令是用于定义符号和取消符号定义的预处理指令。例如：

```
#define DEBUG
#undef DEBUG
```

　　这里定义和取消的符号是 DEBUB。如果定义的符号已经存在，则 #define 不起作用。同
样道理，如果符号不存在，#undef 也就没有任何作用。#define 和 #undef 指令必须放于源程序
的代码之前。

```
using System;
#define DEBUG
```

　　这样的写法是错误的，应该将" using System;"语句放到 #define 指令后面。#define 指令本
身并没有什么用，但和其他的预处理命令，特别是 #if 结合使用，则功能非常强大。

4.8.2 #if、#elif、#else、#endif 指令

#if、#elif、#else、#endif 指令被用于条件编译，它们类似于 if/else 结构。#if 和 #elif 后的标识符表达式可以使用运算符与 (&&)、或 (||)、非 (!)。它们在程序中的结构如下：

一条 #if 语句 (必须有)

零或多条 #elif 语句

零或一条 #else 语句

一条 #endif 语句 (必须有)

【例 4.28】 预处理示例。

```
#define DEBUG
using System;
namespace Ex4_28
{
    public class MyClass
    {
        public static void Main()
        {
            #if (DEBUG)
                Console.WriteLine(" DEBUG is defined");
            #else
                Console.WriteLine(" DEBUG is not defined");
            #endif
            Console.Read();
        }
    }
}
```

运行结果如图 4-30 所示。

当执行到 #if 语句时，首先检查 DEBUG 是否已经定义，如果符号已经定义，就编译 #if 块中的代码，否则编译 #else 块中的代码。

图 4-30　例 4.28 的运行结果

#elif 指令相当于 else if。

【例 4.29】 #elif 指令。

```
#define  A
#undef   B
using System;
namespace Ex4_29
{
    public class MyClass
    {
        public static void Main()
        {
#if (A && !B)
    Console.WriteLine("A is defined");
#elif (!A && B)
    Console.WriteLine("B is defined");
#elif (A && B)
    Console.WriteLine("A and B are defined");
#else
    Console.WriteLine("A and B are not defined");
#endif
    Console.Read();
```

```
        }
    }
}
```

运行结果如图 4-31 所示。

4.8.3 #warning、#error 指令

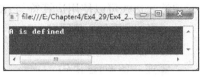

图 4-31 例 4.29 的运行结果

#warning、#error 指令用于产生警告或报错。当编译器遇到 #warning 指令时，会显示 #warning 后面的文本，但编译还会继续进行。当遇到 #error 指令时，会显示后面的文本，终止编译并退出。这两条指令可以用于检查 #define 指令是否定义了不正确的符号。

```
#define DEBUG
#define RELEASE
#if DEBUG
    #error 你定义了 DEBUG
#endif
#if DEBUG&& RELEASE
    #warning 你定义了 DEBUG 和 RELEASE
#endif
```

4.8.4 #region、#endregion 指令

#region、#endregion 指令用于标识代码块。

```
#region OutVar method
public static void OutVar()
{
    int var = 5;
    Console.WriteLine("var equals:{0}",var);
}
#endregion
```

这两个指令不会影响编译，而是在一些编辑器（如 Visual Studio.NET）中将其中的代码折叠或展开，便于浏览和编辑。

4.8.5 #line 指令

#line 指令用于改变编译器在警告或报错信息中显示的文件名和行号信息。当发生警告或报错时，不再显示源程序中的实际位置，而是显示 #line 指定的行数。

```
#line 100                    // 指定行号为 100
#line 200 "test.cs"          // test.cs 替换原来的文件名作为编译输出文件名
```

4.9 组件与程序集

程序集是 .NET 框架应用程序的生成块。程序集构成了部署、版本控制、重复使用、激活范围控制和安全权限的基本单元。在前面创建的都是 .exe 文件，它属于一种程序集。另外一种程序集是类库，生成的是 .dll 文件。在介绍程序集之前，有必要了解一下组件的有关概念。

4.9.1 组件

在软件业发展的早期，一个应用系统往往是一个单独的应用程序。随着人们对软件的要

求越来越高，应用系统越来越复杂，程序越来越庞大，系统开发的难度也越来越大。从软件模型的角度考虑，人们将庞大的应用程序分割成为多个模块，每个模块完成独立的功能，模块之间协同工作，我们将这样的模块称为组件。这些组件可以单独开发、单独编译、单独测试，把所有的组件组合在一起就得到了完整的系统。

组件有不同的定义方式。广义的定义是组件包括二进制代码，也就是说，它是可执行的代码，而不是未编译的源代码。从这个意义上来说，DLL 文件就是一种组件。狭义的概念是组件提供一种手段，将内容告诉其他程序，而程序集具有这样的功能。最严格的定义要求组件提供已知的接口，释放不再使用的系统资源，并提供与设计工具的集成功能。在 .NET 框架中，组件是指实现 System.ComponentModel.IComponent 接口的一个类，或从实现 IComponent 的类中直接或间接派生的类。.NET 框架组件满足这一要求。

在使用 Windows 程序时，经常会遇到 DLL hell（DLL 地狱）。简单地讲，DLL hell 是指当多个应用程序试图共享一个公用组件（如某个动态链接库 DLL）或某个组件对象模型（COM 类）时所引发的一系列问题。最典型的情况是，某个应用程序要安装一个新版本的共享组件，而该组件与机器上的现有版本不兼容。虽然刚安装的应用程序运行正常，但依赖前一版本共享组件的应用程序也许无法再工作。

Windows 程序的另外一个问题是其复杂的安装过程。当安装一个应用程序时，安装文件经常要被复制到许多目录中，还要更新注册表，并在桌面、开始菜单和快速启动工具栏上创建快捷方式。这造成备份应用程序困难，应用程序的移植也很困难的问题。

4.9.2 程序集

在 .NET 中使用的程序集包括完全自我说明的描述程序集的数据，称为元数据。这样，当程序执行时不需要到其他目录或注册表中查询包含在程序集中的对象的信息。在此基础之上，程序集的安装只要复制程序集中的所有文件即可。同一个程序集可以同时在系统上运行，.NET 在很大程度上解决了 DLL hell 问题。在安全问题上，.NET 框架包含代码访问安全（code access security）的新型安全模型。Windows 安全是基于用户的身份，代码访问安全则是基于程序集的标识，我们可以自己决定程序集的安全许可，如信任微软发布的程序集，或者不信任何从网上下载的程序集，.NET 框架为计算机中安装内容和运行的程序提供更多的控制权。

包含一个文件的程序集的结构如图 4-32 所示。

在以前的组件技术中并没有引入清单的概念，.NET 程序集的清单是自我说明的基础，也称为程序集元数据。清单中的内容包括程序集中有哪些模块，程序集引用了哪些模块等。类型元数据中放置的是类、属性和方法等的说明。MSIL（微软中间语言，Microsoft Intermediate Language）是所有的 .NET 语言程序被 .NET 编译器编译而成的二进制代码。最后，资源是指如图像、图标和消息文件那样的不可执行的部分。

程序集也有可能包含多个文件。包含多个文件的程序集的结构如图 4-33 所示。

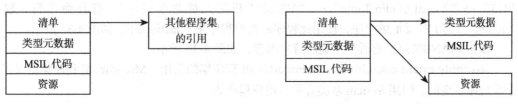

图 4-32 单文件的程序集的结构   图 4-33 多文件的程序集的结构

包含多个文件的程序集中只能有一个文件中包含清单，清单指向程序集中的其他文件。包含可执行代码的文件称为模块，它包含类型元数据和 MSIL 代码。

下面将创建一个单文件的程序集，然后引用它。

【例 4.30】 程序集示例。

在 VS 2015 中创建类库 Function，如图 4-34 所示。

图 4-34　VS 2015 中创建类库

Function 的源程序如下：

```csharp
using System;
namespace Function
{
    public class DigitCount
    {
        // 计算字符串中的数字个数
        public static int NumberOfDigits(string TheString)
        {
            int Count = 0;
            for (int i = 0; i < TheString.Length; i++)
            {
                if (Char.IsDigit(TheString[i]))
                {
                    Count++;
                }
            }
            return Count;
        }
    }
}
```

编译生成文件 Function.dll。这里依次单击"开始"→"所有程序"→"Visual Studio 2015"→"Visual Studio Tools"→"VS 2015 开发人员命令提示"，打开命令行，输入"ildasm"启动 IL 反汇编程序，使用此程序来查看程序集 Function.dll，如图 4-35 所示。

双击 MANIFEST，查看程序集的清单内容，如图 4-36 所示。

.assembly extern mscorlib 表示对 mscorlib.dll 程序集的引用。Mscorlib.dll 程序集定义了整个系统命名空间。引用 System 基类必须引用该程序集。

.assembly Function 是对自身程序集的声明。

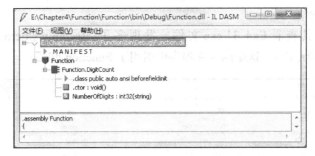

图 4-35　使用 IL 反汇编程序查看程序集

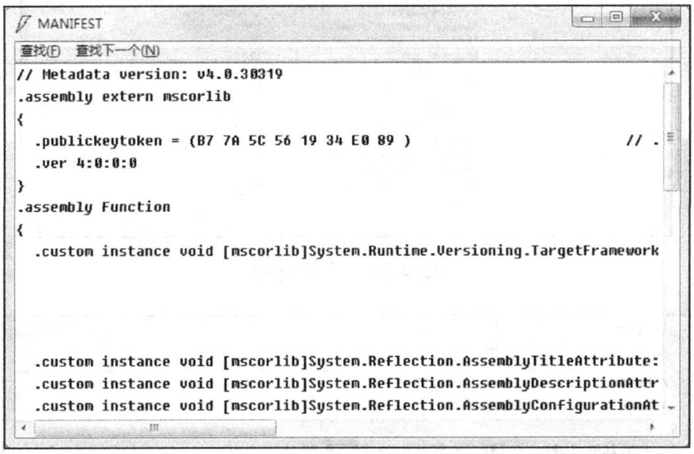

```
// Metadata version: v4.0.30319
.assembly extern mscorlib
{
  .publickeytoken = (B7 7A 5C 56 19 34 E0 89 )                    // .
  .ver 4:0:0:0
}
.assembly Function
{
  .custom instance void [mscorlib]System.Runtime.Versioning.TargetFramework

  .custom instance void [mscorlib]System.Reflection.AssemblyTitleAttribute:
  .custom instance void [mscorlib]System.Reflection.AssemblyDescriptionAttr
  .custom instance void [mscorlib]System.Reflection.AssemblyConfigurationAt
```

图 4-36　程序集的清单

.module Function.dll 表示这个程序集只有一个文件，因此只有一个 .module 声明。如果有多个文件，则有多个 .module 声明。

清单中还包括程序集的属性，此属性的说明都放在文件 AssemblyInfo.cs 中，内容包括程序集的版本号、名称等。

下面就来引用程序集。

【例 4.31】　在 Visual Studio 2015 中创建一个控制台程序，引用程序集 Function.dll。

```
using System;
using Function;                                  // 引用 Function.dll 程序集
class FunctionClient
{
    public static void Main()
    {
        string s;
        Console.WriteLine("请输入字符串:");
        s = Console.ReadLine();
        Console.WriteLine("The Digit Count for String [{0}] is [{1}]",s, DigitCount.
            NumberOfDigits(s));
        Console.Read();
    }
}
```

为了引用 Function.dll，必须在 Visual Studio 的"项目"菜单中选择"添加引用"，单击"浏览"按钮，找到 Function.dll 文件并打开，最后单击"确定"按钮。编译生成 Ex4_31.exe

文件，如图 4-37 所示。

再用 ildasm 工具查看 Ex4_31.exe 文件，发现多了 .assembly extern Function 一行，如图 4-38 所示（下划线标出）。这是因为在程序中引用了 Function.dll。

图 4-37　添加引用

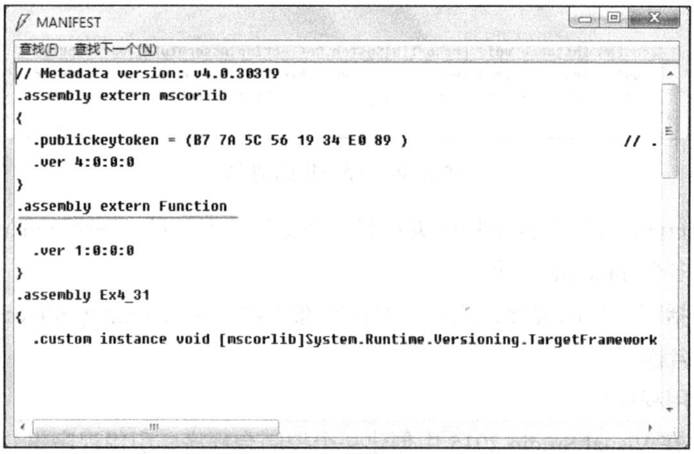

图 4-38　文件中多了一行

4.10　泛型

泛型是 2.0 版 C# 语言和公共语言运行库（CLR）中的一个新功能。泛型将类型参数的概念引入 .NET Framework，类型参数使得设计如下类和方法成为可能：这些类和方法将一个或多个类型的指定推迟到客户端代码声明并实例化该类或方法的时候。例如，通过使用泛型类型参数 T，可以编写其他客户端代码能够使用的单个类，而不会引入运行时强制转换或装箱操作的成本或风险。

通常一个方法或过程的签名都有明确的数据类型，如：

```
public void ProcessData(int i){}
public void ProcessData(string i){}
public void ProcessData(double i){}
```

　　这些方法的签名中的 int、string 和 double 都是明确的数据类型，在访问这些方法的过程时需要提供确定类型的参数。

```
ProcessData(123);
ProcessData("abc");
ProcessData("12.34");
```

　　如果将 int、string 和 double 这些类型当成一种参数传给方法的时候，方法的定义便是这样：

```
public void ProcessData<T>(T t){}          // T是int、string和double这些数据类型的指代
```

　　用户在调用的时候如下所示：

```
ProcessData<int>(123);
ProcessData<string>("abc");
ProcessData<double>(12.34);
```

　　这与通常的那些定义的最大区别是，方法的定义实现过程只有一个。但是它具有处理不同的数据类型数据的能力。

　　【例 4.32】　利用泛型设计一个简单的绩点计算器。

```
namespace Ex4_32
{
    public class Student<N, A>          // 定义泛型类
    {
        // 泛型类的类型参数可用于类成员
        private N _n;
        private A _a;
        private double _j;
        public Student(N n, A a)        // 构造函数
        {
            this._n = n;
            this._a = a;
            int thesco = Convert.ToInt32(a);
            if (thesco >= 90)
            { _j = 4; }
            else if (thesco >= 85)
            { _j = 3.7; }
            else if (thesco >= 82)
            { _j = 3.3; }
            else if (thesco >= 78)
            { _j = 3; }
            else if (thesco >= 75)
            { _j = 2.7; }
            else if (thesco >= 72)
            { _j = 2.3; }
            else if (thesco >= 68)
            { _j = 2; }
            else if (thesco >= 64)
            { _j = 1.5; }
            else if (thesco >= 60)
            { _j = 1; }
            else
            { _j = 0; }
        }
        public void SetValue()          // 定义方法
        {
```

```
            Console.WriteLine(_n.ToString() + ",你好,你输入的分数为: " + _a.ToString());
        }
        public string Process<W>(W w)                        // 定义泛型函数
        { return w.ToString() + _j.ToString(); }
    }


    class Program
    {
        static void Main(string[] args)
        {
            Console.WriteLine("请输入姓名和成绩");
            string name = Console.ReadLine();
            int sco = Convert.ToInt32(Console.ReadLine());
            // 使用 string,int 来实例化 Student<N, A> 类
            Student<string, int> s1 = new Student<string, int>(name, sco);
            s1.SetValue();                                    // 调用泛型类中的方法
            Console.WriteLine(s1.Process<string>("绩点为: "));  // 调用泛型函数
            Console.Read();
        }
    }
}
```

运行结果如图 4-39 所示。

图 4-39　例 4.32 的运行结果

第 5 章

Windows 应用程序开发

Windows 窗体是用于 Microsoft Windows 应用程序开发的、基于 .NET 框架的新平台。此框架提供一个有条理的、面向对象的、可扩展的类集，用于开发丰富的 Windows 应用程序。另外，Windows 窗体可作为多层分布式解决方案中的本地用户界面。

在这一章中，将向读者介绍 Windows 窗体以及 Windows 窗体的常用控件，如何使用菜单、工具栏、状态栏和通用对话框，以及单文档界面和多文档界面等知识。

5.1 开发应用程序的步骤

利用 Visual C# 开发应用程序一般包括建立项目、界面设计、属性设计、代码设计等步骤。下面以一个加法运算的简单示例说明开发应用程序的具体步骤和方法。

【例 5.1】 加法运算程序。

1. 建立项目

在 Visual Studio 开发环境中选择"文件"菜单，单击"新建"选项中的"项目"，在"已安装"→"模板"列表中指定" Visual C#"→" Windows"项目。在中间的模板列表里指定" Windows 窗体应用程序"作为模板，表示将以 Visual C# 作为程序设计语言，建立一个基于 Windows 界面的窗体应用程序。同时，在"位置"和"名称"列表框中选择文件的保存位置并设定项目文件的名字。然后，单击"确定"，返回 Visual Studio 的主界面。

2. 界面设计

在 Visual Studio 的主界面，系统提供了一个缺省的窗体。可以通过工具箱向其中添加各种控件来设计应用程序的界面。具体操作方法是：用鼠标按住工具箱中需要添加的控件，然后拖放到窗体中即可。本例向窗体中分别添加 2 个 button 控件、3 个 label 控件和 3 个 textBox 控件，调整各个控件的大小和位置如图 5-1 所示。

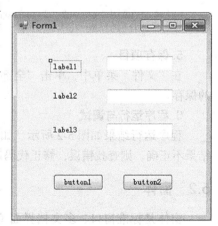

图 5-1 应用程序设计界面图

3. 设置属性

首先，在窗体中选中控件。然后，在属性窗口设置该控件相应的属性。如表 5-1 所示。

表 5-1 控件属性

名　称	属　性	设　置　值
label1	text	操作数 1
label2	text	操作数 2
label3	text	运算结果
textBox1	text	空
textBox2	text	空
textBox3	text	空

4. 编写程序代码

分别双击两个按钮控件，进入开发环境的代码编辑器。编写代码如下：

```
private void button1_Click(object sender, EventArgs e)
{
    long op1, op2, result;
    if ((textBox1.Text == "") || (textBox2.Text == ""))
    {
        MessageBox.Show(this, "null", "msg", MessageBoxButtons.OK,MessageBoxIcon.
            Information);
        return;
    }
    try
    {
        op1 = Convert.ToInt64(textBox1.Text);
        op2 = Convert.ToInt64(textBox2.Text);
        result = op1 + op2;
        textBox3.Text = Convert.ToString(result);
    }
    catch (Exception el)
    {
        MessageBox.Show
        (this, el.Message, "msg", MessageBoxButtons.OK, MessageBoxIcon.Warning);
    }
}
private void button2_Click(object sender, EventArgs e)
{    this.Close();    }
```

5. 保存项目

在"文件"菜单中，单击"全部保存"或在工具条中单击"保存"按钮，即可完成项目的保存。

6. 程序运行与调试

程序运行结果如图 5-2 所示。如果运行出错或者运行结果不正确，则查找错误，修正代码后运行。

5.2 窗体

窗体是标准窗口、多文档界面（MDI）窗口、对话框或图形化例程的显示表面。可以将控件放入窗体来定义

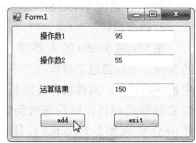

图 5-2 应用程序运行

用户界面。窗体是对象，这些对象可以定义其外观的属性和行为的方法以及其与用户的交互事件。通过设置窗体的属性以及编写响应其事件的代码，可自定义该对象以满足应用程序的要求。

与 .NET 框架中的所有对象一样，窗体是类的实例。用"Windows 窗体设计器"创建的窗体是类，它是用来创建窗体的模板。框架使得可以从现有窗体继承，以便添加功能或修改现有行为。当向项目添加窗体时，可选择是从框架提供的 Form 类继承还是从以前创建的窗体继承。窗体也是控件，因为它从 Control 类继承。

在 Windows 窗体项目内，窗体是用户交互的主要载体。通过组合不同控件集和编写代码，可从用户得到信息并响应该信息、使用现有数据存储，以及查询并写回用户本地计算机上的文件系统和注册表中。窗体可以在"代码编辑器"中创建，也可以使用"Windows 窗体设计器"创建和修改。

5.2.1　创建 Windows 应用程序项目

在"文件"菜单上选择"新建"，然后选择"项目"。在左侧窗格中选择所需语言；在右侧窗格中选择"Windows 窗体应用程序"。打开"Windows 窗体设计器"，显示所创建项目，图 5-3 所示的是在解决方案资源管理器中显示所创建的项目。

系统包含 3 种窗体样式：

1）单文档界面（SDI）：例如，Microsoft Windows 中包括的"写字板"应用程序就是 SDI 类型的界面。在"写字板"中，只能打开一个文档；打开另一个文档会自动关闭一个已经打开的文档。

2）多文档界面（MDI）：例如，Microsoft Word、Microsoft Excel 等就是多文档界面（MDI）应用程序。

3）资源管理器样式界面：例如，Windows 资源管理器。

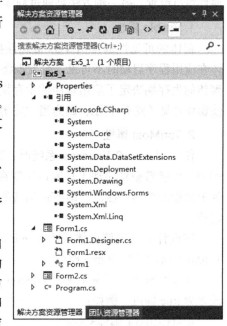

图 5-3　创建的项目

Windows 应用程序可能需要多个窗体，可以向项目添加多个窗体。要添加从"Forms"类继承的 Windows 窗体，只要在"解决方案资源管理器"中右击项目并选择"添加"，然后选择"Windows 窗体"即可。要添加从以前创建的窗体类继承的 Windows 窗体，只要在"解决方案资源管理器"中右击项目并选择"添加"，然后选择"继承的窗体"即可。

在"Windows 窗体设计器"内，可查看项目内的窗体及其控件。

在"解决方案资源管理器"中双击窗体，可以在"Windows 窗体设计器"中看到窗体。如果"解决方案资源管理器"不可见，可按 Ctrl+Alt+L 组合键显示它，或者从"视图"菜单中选择显示。在"解决方案资源管理器"中，选择该窗体，然后单击"查看代码"按钮，就可以查看窗体的代码。另外，双击窗体或其控件将切换到代码视图，并添加该控件的默认事件处理程序。例如，双击 Button 控件将显示代码编辑器并添加 Button_Click 事件处理程序。

5.2.2 选择启动窗体

从"新建项目"对话框中选择"Windows 窗体应用程序"所创建的窗体,在默认情况下将成为启动窗体(这里假定为 Form1)。启动窗体可以根据需要进行设置或更改,在"解决方案资源管理器"中打开 Program.cs 文件,若要使项目中的 Form2 窗体成为启动窗体,在 Main 方法中将 Form1 修改为 Form2 即可,代码如下:

```
[STAThread]
static void Main()
{
    Application.EnableVisualStyles();
    Application.SetCompatibleTextRenderingDefault(false);
    Application.Run(new Form2());
}
```

5.2.3 窗体属性

窗体的属性决定了窗体的外观和操作,有两种方法可以设置窗体属性:一种方法是通过属性窗口设置,另一种方法是通过程序代码设置。下面介绍 Windows 窗体的常用属性。

1. Visible 属性

窗体的可见性通常由 Visible 属性控制。在事件中,如果希望 Windows 应用程序的主窗体在应用程序启动时不可见,会发现将它的 Visible 属性设置为假的方法无效,因为通常启动窗体的生存期决定了应用程序的生存期,只要将应用程序的启动变为一个模块,就可以随意使窗体可见(或不可见),因为当"关闭"模块时,应用程序的生存期也随之结束。

2. TopMost 属性

使用 Microsoft Windows 系统时,顶端的窗体始终位于指定应用程序中所有窗口的前面。例如,可能希望将浮动工具窗口保持在应用程序主窗口的前面。TopMost 属性控制窗体是否为最顶端的窗体。注意,即使最顶端的窗体没有处于活动状态,它也会浮在其他非顶端窗体之前。

在设计时,要使窗体成为 Windows 应用程序中顶端的窗体,只要在"属性"窗口中将 TopMost 属性设置为 true 即可。

要以编程方式使窗体成为 Windows 窗体应用程序中最顶端的窗体,只要将 TopMost 属性设置为 true 即可。例如:

```
public void MakeOnTop()
{
    myTopForm.TopMost = true;                //myTopForm 为需要设置为最顶端的窗体
}
```

3. FormBorderStyle 属性

当确定 Windows 窗体的外观时,有几种边框样式可供选择,如表 5-2 所示。通过更改 FormBorderStyle 属性,可控制和调整窗体的大小。另外,设置 FormBorderStyle 属性还会影响标题栏如何显示及标题栏上出现什么按钮。

表 5-2 窗体的边框样式

设 置	说 明
无	没有边框或与边框相关的元素,用于启动窗体

（续）

设 置	说 明
固定三维	当需要三维边框效果时使用。不可调整大小，可在标题栏上包括控件菜单栏、标题栏、最大化和最小化按钮。用于创建相对于窗体主体凸起的边框
固定对话框	用于对话框。不可调整大小，可在标题栏上包括控件菜单栏、标题栏、最大化和最小化按钮。用于创建相对于窗体主体凹进的边框
固定单线边框	不可调整大小。可包括控件菜单栏、标题栏、最大化和最小化按钮。只能使用最大化和最小化按钮改变大小。用于创建单线边框
固定工具窗口	显示不可调整大小的窗口，其中包含"关闭"按钮和以缩小字体显示的标题栏文本。该窗体不在 Windows 任务栏中出现。用于工具窗口
可调整大小	该项为默认项，可调整大小，经常用于主窗口。可包括控件菜单栏、标题栏、最大化和最小化按钮。鼠标指针在任何边缘处均可调整大小
可调整大小的工具窗口	用于工具窗口。显示可调整大小的窗口，其中包括"关闭"按钮和以缩小字体显示的标题栏文本。该窗体不在 Windows 任务栏中出现

注意：

上述所有边框样式（除"无"设置外）都在标题栏的右侧有一个"关闭"按钮。

4. Location 属性

Location 属性值可指定窗体在计算机屏幕上的显示位置。它以像素为单位指定窗体左上角的位置。还需要设置 StartPosition 属性，以指示显示区域的边界。

Windows 应用程序的 StartPosition 属性的默认设置是"WindowsDefaultLocation"，该设置通知操作系统在启动时根据当前硬件计算该窗体的最佳位置。另一种选择是将 StartPosition 属性设置为 Center，然后在代码中更改窗体的位置。

（1）使用"属性"窗口定位窗体

在"属性"窗口中，从下拉菜单选择窗体。将窗体的 StartPosition 属性设置为 Manual。为 Location 属性键入值（以逗号分隔）来定位该窗体，其中第 1 个数字（X）是到显示区域左边界的距离（像素），第 2 个数字（Y）是到显示区域上边界的距离（像素）。可以展开 Location 属性，分别输入 X 和 Y 子属性值。

（2）以编程方式定位窗体

在运行时，可将窗体的 Location 属性设置为 Point 来定义窗体的位置，例如：

```
Form1.Location = new Point (100, 100);
```

或使用 Left 子属性（用于 X 坐标）和 Top 子属性（用于 Y 坐标）更改窗体位置的 X 坐标和 Y 坐标。例如，将窗体的 X 坐标调整为 300 个像素点：

```
Form1.Left = 300;
```

（3）窗体中控件的位置

控件是窗体上的一个组件，用于显示信息或接受用户输入。大多数窗体都是通过将控件添加到窗体表面来定义控件的位置的。

（4）将控件拖动到窗体上

在"工具箱"中，单击所需控件并将其拖动到窗体上，也可双击"工具箱"中的控件，将该控件按其默认大小添加到窗体的左上角。

在运行时，可动态地将控件添加到窗体中。在下面的示例中，当单击"按钮"（Button）

控件时,"文本框"(TextBox)控件将添加到窗体中。

在窗体的类的内部,在处理按钮的 Click 事件的方法中,插入类似以下内容的代码,以添加对控件变量的引用,设置控件的"位置",然后添加该控件:

```
private void button1_Click(object sender, System.EventArgs e)
{
        TextBox myText = new TextBox();
        myText.Location = new Point(25,25);
        this.Controls.Add (myText);
}
```

5.2.4 窗体的常用方法和事件

1. 窗体的常用方法

Form 类有很多方法,下面列出几种常用的方法。

1)Close() 方法。窗体关闭,释放所有资源。如果窗体是主窗体,执行 Close() 方法后程序结束。

2)Hide() 方法。隐藏窗体,但不破坏窗体,也不释放资源,可以使用 Show() 方法重新打开。

3)Show() 方法。显示窗体。

2. 窗体的常用事件

Form 类的事件允许响应对窗体执行的操作,常用的事件有以下几种。

1)Load。在窗体显示之前发生,可以在此事件处理函数中做一些初始化的工作。

2)Click。鼠标单击窗体时发生。

3)GotFocus。窗体获得焦点时发生。

4)Closed。关闭窗口时发生。

5)Activated。激活窗体时发生。

【例 5.2】 设计一个 WinForm 应用程序,可以调节窗体的透明度。

从工具箱中拖拽 2 个"Button"控件到窗体上。设置窗体和控件的属性,如表 5-3 所示。

表 5-3 属性设置

类别	名称	属性	设置值
Form	FormOpacity	text	可调节透明度的窗体
Button	BtnAdd	text	增加透明度
	BtnSub	text	降低透明度

表中窗体与控件的名称是指窗体与控件的 name 属性值,在窗体设计器中分别双击两个按钮,在代码编辑窗口中添加代码,如下所示:

```
private void BtnAdd_Click(object sender, EventArgs e)
{   this.Opacity += 0.1;  }
private void BtnSub_Click(object sender, EventArgs e)
{
    if (this.Opacity > 0.2)
    { this.Opacity -= 0.1; }
    else
    { this.Close(); }                            // 关闭程序
}
```

运行程序，调节窗体透明度前后如图 5-4 和图 5-5 所示。

图 5-4　调节窗体透明度前

图 5-5　调节窗体透明度后

 说明：

　　窗体的 Opacity 属性指定窗体及其控件的透明度级别。当将此属性设置为小于100%（1.00）的值时，将使整个窗体（包括边框）更透明；将此属性设置为值0%（0.00）时，将使该窗体完全不可见。可以使用此属性提供不同级别的透明度，或者提供如窗体逐渐进入或退出视野这样的效果。例如，可以通过将 Opacity 属性设置为值0%（0.00），并逐渐增加该值直到它达到 100%（1.00）来使某窗体逐渐进入视野。

5.3　Windows 控件的使用

5.3.1　常用控件

1. Control 类

　　Control 类是"可视化组件"的基类，因此它是图形化用户界面的基础，属于 System.Windows.Forms 命名空间，如图 5-6 所示。

　　控件（Control）类是 Windows 大部分控件的基础类。控件类是一个非常复杂的类，它拥有很多属性、方法和事件。在这里列出主要的成员，以便读者对控件有一个感性的认识。

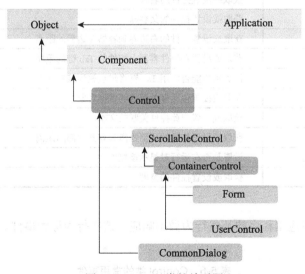
图 5-6　Control 类的关系图

2. 常用控件

表 5-4 列出了 C# 常用的 Windows 窗体控件。

表 5-4　常用的 Windows 窗体控件

控件名称	控件含义	控件名称	控件含义
Label	标签	ListBox	列表框
LinkLabel	链接标签	ListView	列表视图
Button	按钮	ComboBox	组合框
TextBox	文本框	StatusBar	状态栏
RadioButton	单选按钮	ToolBar	工具栏
CheckBox	复选框	GroupBox	分组框
PictureBox	图片框	Timer	定时器

3. 常用属性

大多数控件属性都派生于 System.Windows.Forms.Control 类，所以它们具有一些共同的属性，如表 5-5 所示。

表 5-5　Control 类的常用属性

属　性	含　义
Anchor	设置控件的哪个边缘锚定到其容器边缘
Dock	设置控件停靠到父容器的哪个边缘
BackColor	获取或设置控件的背景色
Cursor	获取或设置当鼠标指针位于控件上时显示的光标
Enabled	设置控件是否可以对用户交互做出响应
Font	设置或获取控件显示文字的字体
ForeColor	获取或设置控件的前景色
Height	获取或设置控件的高度
Left	获取或设置控件的左边界到容器左边界的距离
Name	获取或设置控件的名称
Parent	获取或设置控件的父容器
Right	获取或设置控件的右边界到容器左边界的距离
TabIndex	获取或设置在控件容器上控件的 Tab 键的顺序
TabStop	设置用户能否使用 Tab 键将焦点放到该控件上
Tag	获取或设置包括有关控件的数据对象
Text	获取或设置与此控件关联的文本
Top	获取或设置控件的顶部距离其容器顶部的距离
Visible	设置是否在运行时显示该控件
Width	获取或设置控件的宽度

4. 常用事件

控件能对用户或应用程序的某些行为做出响应，这些行为称为事件。Control 类的常用事件如表 5-6 所示。

表 5-6　Control 类的常用事件

事　件	含　义
Click	单击控件时发生
DoubleClick	双击控件时发生

（续）

事　件	含　义
DragDrop	当一个对象被拖拽到控件上，用户释放鼠标时发生
DragEnter	当被拖动的对象进入控件的边界时发生
DragLeave	当被拖动的对象离开控件的边界时发生
DragOver	当被拖动的对象在控件的范围内时发生
KeyDown	在控件有焦点的情况下，按下任意键时发生，在 KeyPress 前发生
KeyPress	在控件有焦点的情况下，按下任意键时发生，在 KeyUp 前发生
KeyUp	在控件有焦点的情况下，释放键时发生
GetFocus	在控件接收焦点时发生
LostFocus	在控件失去焦点时发生
MouseDown	当鼠标指针位于控件上并按下鼠标键时发生
MouseMove	当鼠标指针移到控件上时发生
MouseUp	当鼠标指针位于控件上并释放鼠标键时发生
Paint	重绘控件时发生
Validated	在控件完成验证时发生
Validating	在控件正在验证时发生
Resize	在调整控件大小时发生

5.3.2　Label 控件和 LinkLabel 控件

Windows 窗体中的 Label 控件用于显示用户不能编辑的文本或图像。例如，可以使用标签向文本框、列表框和组合框等添加描述性标题。也可以编写代码，使标签显示的文本为响应运行时事件的信息。例如，如果应用程序需要几分钟时间处理更改，则可以在标签中显示处理状态的消息。

Label 控件也可以用来为其他控件定义访问键。在 Label 控件中定义访问键时，用户可以按 ALT 键和指定字符将焦点移动到 Tab 键顺序中的下一个控件上。因为标签无法接收焦点，所以焦点将自动移动到 Tab 键顺序中的下一个控件上。

标签中显示的标题包含在 Text 属性中，文本在标签内的对齐方式可以通过 Alignment 属性设置。

【例 5.3】　向带标签的控件分配访问键。

打开项目和窗体，先建立一个标签，然后按任意顺序绘制控件，并将该标签的 TabIndex 属性设置为比另一个控件小 1。将该标签的 UseMnemonic 属性设置为 true。在该标签的 Text 属性中使用"and"符号（&）为该标签分配访问键。

需要注意的是，如果将 Label 控件绑定到记录集内的字段，而该字段中的数据包含"&"符号，希望在 Label 控件中显示"&"符号，而不是使用这些符号创建访问键，那么要将 UseMnemonic 属性设置为 false。如果希望显示"&"符号并且有访问键，则将 UseMnemonic 属性设置为 true，使用一个 & 符号指示该访问键，使用两个"&"符号则显示"&"符号。

例如：

```
label1.UseMnemonic = true;
label1.Text = "&Print";
label2.UseMnemonic = true;
label2.Text = "&Copy && Paste";
```

Windows 窗体中的 LinkLabel 控件和 Label 控件有许多共同之处, 凡是使用 Label 控件的地方都可以使用 LinkLabel 控件。此外, LinkLabel 控件可以向 Windows 窗体应用程序添加 Web 样式的链接。它可以将文本的一部分设置为指向某个对象或 Web 页的链接。

除了具有 Label 控件的所有属性、方法和事件以外, LinkLabel 控件还有用于超级链接和链接颜色的属性。LinkArea 属性设置激活链接的文本区域。LinkColor、VisitedLinkColor 和 ActiveLinkColor 属性设置链接的颜色。单击链接后, 通过更改链接的颜色来指示该链接已被访问。LinkClicked 事件确定选定链接文本后将要进行的操作。

LinkLabel 控件的最简单用法是使用 LinkArea 属性显示一个链接, 也可以使用 Links 属性显示多个超级链接。Links 属性可以访问一个由链接组成的集合, 也可以在各个 Link 对象的 LinkData 属性中指定数据。LinkData 属性的值可以用来存储要显示文件的位置或 Web 站点的地址。

【例 5.4】 使用 LinkLabel 控件链接到另一个窗体。

将 Text 属性设置为 "打开另一窗体"。设置 LinkArea 属性, 将标题的全部指示为链接, 指示的方式取决于该链接标签与外观相关的属性, 这里使用默认值。

在 LinkClicked 事件处理程序中, 调用 Show 方法以打开项目中的另一个窗体, 并将 LinkVisited 属性设置为 true。如图 5-7 所示。

```
private void linkLabel1_LinkClicked(object sender, LinkLabelLinkClickedEventArgs e)
{
    // 显示另一个窗口
    Form f2 = new Form();
    f2.Show();
    linkLabel1.LinkVisited = true;
}
```

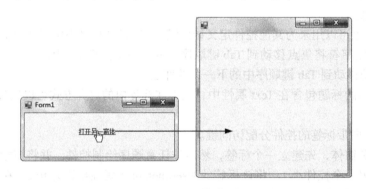

图 5-7　链接到另一个窗体

LinkLabel 控件还可用于使用默认浏览器显示 Web 页。

【例 5.5】 使用 LinkLabel 控件启动 Internet Explorer 并链接到 Web 页。

将 Text 属性设置为适当的标题。设置 LinkArea 属性, 以确定将标题的哪一部分指示为链接。

在 LinkClicked 事件处理程序中, 将 LinkVisited 属性设置为 true, 并使用 Process.Start 方法以某个 URL 启动默认浏览器。若要使用 Process.Start 方法, 需要向 System.Diagnostics 命名空间添加一个引用。

代码如下：

```
private void linkLabel1_LinkClicked(object sender, LinkLabelLinkClickedEventArgs e)
{
    // 通过设置 LinkVisited 属性为 true 来改变链接文本的颜色
    linkLabel1.LinkVisited = true;
    // 调用 Process.Start 方法来通过一个 URL 打开默认的浏览器
    System.Diagnostics.Process.Start("http://www.Microsoft.com");
}
```

5.3.3　Button 控件

Windows 窗体中的 Button 控件允许用户通过单击来执行操作。每当用户单击按钮时，即调用 Click 事件处理程序。可将代码放入 Click 事件处理程序来执行所需要的操作。

按钮上显示的文本包含在 Text 属性中。如果文本超出按钮宽度，则换到下一行。如果控件无法容纳文本的总体高度，则将剪裁文本。Text 属性可以包含访问键，允许用户通过同时按 ALT 键和访问键来单击控件。文本的外观受 Font 属性和 TextAlign 属性控制。Button 控件还可以使用 Image 和 ImageList 属性显示图像。

在任何 Windows 窗体上都可以指定某个 Button 控件为接受按钮（也称作默认按钮）。每当用户按 ENTER 键时，即单击默认按钮，而不管当前窗体上其他哪个控件具有焦点。在设计器中指定接受按钮的方法是：选择按钮驻留的窗体，在"属性"窗口中将窗体的 AcceptButton 属性设置为 Button 控件的名称。也可以以编程方式指定接受按钮，在代码中将窗体的 AcceptButton 属性设置为适当的 Button 控件。例如：

```
private void SetDefault(Button myDefaultBtn)
{
    this.AcceptButton = myDefaultBtn;
}
```

在任何 Windows 窗体上都可以指定某个 Button 控件为取消按钮。每当用户按 ESC 键时，即单击取消按钮，而不管窗体上的其他哪个控件具有焦点。通常设计这样的按钮可以允许用户快速退出操作而无须执行任何动作。

在设计器中指定取消按钮的方法如下：选择按钮驻留的窗体后，在"属性"窗口中将窗体的 CancelButton 属性设置为 Button 控件的名称。也可以以编程方式指定取消按钮，将窗体的 CancelButton 属性设置为适当的 Button 控件。例如：

```
private void SetCancelButton(Button myCancelBtn)
{
    this.CancelButton = myCancelBtn;
}
```

Windows 窗体中的 Button 控件的最基本用法是在单击按钮时运行某些代码。例如：

```
private void button1_Click(object sender, System.EventArgs e)
{
    MessageBox.Show("button1 已按下 ");
}
```

Button 控件最常用的事件是 Click，单击 Button 控件还可以生成许多其他事件，如 MouseEnter、MouseDown 和 MouseUp 事件。

Button 控件不支持双击事件，如果用户尝试双击 Button 控件，将分别按单击处理。

5.3.4　TextBox 控件

Windows 窗体中的文本框用于获取用户输入或显示的文本。TextBox 控件通常用于可编辑文本，不过也可使其成为只读控件。文本框可以显示多行，这时它会对文本换行使其符合控件的大小。TextBox 控件只能对显示或输入的文本提供单个格式化样式。若要显示多种类型的带格式文本，可以使用 RichTextBox 控件。

控件显示的文本包含在 Text 属性中。默认情况下，最多可在一个文本框中输入 2048 个字符。如果将 MultiLine 属性设置为 true，则最多可输入 32 KB 的文本。Text 属性可以在设计时使用"属性"窗口设置，也可以在运行时用代码设置，或者在运行时通过用户输入来设置。在运行时通过读取 Text 属性可得到文本框的当前内容。

下面的代码在运行时设置控件中的文本。

```
private void InitializeMyControl()
{
        // 初始化把文本放入控件中
        textBox1.Text = "这是一个 TextBox 控件";
}
```

InitializeMyControl 过程不会自动执行，而是要进行调用。

文本框控件最常用的事件是 TextChanged 事件。当文本框的内容发生变化时就触发这个事件。

TextBox 控件的应用很广，下面分别说明。

1. 控制 TextBox 控件中字符的插入点

当 Windows 窗体中的 TextBox 控件最初收到焦点时，文本框内的默认插入位置是在现有文本的左边。用户可以使用键盘或鼠标来移动插入点。如果文本框失去焦点后又再次获得焦点，则插入点为用户上一次放置的位置。

应将 SelectionStart 属性设置为适当值。如果值为零，则插入点紧邻第一个字符的左边。将 SelectionLength 属性设置为要选择的文本的长度。

下面的代码总是将插入点返回到 0。当然，必须将 TextBox1_Enter 事件处理程序绑定到该控件。

```
private void textBox1_Enter(Object sender, System.EventArgs e)
{
    textBox1.SelectionStart = 0;
    textBox1.SelectionLength = 0;
}
```

在某些情况下，此行为可能给用户带来不便。在字处理应用程序中，用户可能希望新字符显示在现有文本的后面。在数据输入应用程序中，用户可能希望新字符替换现有项。通过修改 SelectionStart 属性和 SelectionLength 属性可以使插入点行为适合应用。

2. 创建密码文本框

密码框是一种 Windows 窗体文本框，它在用户键入字符串时显示占位符。

应将 TextBox 控件的 PasswordChar 属性设置为某个特定字符。PasswordChar 属性指定在文本框中显示的字符。例如，如果希望在密码框中显示星号，则在"属性"窗口中将 PasswordChar 属性指定为"*"。运行时，无论用户在文本框中键入什么字符，都显示为星号。

设置 MaxLength 属性确定可在文本框中键入多少字符。如果超过了最大长度，系统会发出声响，且文本框不再接受任何字符。注意，建议不设置此属性，因为黑客可能会利用密码的最大长度来试图猜测密码。

下面的代码将初始化一个文本框,此文本框接受最长可达 14 个字符的字符串,并显示星号来替代字符串。

```
private void InitializeMyControl()
{
        // 设置文本内容为空
        textBox1.Text = "";
        // 密码框的字符设为 "*"
        textBox1.PasswordChar = '*';
        // 控件不允许超过 14 个字符
        textBox1.MaxLength = 14;
}
```

3. 以编程方式选择文本

在 Windows 窗体的 TextBox 控件中,可以以编程方式选择文本。例如,如果创建一个可在文本中搜索特定字符串的函数,就可以选择那些文本,将找到的字符串的位置醒目地通报给读者。

将 SelectionStart 属性设置为要选择的文本的开始位置。SelectionStart 属性是一个数字,指示文本字符串内的插入点,值为 0 表示最左边的位置。如果将 SelectionStart 属性设置为等于或大于文本框内的字符数的值,则插入点被放在最后一个字符后。

将 SelectionLength 属性设置为要选择的文本的长度。SelectionLength 属性是一个设置插入点宽度的数值。如果将 SelectionLength 设置为大于 0 的数,则会选择该数目的字符,开始位置是当前插入点。

通过 SelectedText 属性访问选定的文本。

下面的代码将在控件的 Enter 事件发生时选择文本框的内容。必须将 TextBox1_Enter 事件处理程序绑定到控件。

```
private void textBox1_Enter(object sender, System.EventArgs e)
{
        textBox1.SelectionStart = 0;
        textBox1.SelectionLength = textBox1.Text.Length;
}
```

TextBox 控件还提供了一些方法,方便用户使用,如表 5-7 所示。

表 5-7   TextBox 控件的其他方法

方法名称	用　　途	方法名称	用　　途
Clear	清除文本框中的文本	Paste	用剪贴板中的内容替换文本框文本
AppendText	向文本框里添加文字	Select	在文本框中选择指定范围的文本
Copy	复制文本框的文本到剪贴板	SelectAll	选择文本框中的所有内容
Cut	剪切文本框的文本到剪贴板	Paste	用剪贴板中的内容替换文本框文本

下面给出 TextBox 的应用示例。

【例 5.6】 创建一个带垂直滚动条的多行 TextBox 控件。

```
private void Form1_Load(object sender, EventArgs e)
{
    // 创建一个 TextBox 控件
    TextBox textBox1 = new TextBox();
```

```
        textBox1.Location = new Point(80,55);
        // 设置为多行
        textBox1.Multiline = true;
        // 添加滚动
        textBox1.ScrollBars = ScrollBars.Vertical;
        // 允许换行
        textBox1.AcceptsReturn = true;
        // 允许使用 Tab 键
        textBox1.AcceptsTab = true;
        textBox1.WordWrap = true;
        // 设置初始值
        textBox1.Text = "Welcome!";
        this.Controls.Add(textBox1);
    }
```

运行结果如图 5-8 所示。

5.3.5 RadioButton 控件

RadioButton 控件旨在为用户提供两种或多种设置，以便从中选择其一。

当单击 RadioButton 控件时，其 Checked 属性设置为 true，并且调用 Click 事件处理程序。当 Checked 属性的值更改时，将引发 CheckedChanged 事件。如果 AutoCheck 属性设置为 true（默认），则当选择单选按钮时，将自动清除该组中的所有其他单选按钮。通常，仅当使用验证代码以确保选定的单选按钮是允许的选项时，才将该属性设置为

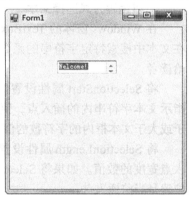

图 5-8　运行结果

false。用 Text 属性设置控件内显示的文本，该属性可以包含访问键快捷方式。访问键允许用户通过同时按 ALT 键和访问键来"单击"控件。

如果将 Appearance 属性设置为 Appearance.Button，则 RadioButton 控件的外观可以像命令按钮一样。当选定它时，它看似已被按下。单选按钮还可以使用 Image 和 ImageList 属性显示图像。

在一个容器（如 Panel 控件、GroupBox 控件或窗体）内绘制单选按钮即可将它们分组。添加到一个窗体中的所有单选按钮将形成一个组。若要添加不同的组，必须将它们放到面板或分组框中。

将 RadioButton 控件分组可使其独立于其他组工作。具体做法是：将 GroupBox 控件或 Panel 控件从"工具箱"的"Windows 窗体"选项卡拖到窗体上，然后在 GroupBox 控件或 Panel 控件上绘制 RadioButton 控件。

下面的代码创建和初始化一个 RadioButton，并为其赋予切换按钮的外观，同时将它的 AutoCheck 属性设置为 false，然后将它添加到 Form 中。代码如下：

```
private void InitializeMyRadioButton()
{
    RadioButton radioButton1 = new RadioButton();      // 创建一个 RadioButton
    radioButton1.Appearance = Appearance.Button;
    radioButton1.AutoCheck = false;                    // 选中时不传值
    Controls.Add(radioButton1);                        // 把 RadioButton 放入窗体中
}
```

5.3.6　CheckBox 控件

Windows 窗体复选框（CheckBox）虽然看起来和单选按钮复选框功能相似，却存在很大差异：当用户选择某单选按钮时，同一组中的其他单选按钮不能同时选定；相反，可以选择任意数目的复选框。

Windows 窗体中的 CheckBox 控件常用于为用户提供是 / 否或真 / 假选项。可以成组使用 CheckBox 控件以显示多重选项，用户可以从中选择一项或多项。多个复选框可以使用 GroupBox 控件进行分组。这对于可视外观以及用户界面设计很有用，因为成组控件可以在窗体设计器上一起移动。

CheckBox 控件有两个重要属性 Checked 和 CheckState。Checked 属性返回 true 或 false。CheckState 属性返回 CheckState.Checked（已选择）或 CheckState.Unchecked（未选择）；或者，如果 ThreeState 属性设置为 true，CheckState 还可能返回 CheckState.Indeterminate（不确定状态），在不确定状态下，复选框以浅灰色显示，以表示该选项不可用。

每当用户单击某 Windows 窗体中的 CheckBox 控件时，便发生 Click 事件。可以编写应用程序以根据复选框的状态执行某些操作。

在 Click 事件处理程序中，使用 Checked 属性确定控件的状态，以执行必要操作，示例代码如下：

```
private void checkBox1_Click(object sender, System.EventArgs e)
{
    // 复选框控件的文本属性在每次控件被单击的时候都会改变，表示被选择或者不被选择
    if (checkBox1.Checked)
    { checkBox1.Text = "Checked"; }
    else
    { checkBox1.Text = "Unchecked"; }
}
```

这里要注意的是，如果用户尝试双击 CheckBox 控件，每次单击将单独处理。也就是说，CheckBox 控件不支持双击事件。如果 AutoCheck 属性为 true（默认），当单击复选框时，CheckBox 自动被选中或取消选中。否则，当 Click 事件发生时，必须手动设置 Checked 属性。还可以使用 CheckBox 控件确定操作的进程。

使用 case 语句查询 CheckState 属性的值可以确定操作的进程。当 ThreeState 属性设置为 true 时，CheckState 属性可以返回三个可能值，表示该复选框已选择、未选择或不确定（此时复选框以浅灰色显示，表示该选项不可用）。

```
private void checkBox1_Click(object sender, System.EventArgs e)
{
    switch(checkBox1.CheckState){
    case CheckState.Checked:
        // 已选择状态
    case CheckState.Unchecked:
        // 未选择状态
    case CheckState.Indeterminate:
        // 不确定状态
    }
}
```

当 ThreeState 属性设置为 true 时，Checked 属性对 CheckState.Checked 和 CheckState.Indeterminate 均返回 true。

下面的代码检查 Checked 属性的值以确定其状态，并设置选项。

```
private void SetOptions()
{
    // 创建一个新的对象并且根据两个复选框控件的值设置它的属性
    // 必须为 "myobject" 设置一个合适的对象类型
    MyObject myObj = new MyObject();
    // 假设对象有两个叫作 "Property1" 和 "Property2" 的属性
    myObj.Property1 = CheckBox1.Checked;
    myObj.Property2 = CheckBox2.Checked;
}
```

5.3.7 ListBox 控件

ListBox 控件用于显示列表项，用户可从中选择一项或多项。如果总项数超出可以显示的项数，则自动向 ListBox 控件添加滚动条。当 MultiColumn 属性设置为 true 时，列表框以多列形式显示，并且会出现一个水平滚动条。当 MultiColumn 属性设置为 false 时，列表框以单列形式显示，并且会出现一个垂直滚动条。当 ScrollAlwaysVisible 设置为 true 时，无论项数多少都将显示滚动条。SelectionMode 属性确定一次可以选择多少个列表项。

SelectedIndex 属性返回对应于列表框中第一个选定项的整数值。通过在代码中更改 SelectedIndex 值，可以通过编程方式更改选定项。如果未选定任何项，则 SelectedIndex 值为 -1。如果选定了列表中的第一项，则 SelectedIndex 值为 0。当选定多项时，SelectedIndex 值反映列表中最先出现的选定项。SelectedItem 属性类似于 SelectedIndex，但它返回项本身，通常是字符串值。Items.Count 属性反映列表中的项数，并且 Items.Count 属性的值总比 SelectedIndex 的最大可能值大 1，因为 SelectedIndex 是从零开始的。

若要在 ListBox 控件中添加或删除项，可使用 Items.AddItems、Items.Insert、Items.Clear 或 Items.Remove 方法，或者在设计时使用 Items 属性向列表添加项。

【例 5.7】 创建一个 ListBox 控件，在该控件的多列中显示多个项，并且在控件列表中能够选定多个项。

设计窗体 Form1，在窗体中加入命令按钮 Button1，在 Button1 单击事件中加入以下代码：

```
private void button1_Click(object sender, EventArgs e)
{
    // 创建一个 ListBox
    ListBox listBox1 = new ListBox();
    // 设置大小和位置
    listBox1.Size = new System.Drawing.Size(200, 100);
    listBox1.Location = new System.Drawing.Point(10,10);
    this.Controls.Add(listBox1);
    // 显示多行
    listBox1.MultiColumn = true;
    // 设置可多行选择
    listBox1.SelectionMode = SelectionMode.MultiExtended;
    listBox1.BeginUpdate();
    for (int x = 1; x <= 50; x++)
    {  listBox1.Items.Add("Item " + x.ToString());  }
    listBox1.EndUpdate();
    // 选择 ListBox 中的三项
    listBox1.SetSelected(1, true);
    listBox1.SetSelected(3, true);
    listBox1.SetSelected(5, true);
    // 在控制台上显示选中的第一项与第二项
    System.Diagnostics.Debug.WriteLine(listBox1.SelectedItems[1].ToString());
```

```
        System.Diagnostics.Debug.WriteLine(listBox1.SelectedIndices[0].ToString());
    }
```

运行结果如图 5-9 所示。

5.3.8 ComboBox 控件

ComboBox 控件用于在下拉组合框中显示数据。默认情况下，ComboBox 控件分两个部分显示：顶部是一个允许用户键入列表项的文本框。第二个部分是列表框，它显示用户可以从中进行选择的项的列表。

SelectedIndex 属性返回一个整数值，该值与选定的列表项相对应。通过在代码中更改 SelectedIndex 值，可以通过编程方式更改选定项；列表中的相应项将出现在组合框的文本框部分。如果未选定任何项，则 SelectedIndex 值为 -1。如果选定列表中的第一项，则 SelectedIndex 值为 0。SelectedItem 属性与 SelectedIndex 类似，但它返回项本身，通常是一个字符串值。Items.Count 属性反映列表中的项数，并且 Items.Count 属性的值总比 SelectedIndex 的最大可能值大 1，因为 SelectedIndex 是从零开始的。

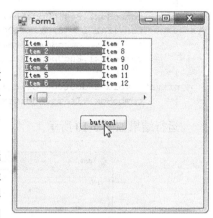

图 5-9　运行结果

若要在 ComboBox 控件中添加或删除项，可以使用 Items.Add、Items.Insert、Items.Clear 或 Items.Remove 方法。或者，可以在设计器中使用 Items 属性向列表添加项。

【例 5.8】　综合应用。本例实现的功能是：在文本框中输入字符，单击"添加"向 ComboBox 添加项；在文本框中输入字符，单击"查找"按钮查询 ComboBox 中的项；单击"添加 1000 个项"按钮向 ComboBox 中添加 1000 个数据项；单击"被选择的项是："，弹出对话框，显示选择的项。

窗体中需要添加的控件及其属性设置如表 5-8 所示。

表 5-8　控件属性的设置

控　件	ID	Text 属性
Button	addButton	添加
	addGrandButton	添加 1000 个项
	findButton	查找
	showSelectedButton	被选择的项是：
Label	label1	ComboBox 中的项

代码如下：

```
private void showSelectedButton_Click(object sender, EventArgs e)
{
    int selectedIndex = comboBox1.SelectedIndex;
    Object selectedItem = comboBox1.SelectedItem;
    MessageBox.Show("Selected Item Text: " + selectedItem.ToString() + "\n"
      + "Index: " + selectedIndex.ToString());
}
private void findButton_Click(object sender, EventArgs e)
{
    int index = comboBox1.FindString(textBox2.Text);
    comboBox1.SelectedIndex = index;
```

```
}
private void addGrandButton_Click(object sender, EventArgs e)
{
     comboBox1.BeginUpdate();
     for (int i = 0; i < 1000; i++)
     {      comboBox1.Items.Add("Item " + i.ToString()); }
     comboBox1.EndUpdate();
}
private void addButton_Click(object sender, EventArgs e)
{      comboBox1.Items.Add(textBox1.Text);   }
```

运行结果如图 5-10 所示。

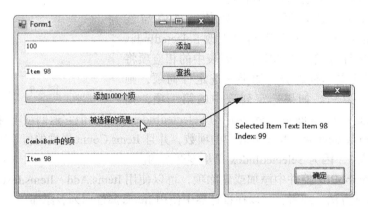

图 5-10   例 5.8 的运行结果

5.3.9 GroupBox 控件

GroupBox（分组框）控件用于为其他控件提供组合容器。GroupBox 控件类似于 Panel 控件，但 GroupBox 控件可以显示标题（分组框的标题由 Text 属性定义），而 Panel 控件有滚动条。设计是当移动单个 GroupBox 控件时，它包含的所有控件也将一起移动。

要把已有控件放到分组框中，可以选择所有控件，将它们剪切到剪贴板，选择 GroupBox 控件，然后将它们粘贴到分组框中。也可以将它们拖拽到分组框中，最后将分组框的 Text 属性设置为适当标题。

【例 5.9】 创建一个 GroupBox 和两个 RadioButton 控件，向分组框中添加单选按钮，并将该分组框添加到 Form 中。

```
private void InitializeMyGroupBox()
{
    // 创建一个 GroupBox 和两个 RadioButton
    GroupBox groupBox1 = new GroupBox();
    groupBox1.Text = "GroupBox1";
    groupBox1.Location = new Point(55,55);
    RadioButton radioButton1 = new RadioButton();
    radioButton1.Location = new Point(55,30);
    radioButton1.Text = "RadioButton1";
    RadioButton radioButton2 = new RadioButton();
    radioButton2.Location = new Point(55,60);
    radioButton2.Text = "RadioButton2";
    // 设置 GroupBox 的样式
    groupBox1.FlatStyle = FlatStyle.System;
    // 添加 RadioButtons 到 GroupBox
```

```
    groupBox1.Controls.Add(radioButton1);
    groupBox1.Controls.Add(radioButton2);
    // 添加 GroupBox 到窗体
    Controls.Add(groupBox1);
}
```

运行结果如图 5-11 所示。

5.3.10　ListView 控件

ListView 控件显示带图标的项列表，通过它可创建
类似于 Windows 资源管理器右窗格的用户界面。该控
件具有 4 种视图模式：LargeIcon、SmallIcon、List 和
Details。视图模式由 View 属性设置。LargeIcon 视图模
式在项文本旁显示大图标。如果控件足够大，则项显示
在多列中。SmallIcon 视图模式除显示小图标外，其他
方面与大图标视图模式相同。List 视图模式显示小图标，
但总是显示在单列中。Details 视图模式在多列中显示项。
所有视图模式都可显示图像列表中的图像。

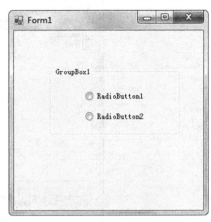

图 5-11　例 5.9 的运行结果

Items 属性包含控件所显示的项，SelectedItems 属性包含控件中当前选定项的集合。如
果将 MultiSelect 属性设置为 true，则用户可选择多项。例如，同时将若干项拖放到另一个
控件中。如果 CheckBoxes 属性设置为 true，则 ListView 控件可在项的旁边显示复选框。
Activation 属性确定采取何种操作激活列表中的项，选项为 Standard、OneClick 和 TwoClick。
OneClick 方式采用单击激活列表项；TwoClick 方式采用双击激活列表项；单击更改项文本的
颜色。Standard 方式采用双击激活列表项，但项的外观并不改变。

ListView 控件可在设计和运行时添加或移除列表项。

1. 在设计器中添加或移除项

在"属性"窗口中，单击 Items 属性旁的省略号按钮（…），出现"ListViewItem 集合编
辑器"。要添加项，单击"添加"按钮，然后设置新项的属性，如 Text 和 ImageIndex 属性。
若要移除某项，选择该项并单击"移除"按钮。

2. 以编程方式添加项

以编程方式添加项，使用 Items 属性的 Add 方法。例如：

```
listView1.Items.Add("List item text", 3);
```

3. 以编程方式移除项

以编程方式移除项需要使用 Items 属性的 RemoveAt 或 Clear 方法。RemoveAt 方法移除
一个项，而 Clear 方法移除列表中的所有项。

```
listView1.Items.RemoveAt(0);          // 移除列表的第一项
listView1.Items.Clear();              // 清除所有项
```

当 Windows 窗体 ListView 控件位于"Details"视图中时，可为每个列表项显示多列。可
使用这些列显示关于各个列表项的若干种信息。例如，文件列表可显示文件名、文件类型、
文件大小和上次修改该文件的日期等。

4. 在设计器中添加列

将控件的 View 属性设置为"Details"。在"属性"窗口中，单击 Columns 属性旁的省略

号按钮，会出现"ColumnHeader 集合编辑器"。使用"添加"按钮添加新列。然后可以选择列标头并设置其文本（列的标题）、文本对齐方式和宽度，如图 5-12 所示。

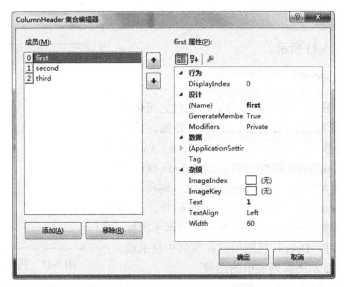

图 5-12　ColumnHeader 集合编辑器

5. 以编程方式添加列

将控件的 View 属性设置为"Details"，使用列表视图的 Columns 属性的 Add 方法。例如：

```
listView1.View = View.Details;            // 将 View 设为 Details
listView1.Columns.Add("File type", 20, HorizontalAlignment.Left);
                                 // 添加一个宽 20、左对齐的列
```

6. 在列表视图中显示图像

Windows 窗体 ListView 控件可显示 3 个图像列表中的图标。List 视图、Details 视图和 SmallIcon 视图显示 SmallImageList 属性中指定的图像列表中的图像；LargeIcon 视图显示 LargeImageList 属性中指定的图像列表中的图像。列表视图还能在大图标或小图标旁显示在 StateImageList 属性中设置的一组附加图标。

将 SmallImageList、LargeImageList 或 StateImageList 设置为已有 ImageList 组件。可在设计器中使用"属性"窗口设置，也可在代码中设置。例如：

```
listView1.SmallImageList = imageList1;
```

为每个具有关联图标的列表项设置 ImageIndex 或 StateImageIndex 属性。这些属性可通过"ListViewItem 集合编辑器"设置。要打开"ListViewItem 集合编辑器"，请单击"属性"窗口中 Items 属性旁的省略号 (…) 按钮。也可用代码进行设置，例如：

```
listView1.Items[0].ImageIndex = 3;            // 设置第一列表项显示第四幅图像
```

5.3.11　PictureBox 控件

Windows 窗体 PictureBox 控件用于显示位图、GIF、JPEG、图元文件或图标格式的图形。显示的图片由 Image 属性确定，SizeMode 属性控制图像和控件彼此适合的方式。

可显示的文件类型如表 5-9 所示。

表 5-9　图形文件类型

类　型	文件扩展名
位图	.bmp
Icon	.ico
GIF	.gif
图元文件	.wmf
JPEG	.jpg

PictureBox 控件的属性可在设计时或运行时采用代码设置。

1. 在设计时显示图片

在窗体上绘制 PictureBox 控件。在"属性"窗口中选择 Image 属性，然后单击省略号按钮以显示"打开"对话框。如果要查找特定文件类型（例如 .gif 文件），在"文件类型"框中选择该类型，然后选择要显示的文件即可。

2. 在设计时清除图片

在"属性"窗口中，选择 Image 属性，并右击出现在图像对象名称左边的小缩略图图像，选择"重置"。

PictureBox 控件通过 SizeMode 属性选择显示下列方式：

1）将图片的左上角与控件的左上角对齐。

2）使图片在控件内居中。

3）调整控件的大小以适合其显示的图片。

4）拉伸所显示的图片以适合控件。

拉伸图片（尤其是位图格式的图片）可能导致图像质量受损。图元文件（运行时绘制图像的图形指令列表）比位图更适合于拉伸图片。

设置 SizeMode 属性为 Normal（默认）、AutoSize、CenterImage 或 StretchImage。Normal 表示图像放置在控件的左上角，如果图像大于控件，则剪裁图像的右下边缘。CenterImage 表示图像在控件内居中，如果图像大于控件，则剪裁图片的外边缘。AutoSize 表示将控件的大小调整为图像的大小。StretchImage 则相反，表示将图像的大小调整到控件的大小。

```
private void StretchPic()
{
    // 如果需要，改变一个有效的 bit 图像的路径
    string path = @"C:\Windows\Waves.bmp";
    // 调整图像以适应控件
    PictureBox1.SizeMode = PictureBoxSizeMode.StretchImage;
    // 加载图像到控件中
    PictureBox1.Image = Image.FromFile(path);
}
```

5.3.12　StatusStrip 控件

Windows 窗体的状态栏（StatusStrip）通常显示在窗口的底部，它在工具箱中的图标为 StatusStrip，应用程序可通过 StatusStrip 控件在该区域显示各种状态信息。StatusStrip 控件上可以有状态栏面板，用于显示指示状态的文本或图标，或一系列指示进程正在执行的动画图标（如 Microsoft Word 指示正在保存文档，如图 5-13 所示）。例如，在鼠标滚动到超级链接时，Internet Explorer 使用状态栏指示某个页面的 URL。Microsoft Word 使用状态栏提供有关

页位置、节位置和编辑模式（如改写和修订跟踪）的信息。

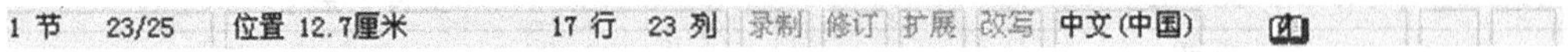

| 1 节 | 23/25 | 位置 12.7厘米 | 17 行 | 23 列 | 录制 修订 扩展 改写 中文(中国) | |

图 5-13　Word 正在保存文档时的状态栏

状态条控件 StatusStrip 中可以包含 ToolStripStatusLabel、ToolStripDropDownButton、ToolStripSplitButton 和 ToolStripProgressBar 等对象，这些对象都属于 ToolStrip 控件的 Items 集合属性，Items 集合属性是状态条控件 StatusStrip 的常用属性。状态条控件也有许多事件，一般情况下，不在状态条的事件过程中编写代码，状态条的主要作用是用来显示系统信息的。通常在其他的过程中编写代码，通过实时改变状态条中对象的 Text 属性来显示系统的信息。状态条的常用属性见表 5-10。

表 5-10　StatusStrip 控件的常用属性

属 性 名	说 明
Items	用于设置状态条中的各个面板对象
Text	用于设置状态条控件要显示的文本
Dock	用于设置状态条在窗体上的位置
Name	用于设置状态条的名称

5.3.13　Timer 控件

时钟（Timer）控件可以按照用户指定的时间间隔来触发事件，它在工具箱中的图标为 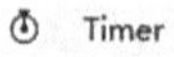 Timer。它常用的属性有 2 个：

1）Enabled 属性。用来指定时钟是否处于运行状态，也就是说是否可以触发事件。默认值为 False。

2）InterVal 属性。用来指定时钟控件触发时间的时间间隔，单位为毫秒。

时钟控件包括一个 Tick 事件。当时钟处于运行状态时，每当到达指定时间间隔，就会触发这个事件。

【例 5.10】移动的图片。

新建 WinForm 项目，从工具箱中拖拽 1 个 PictureBox、1 个 Timer 和 2 个 Button 控件到窗体上。设置窗体和控件的属性如表 5-11 所示。

表 5-11　属性设置

类 别	名 称	属 性	设 置 值
PictureBox	pictureBox1	Image	选择一张图片
		SizeMode	StretchImage
Timer	timer1	Interval	10
Button	button1	Text	开始移动
	button2	Text	暂停移动

代码如下所示：

```
private void button1_Click(object sender, EventArgs e)
{   timer1.Start();  }                    // 开始移动
private void button2_Click(object sender, EventArgs e)
{   timer1.Stop();  }                     // 停止移动
private void timer1_Tick(object sender, EventArgs e)
```

```
{
    if(pictureBox1.Left>=this.Width)
    {        pictureBox1.Left = -pictureBox1.Width;  }
    pictureBox1.Left += 1;
}
```

程序运行前后的效果如图 5-14 所示。

a）运行前窗体

b）运行后窗体

图 5-14　移动的图片窗体

【例 5.11】　设计一个显示学生信息的 Windows 窗体并可以滚动显示学生照片。

新建 WinForm 项目，从工具箱中拖拽 1 个 PictureBox、1 个 HScrollBar、1 个 VScrollBar、3 个 GroupBox、2 个 RadioButton1 和 2 个 CheckBox 控件到窗体上。设置窗体和控件的属性如表 5-12 所示。

表 5-12　属性设置

类　别	名　称	属　性	设置值
Form	frmStudentInfo	Text	学生信息
PictureBox	pictureBox1	Image	选择一张比较大的图片
		SizeMode	AutoSize
GroupBox	groupBox1	Text	照片
	groupBox2	Text	性别
	groupBox3	Text	爱好

代码如下所示：

```
public frmStudentInfo()
{
    InitializeComponent();
    // 设置滚动条的最大值和最小值
    vScrollBar1.Maximum = pictureBox1.Height - groupBox1.Height;
    hScrollBar1.Maximum = pictureBox1.Width - groupBox1.Width;
    hScrollBar1.Minimum = 0;
    vScrollBar1.Minimum = 0;
    /* 设置 LargeChange 为图像大小的十分之一 */
    vScrollBar1.LargeChange = pictureBox1.Image.Height / 10;
    hScrollBar1.LargeChange = pictureBox1.Image.Width / 10;
    /* 设置 SmallChange 为 LargeChange 的五分之一 */
    vScrollBar1.SmallChange = vScrollBar1.LargeChange / 5;
    hScrollBar1.SmallChange = hScrollBar1.LargeChange / 5;
    /* 设置滚动条的初始值 */
    vScrollBar1.Value = 0;
    hScrollBar1.Value = 0;
    /* 设置性别 */
```

```
    radioButton1.Checked = true;
    /* 设置爱好 */
    checkBox1.Checked = true;
    checkBox3.Checked = true;
}
private void vScrollBar1_Scroll(object sender, ScrollEventArgs e)
{ pictureBox1.Top = -vScrollBar1.Value;           }           // 滚动时，改变图片框的位置
private void hScrollBar1_Scroll(object sender, ScrollEventArgs e)
{ pictureBox1.Left = -hScrollBar1.Value;          }           // 滚动时，改变图片框的位置
```

运行后的效果如图 5-15 所示。

图 5-15　例 5.11 运行后的窗体

5.4　菜单

应用程序可以为不同的上下文（或不同的应用程序状态）显示不同的菜单。可能会有多个 MenuStrip 对象，每个对象向用户显示不同的菜单选项。通过包含多个 MenuStrip 对象，可以处理用户与应用程序交互时应用程序的不同状态。

应用程序首次打开而没有文件或数据可供用户交互的情况下创建一个菜单结构，只具有包含 "新建" "打开" 和 "退出" 命令的传统 "文件" 菜单。这些菜单项以加载了数据或文件的应用程序为目标。当用户选择 "新建" 或 "打开" 菜单项时，它将触发应用程序状态的变化。此时将显示第 2 个菜单结构，它包含附加菜单项（"关闭" 和 "保存"）。为了方便演示，在下面的示例中，消息框将作为可视化辅助工具来显示。

5.4.1　在设计时创建菜单

MenuStrip 组件在工具箱中图标为 🖿 MenuStrip ，在菜单设计器中，创建两个顶级菜单项，并将其 Text 属性分别设置为 " &File" " &Edit"，然后依次在顶级菜单 File 下创建三个子菜单，并将它们的 Text 属性分别设置为 &New、&Open 和 &Exit。最终的效果如图 5-16 所示。

5.4.2　以编程方式创建菜单

也可以用编程的方式添加一个或多个菜单条目。首先创建一个 MenuStrip 对象：

```
MenuStrip menu = new MenuStrip();
```

菜单中的每一个菜单项都是一个 ToolStrip-MenuItem 对象，因此先确定要创建哪几个顶级菜

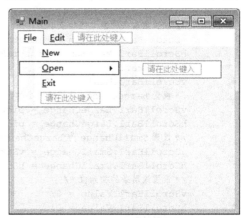

图 5-16　创建菜单项

单项，这里我们创建 File 和 Edit 两个顶级菜单。

```
ToolStripMenuItem item1 = new ToolStripMenuItem("&File");
ToolStripMenuItem item2 = new ToolStripMenuItem("&Edit");
```

接着使用 MenuStrip 的 Items 集合的 AddRange 方法，一次性将顶级菜单加入到 MenuStrip 中。此方法要求用一个 ToolStripItem 数组作为传入参数：

```
menu.Items.AddRange(new ToolStripItem[] { item1, item2 });
```

继续创建三个 ToolStripMenuItem 对象，作为顶级菜单 File 的下拉子菜单。

```
ToolStripMenuItem item3 = new ToolStripMenuItem("&New");
ToolStripMenuItem item4 = new ToolStripMenuItem("&Open");
ToolStripMenuItem item5 = new ToolStripMenuItem("&Exit");
```

将创建好的三个下拉菜单项添加到顶级菜单下。注意，这里不再调用 Items 属性的 AddRange 方法，添加下拉菜单需要调用顶级菜单的 DropDownItems 属性的 AddRange 方法。

```
item1.DropDownItems.AddRange(new ToolStripItem[] { item3, item4, item5 });
```

最后一步，将创建好的菜单对象添加到窗体的控件集合中。

```
this.Controls.Add(menu);
```

至此，以编程方式创建菜单就全部完成了，读者可以模仿上例创建更多的二级、三级菜单，还可以以编程方式禁用菜单项和删除菜单项。

禁用菜单项只要将菜单项的 Enabled 属性设置为 false 即可。以上例创建的菜单为例，禁用 Open 菜单项：

```
item4.Enabled = false;
```

删除菜单项就是将该菜单项从相应的 MenuStrip 的 Items 集合中删除。根据应用程序运行的需要，如果此菜单项以后要再次使用，最好是隐藏或暂时禁用该菜单项而不是删除它。

调用 MenuStrip 对象的 Items 集合中的 Remove 方法可以删除指定的 ToolStripMenuItem，一般用于删除顶级菜单；若要删除二级菜单或三级菜单，应使用父级 ToolStripMenuItem 对象的 DropDownItems 集合的 Remove 方法。

5.4.3   上下文菜单

Windows 应用程序中经常会用到上下文快捷菜单（ContextMenu），在工具箱中图标为 📋 ContextMenuStrip 。该菜单不同于固定在菜单栏中的主菜单，而是在窗体上面的浮动式菜单。通常在单击鼠标右键的时候显示，显示的位置取决于右击时鼠标指针所在的位置。图 5-17 所示的是 Word 上下文菜单。

创建上下文快捷菜单的方法是先把 ContextMenu 控件拖动到窗体上，一般显示在窗体设计区域下面的面板上。选中 ContextMenu 控件，窗体的菜单栏部位就出现一个名称为"上下文菜单"的可视化菜单编辑器，通过它可以用与设计主菜单中的子菜单相同的方法设计上下文快捷菜单。

一个窗体只需要一个 MainMenu 控件，但可以使用多个 ContextMenu 控件，这些控件既可以与窗体本身关联，也可以与窗体上的其他控件关联。使上下文快捷菜单与窗体或控件关联的方法是使用窗体或控件的 ContextMenu 属性。也就是说，把窗体或控件的 ContextMenu 属性设置为前面定义的 ContextMenu 控件的名称即可。

图 5-17　Word 上下文菜单

　　快捷菜单中菜单项的属性、方法和事件过程与主菜单中的菜单项完全相同，按照上面的方法即可设置一个完整的上下文快捷菜单。

　　【例 5.12】 设计记事本。

　　（1）添加控件

　　新建 WinForm 项目，从工具箱中拖拽 1 个 MenuStrip、1 个 ToolStrip、1 个 ContextMenu-Strip、1 个 TextBox 和 1 个 StatusStrip 控件到窗体上。

　　设置窗体和文本框控件的属性如表 5-13 所示。

表 5-13　属性设置

类　别	名　称	属　性	设　置　值
Form	fmTxt	Text	记事本
TextBox	textBox1	Dock	Fill
		Multiline	True
		ScrollBars	Both
		ContextMenuStrip	contextMenuStrip1

　　其他控件属性设置如下。

　　1）menuStrip1 属性设置。选中 menuStrip1，在"请在此处键入"处输入"文件（&F）"，则添加了"文件"菜单项，"&F"是用来定义该菜单项的助记符。按照如图 5-18 所示分别添加其他菜单项及子菜单项。打开文件菜单中的子菜单项的"新建"属性窗口，设置与菜单项关联的快捷键 ShortcutKeys 属性，如图 5-19 所示。其他子菜单的快捷键的设置类似。在"格式"菜单的子菜单的"自动换行"属性窗口中，设置 Checked 属性值为 True。同样，在"查看"菜单的子菜单的"状态栏"属性窗口中，设置 Checked 属性值为 True。

　　2）toolStrip1 属性设置。单击 图标中的倒三角按钮，在下拉列表中选择 Button 选项，如图 5-20 所示，或者直接单击 图标添加 Button，在新添加的 Button 属性窗口中设置 Text

属性值为"新建"。选中 Image 属性，单击 按钮，在弹出的"选择资源"对话框中单击
"导入"按钮，如图 5-21 所示，单击"确定"按钮完成 Image 属性设置。按照此方法添加其
他工具按钮，除"新建"外从左到右分别为"打开""保存""剪切""复制""粘贴""查找"和
"替换"。

a）文件菜单及子菜单　　b）编辑菜单及子菜单　　c）格式菜单及子菜单

d）查看菜单及子菜单　　e）帮助菜单及子菜单

图 5-18　添加其他菜单项及子菜单项

图 5-19　设置快捷键　　　　　　　　　　图 5-20　添加 Button

图 5-21　导入资源

3）statuStrip1 属性设置。单击  图标中倒三角按钮，在下拉列表中选择" StatusLabel"

选项，如图 5-22 所示，或者直接单击 图标添加"StatusLabel"，打开所添加的"toolStripStatusLabel1"属性窗口，其中"Text"属性值设置为空值。

4）contextMenuStrip1 属性设置。选中"contextMenuStrip1"，在"请在此处键入"处输入"撤销 (&U)"，则添加了"撤销"快捷菜单项，按照同样的方法添加其他快捷菜单项，如图 5-23 所示。

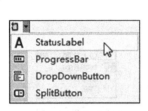

图 5-22　选择状态栏选项

图 5-23　设计后的快捷菜单

（2）添加代码

在窗体设计器中分别双击菜单栏中"撤销""剪切""复制""粘贴""删除"菜单按钮，并且添加文本框 textBox1 的"TextChanged"事件，在代码编辑窗口中添加代码，代码如下所示。在事件窗口中分别为工具栏和上下文菜单添加"撤销""剪切""复制""粘贴"和"删除"事件及选择事件执行代码。代码如下：

```
private void 撤销ToolStripMenuItem_Click(object sender, EventArgs e)
{     textBox1.Undo();     }
private void 剪切ToolStripMenuItem_Click(object sender, EventArgs e)
{     textBox1.Cut();          }
private void 复制CToolStripMenuItem_Click(object sender, EventArgs e)
{     textBox1.Copy();     }
private void 粘贴ToolStripMenuItem_Click(object sender, EventArgs e)
{     textBox1.Paste();          }
private void 删除ToolStripMenuItem_Click(object sender, EventArgs e)
{     textBox1.SelectedText = "";          }
private void textBox1_TextChanged(object sender, EventArgs e)   // 显示行数与列数
{
     string str = this.textBox1.Text;
     int m = this.textBox1.SelectionStart;
     int Ln = 0;
     int Col = 0;
     for (int i = m - 1; i >= 0; i--)
     {
          if (str[i] == '\n')
               Ln++;
          if (Ln < 1)
               Col++;
     }
     Ln = Ln + 1;
     Col = Col + 1;
     toolStripStatusLabel1.Text = "行: " + Ln.ToString() + "," + "列: " + Col.
          ToString();
}
```

（3）运行程序

运行程序，输入文字如图 5-24 所示。

图 5-24　记事本

5.5　对话框

对话框就是 FormBorderStyle 枚举属性设置为 FixedDialog 的窗体，用于交互和检索信息。可以使用 Windows 窗体设计器构造自定义对话框。可以通过向对话框添加控件（例如 Label、Textbox 和 Button）来自定义对话框以满足特定需要。对话框通常不包含菜单栏、窗口滚动条、"最小化"和"最大化"按钮、状态栏和可调整边框。

5.5.1　消息框

消息对话框是最简单的一类对话框，用来显示提示、警告等信息。在 .NET 框架中，使用 MessageBox 类来封装消息对话框，当不能创建 MessageBox 类实例，只能调用其静态成员方法 Show 来显示消息对话框。如下面代码弹出对话框（如图 5-25 所示）。

```
MessageBox.Show("注册成功！");
```

Show 方法只指定一个参数时，它表示要显示的消息内容，且只有一个"确定"按钮。当然，Show 方法也可以指定第 2 个参数，用来表示消息对话框的标题内容，还可以在第 3 个参数中指定要显示的按钮（MessageBoxButtons 枚举值），在第 4 个参数中指定消息对话框的图标（MessageBoxIcon 枚举值），在第 5 个参数中指定消息对话框的默认按钮（MessageBoxDefaultButton 枚举值）。所谓"默认按钮"是指在消息对话框中一开始具有输入焦点的按钮，在标题周围有一个黑色虚框，这样，用户可通过按回车键来选择该按钮。如下面代码弹出对话框（如图 5-26 所示）。

```
MessageBox.Show("文件已经修改，要保存此文件吗？", "提示",MessageBoxButtons.OKCancel,
    MessageBoxIcon.Information);
```

表 5-14 列出了 MessageBoxButton、MessageBoxIcon 和 MessageBoxDefaultButton 枚举值。

表 5-14　消息对话框中的按钮、图标和默认按钮枚举值

类　别	枚　举　值	说　明
MessageBoxButtons	OK	消息框包含"确定"按钮
	OKCancel	消息框包含"确定"和"取消"按钮
	AbortRetryIgnore	消息框包含"中止""重试"和"忽略"按钮
	YesNoCancel	消息框包含"是""否"和"取消"按钮
	YesNo	消息框包含"是"和"否"按钮
	RetryCancel	消息框包含"重试"和"取消"按钮
MessageBoxIcon	None	消息框未包含符号
	Hand、Error、Stop	表示图标为
	Question	表示图标为
	Exclamation、Warning	表示图标为
	Asterisk、Information	表示图标为
MessageBoxDefaultButton	Button1	消息框上的第一个按钮是默认按钮
	Button2	消息框上的第二个按钮是默认按钮
	Button3	消息框上的第三个按钮是默认按钮

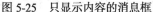

图 5-25　只显示内容的消息框

图 5-26　完整的消息框

5.5.2　窗体对话框

Windows 应用程序使用两种类型对话框——模式对话框和无模式对话框。

1）模式对话框，如"关于"对话框和"打开文件"对话框，它在得到响应之前阻止用户切换到其他窗体和对话框。

2）无模式对话框，如"单词查找"对话框，与主窗体并排存在，用户可以在窗体和对话框之间往复切换。

无模式对话框实际上是应用程序中的一个窗体，与一般的窗体相比，并没有任何特殊性。对于一个 Form 对象，可以使用 Form 对象的 Show() 方法，即可将它作为无模式对话框显示。如果想把一个窗体作为模式对话框使用，调用 Form 类的 ShowDialog() 方法即可。ShowDialog() 返回一个 DialogResult 值，它告诉用户对话框中的哪个按钮被单击。DialogResult 是一个枚举类型，表 5-15 给出了它的成员。

表 5-15　DialogResult 成员

成　员	描　述	成　员	描　述
Abort	当 Abort 按钮被单击时返回	None	没什么被返回,意味着模式对话框仍在运行
Cancel	当 Cancel 按钮被单击时返回	Ok	当 Ok 按钮被单击时返回
Ignore	当 Ignore 按钮被单击时返回	Retry	当 Retry 按钮被单击时返回
No	当 No 按钮被单击时返回	Yes	当 Yes 按钮被单击时返回

用户界面设计指南规定，对话框中必须要有按钮，这些按钮让用户选择如何释放对话框。对话框一般都有 Ok 和 Cancel 按钮，这两个按钮很特殊，按 Enter 键与单击 Ok 按钮等效，而按 Esc 键与单击 Cancel 按钮等效。可以使用窗体的 AcceptButton 和 CancelButton 属性指定哪个按钮表示 Ok 和 Cancel。

通过给窗体的 DialogResult 属性赋一个合适的值，就可以设置对话框的返回值，如下所示：

```
this.DialogResult = DialogResult.Yes;
```

给 DialogResult 属性赋值，通常是关闭对话框，或者返回控制发出 ShowDialog() 请求的窗体。如果因某些原因想阻止该属性关闭对话框，可以使用 DialogResult.None 值，对话框将保持打开状态。

当给 Button 对象的 DialogResult 属性赋值时，单击按钮，关闭对话框并且返回一个值给父窗体。

5.5.3 通用对话框

Windows 中可以使用通用对话框（Common Dialog）。这些对话框允许用户执行常用的任务，如打开和关闭文件，以及选择字体和颜色等。这些对话框提供执行相应任务的标准方法，使用它们将赋予应用程序公认的和熟悉的界面。这些对话框的屏幕显示是由代码运行的操作系统版本所提供的，它们能够适应未来的 Windows 版本。因此，建议读者使用系统提供的这些对话框。

通用对话框用 CommDialog 类表示，注意，它不是 Form 类的子类。CommDialog 有 7 个子类，如表 5-16 所示。

表 5-16 .NET 中通用对话框的分类

类	描　述
OpenFileDialog	允许用户选择打开一个文件
SaveFileDialog	允许用户选择一个目录和文件名来保存文件
FontDialog	允许用户选择字体
ColorDialog	允许用户选择颜色
PrintDialog	显示一个打印对话框，允许用户选择打印机和打印文档的哪一部分
PrintPreviewDialog	显示一个打印预览对话框
PageSetupDialog	显示一个对话框，允许用户选择页面设置，包括页边距及纸张方向

下面讨论文件对话框、字体对话框和颜色对话框，其他对话框的使用方式与此类似。

1. 文件对话框

OpenFileDialog 和 SaveFileDialog 类派生自 FileDialog 抽象基类，该基类提供了对于打开和关闭文件对话框来说都相同的文件功能。下面分别对这两个对话框进行介绍。

1）OpenFileDialog 对话框是一个选择文件的组件，如图 5-27 所示。该组件允许用户选择要打开的文件，指定组件的 Filter 属性可以过滤文件类型，图标为 OpenFileDialog。OpenFileDialog 组件的常用属性、方法和事件及说明如表 5-17 所示。

表 5-17　OpenFileDialog 的常用属性、方法和事件

属性 / 方法 / 事件	说　明
AddExtension 属性	获取或设置一个值，该值指示如果用户省略扩展名，对话框是否自动在文件名中添加扩展名
DefaultExt 属性	获取或设置默认文件扩展名
FileName 属性	获取或设置一个包含在文件对话框中选定的文件名的字符串
FileNames 属性	获取对话框中所有选定文件的文件名
FilterIndex 属性	获取或设置文件对话框中当前选定筛选器的索引
InitialDirectory 属性	获取或设置文件对话框显示的初始目录
Multiselect 属性	获取或设置一个值，该值指示对话框是否允许选择多个文件
OpenFile 方法	打开用户选定的具有只读权限的文件。该文件由 FileName 属性指定
ShowDialog 方法	运行通用对话框
FileOk 事件	当用户单击文件对话框中的"打开"或"保存"按钮时发生

2）SaveFileDialog 组件显示一个预先配置的对话框，用户可以使用该对话框将文件保存到指定的位置，如图 5-28 所示，图标为  SaveFileDialog 。SaveFileDialog 组件继承了 OpenFileDialog 组件的大部分属性、方法和事件，其常用属性、方法和事件及说明如表 5-18 所示。

表 5-18　SaveFileDialog 的常用属性、方法和事件

属性 / 方法 / 事件	说　明
AddExtension 属性	获取或设置一个值，该值指示如果用户省略扩展名，对话框是否自动在文件名中添加扩展名
CreatePrompt 属性	获取或设置一个值，该值指示如果用户指定不存在的文件，对话框是否提示用户允许创建该文件
OverwritePrompt 属性	获取或设置一个值，该值指示如果用户指定的文件名已存在，Save As 对话框是否显示警告
OpenFile 方法	打开用户选定的具有读 / 写权限的文件
FileOk 事件	当用户单击文件对话框中的"打开"或"保存"按钮时发生
HelpRequest 事件	当用户单击通用对话框中的"帮助"按钮时发生
Disposed 事件	添加事件处理程序以侦听组件上的 Disposed 事件

图 5-27　打开文件对话框

图 5-28　保存文件对话框

2. 字体对话框

FontDialog 对话框用于设置公开系统上当前安装的字体，如图 5-29 所示。默认情况下，"字体"对话框显示字体、字体样式和字体大小的列表框、删除线和下划线等效果的复选框、字符集的下拉列表以及字体外观等选项，图标为 FontDialog 。FontDialog 组件的常用属性、方法和事件及说明如表 5-19 所示。

表 5-19　FontDialog 的常用属性、方法和事件

属性 / 方法 / 事件	说　　明
AllowScriptChange 属性	获取或设置一个值，该值指示用户能否更改"脚本"组合框中指定的字符集，以显示除了当前所显示的字符集以外的字符集
AllowVerticalFonts 属性	获取或设置一个值，该值指示对话框是既显示垂直字体又显示水平字体，还是只显示水平字体
Color 属性	获取或设置选定字体的颜色
Font 属性	获取或设置选定的字体
MaxSize 属性	获取或设置用户可选择的字号最大磅值
MinSize 属性	获取或设置用户可选择的字号最小磅值
ShowApply 属性	获取或设置一个值，该值指示对话框是否包含"应用"按钮
ShowColor 属性	获取或设置一个值，该值指示对话框是否显示颜色选项
ShowEffects 属性	获取或设置一个值，该值指示对话框是否包含允许用户指定删除线、下划线和文本颜色选项的控件
ShowHelp 属性	获取或设置一个值，该值指示对话框是否显示"帮助"按钮
Reset 方法	将所有对话框选项重置为默认值
ShowDialog 方法	运行通用对话框
Apply 事件	当用户单击字体对话框中的"应用"按钮时发生

3. 颜色对话框

ColorDialog 组件用于选择颜色，允许用户从调色板选择颜色或自定义颜色，如图 5-30 所

示，图标为 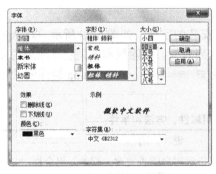 ColorDialog 。ColorDialog 组件的常用属性、方法和事件及说明如表 5-20 所示。

表 5-20 ColorDialog 的常用属性、方法和事件

属性 / 方法 / 事件	说　明
AllowFullOpen 属性	获取或设置一个值，该值指示用户是否可以使用该对话框定义自定义颜色
AnyColor 属性	获取或设置一个值，该值指示对话框是否显示基本颜色集中可用的所有颜色
Color 属性	获取或设置用户选定的颜色
CustomColors 属性	获取或设置对话框中显示的自定义颜色集
FullOpen 属性	获取或设置一个值，该值指示用于创建自定义颜色的控件在对话框打开时是否可见
SolidColorOnly 属性	获取或设置一个值，该值指示对话框是否限制用户只选择纯色
ShowDialog 方法	运行通用对话框
ToString 方法	返回表示 ColorDialog 的字符串
Disposed 事件	添加事件处理程序以侦听组件上的 Disposed 事件

图 5-29　字体对话框

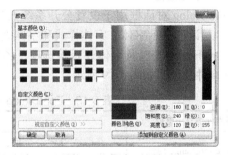

图 5-30　颜色对话框

【例 5.13】 应用前面介绍的通用对话框设计一个打开图片的 WinForm 应用程序。包括打开、保存、设置文件名字体功能。打开图片后的界面如图 5-31 所示。

设计步骤如下：

（1）新建 WinForm 项目并添加控件和组件

新建一个 WinForm 项目，从工具箱中拖放 1 个 PictureBox、1 个 RichTextBox、4 个 Button 控件和 1 个 OpenFileDialog、1 个 SaveFileDialog、1 个 ColorDialog、1 个 FontDialog 组件到 Form1 中。

（2）设计窗体和控件属性

将 Form1 调整到适当的大小，布局好各个控件，Form1、button1、button2、button3 和 button4 的 Text 属性值分别设置为浏览图片、打开、保存、颜色和字体。

（3）添加事件及事件代码

切换到 Form1 的设计视图，分别双击 5 个 Button 控件，添加事件代码，添加后的代码如下所示：

```
private void button1_Click(object sender, EventArgs e)   // 打开
{
    this.openFileDialog1.InitialDirectory = @"C:\Users\Administrator\Pictures";
                                          // 设置文件对话框显示的初始目录
```

```
        this.openFileDialog1.Filter = "bmp 文件 (*.bmp)|*.bmp|gif 文件 (*.gif)|*.gif|Jpeg
            文件 (*.jpg)|*.jpg";
        // 设置当前选定筛选器字符串以决定对话框中"文档类型"选项
        this.openFileDialog1.FilterIndex = 3;            // 设置对话框中当前选定筛选器的索引
        this.openFileDialog1.RestoreDirectory = true;        // 关闭对话框，还原当前的目录
        this.openFileDialog1.Title = "选择图片";              // 设置对话框的标题
        if (this.openFileDialog1.ShowDialog() == DialogResult.OK)
        {
            pictureBox1.SizeMode = PictureBoxSizeMode.Zoom; // 图像充满相框且保持比例
            string strpath = this.openFileDialog1.FileName; // 获取文件路径
            this.pictureBox1.Image = Image.FromFile(strpath);   // 加载图片
            int index = strpath.LastIndexOf("\\");             // 路径中最后一个反斜杠位置
            this.richTextBox1.Text = "文件名: " + this.openFileDialog1.FileName.Substring
                (index + 1);                               // 显示文件名
        }
    }
    private void button2_Click(object sender, EventArgs e)   // 保存
    {
        if (this.pictureBox1.Image != null)
        {
            saveFileDialog1.Filter = "Jpeg 图像 (*.jpg)|*.jpg|Bitmap 图像 (*.bmp)|*.bmp|Gif 图像
                (*.gif)|*.gif";
            saveFileDialog1.Title = "保存图片";              // 设置对话框的标题
            saveFileDialog1.CreatePrompt = true;            // 如果指定不存在的文件，提示允许创建该文件
            saveFileDialog1.OverwritePrompt = true;         // 如果用户指定的文件名已存在，显示警告
            saveFileDialog1.ShowDialog();                   // 弹出保存对话框
            if (saveFileDialog1.FileName != "")
            {
                System.IO.FileStream fs = (System.IO.FileStream)saveFileDialog1.OpenFile();
                switch (saveFileDialog1.FilterIndex)// 选择保存文件类型
                {
                    case 1:
                        this.pictureBox1.Image.Save(fs, System.Drawing.Imaging.
                            ImageFormat.Jpeg);        // 保存为 jpeg 文件
                        break;
                    case 2:
                        this.pictureBox1.Image.Save(fs, System.Drawing.Imaging.
                            ImageFormat.Bmp);
                        break;
                    case 3:
                        this.pictureBox1.Image.Save(fs, System.Drawing.Imaging.
                            ImageFormat.Gif);
                        break;
                }
                fs.Close();                                 // 关闭文件流
            }
        }
        else
        { MessageBox.Show("请选择要保存的图片"); }
    }
    private void button3_Click(object sender, EventArgs e)   // 颜色
    {
        this.colorDialog1.AllowFullOpen = true;         // 可以使用该对话框定义自定义颜色
        this.colorDialog1.AnyColor = true;              // 显示基本颜色集中可用的所有颜色
        this.colorDialog1.FullOpen = true;              // 创建自定义颜色的控件在对话框打开时是可见
        this.colorDialog1.SolidColorOnly = false;       // 不限制只选择纯色
        this.colorDialog1.ShowDialog();                 // 弹出对话框
        /* 设置 richTextBox1 中字体的颜色为选定的颜色 */
```

```
        this.richTextBox1.ForeColor = this.colorDialog1.Color;
    }
    private void button4_Click(object sender, EventArgs e)   // 字体
    {
        this.fontDialog1.AllowVerticalFonts = true;
        // 指示对话框是既显示垂直字体又显示水平字体
        this.fontDialog1.FixedPitchOnly = true;              // 只允许选择固定间距字体
        this.fontDialog1.ShowApply = true;                   // 包含应用按钮
        this.fontDialog1.ShowEffects = true;
        // 允许指定删除线、下划线和文本颜色选项的控件
        this.richTextBox1.SelectAll();
        this.fontDialog1.AllowScriptChange = true;
        this.fontDialog1.ShowColor = true;
        if (this.fontDialog1.ShowDialog() == DialogResult.OK)
        {
            this.richTextBox1.Font = this.fontDialog1.Font;
            // 设置 richTextBox1 中字体为选定的字体
        }
    }
```

（4）运行程序

运行程序，单击"打开"按钮，弹出打开文件对话框，选择要浏览的图片。单击"保存"按钮弹出保存文件对话框，选择保存类型为".jpg"文件，输入文件名为"爱"，单击"保存"按钮弹出"保存图片"消息框，单击"是"按钮保存为 .jpg 格式的图片。单击"颜色"按钮，弹出颜色对话框，如选中蓝色并单击"确定"按钮，则文件名变成蓝色。单击"字体"按钮，弹出"字体"对话框，选择"楷体""小四"和"粗体 倾斜"，单击"应用"后单击"确定"按钮，文件名的字体变为楷体，大小变为小四且为粗斜体。效果如图 5-31 所示。

图 5-31　运行界面

说明：

> RichTextBox 控件用于显示、输入和操作格式化的文本。RichTextBox 控件除了具有 TextBox 控件所具有的功能外，还可以显示字体、颜色和链接，从文件加载文本和加载嵌入的图像，以及查找指定的字符。RichTextBox 控件通常用于提供类似字处理应用程序（如 Microsoft Word）的文本操作和显示功能。RichTextBox 控件可以显示滚动条，这一点与 TextBox 控件相同。与 TextBox 控件不同的是，RichTextBox 控件的默认设置是水平和垂直滚动条均根据需要显示，并且拥有更多的滚动条设置。图标为 ![RichTextBox图标] RichTextBox，RichTextBox 控件常用的属性、方法及事件如表 5-21 所示。

表 5-21　RichTextBox 控件的常用属性、方法及事件

属性 / 方法 / 事件		说　明
属性	DetectUrls	获取或设置一个值，通过该值指示当在控件中输入某个统一资源定位器（URL）时，RichTextBox 是否自动设置 URL 的格式
属性	RedoActionName	获取当调用 Redo 方法后，可以重新应用到控件的操作名称
属性	SelectedText	获取或设置 RichTextBox 内的选定文本
属性	SelectionColor	获取或设置当前选定文本或插入点的文本颜色
属性	ZoomFactor	获取或设置 RichTextBox 的当前缩放级别
方法	Find	在 RichTextBox 的内容内搜索文本

(续)

	属性/方法/事件	说　明
方法	LoadFile	将文件的内容加载到 RichTextBox 控件中
方法	Redo	重新应用控件中上次撤销的操作
事件	LinkClicked	当用户在控件文本内的链接上单击时发生
事件	SelectionChanged	控件内的选定文本更改时发生

5.6　多文档界面

多文档界面（MDI）应用程序同时显示多个文档，每个文档显示在各自的窗口中。MDI 应用程序中常有包含子菜单的"窗口"菜单项，用于在窗口或文档之间进行切换。

5.6.1　创建 MDI 父窗体

多文档界面应用程序 MDI 父窗体是包含 MDI 子窗口的窗体，在"Windows 窗体设计器"创建 MDI 父窗体很容易。首先创建 Windows 应用程序，在"属性"窗口中，将 IsMDIContainer 属性设置为 true，将该窗体指定为子窗口的 MDI 容器。注意，当在"属性"窗口中设置属性时，根据需要可将 WindowState 属性设置为 Maxmized，因为当父窗体最大化时操作 MDI 子窗口最容易。另外，MDI 父窗体的边缘将采用系统颜色（在 Windows 系统控制面板中设置），而不采用 Control.BackColor 属性设置的背景色。

将 MenuStrip 组件从"工具箱"拖到窗体上，创建一个 Text 属性设置为"文件（&F）"的顶级菜单项，且带有"新建（&N）"和"关闭（&C）"的子菜单项，再创建一个名为"窗口（&W）"的顶级菜单项。第一个菜单将在运行时创建并隐藏菜单项，第二个菜单将跟踪打开的 MDI 子窗体。此时，已创建了一个 MDI 父窗体。

按 F5 键运行该应用程序，如图 5-32 所示。

5.6.2　创建 MDI 子窗体

图 5-32　运行结果

多文档界面应用程序的基础是 MDI 子窗体，因为它们是用户交互的中心。在创建了 MDI 父窗体的基础上，下面接着介绍如何创建并打开 MDI 子窗体。

1）按照图 5-33 所示创建一个 MDI 子窗体，注意将 RichTextBox 控件从"工具箱"拖到窗体上。在"属性"窗口中，将 Anchor 属性设置为"Top，Left"，并将 Dock 属性设置为"Fill"，这样，即使调整 MDI 子窗体的大小，RichTextBox 控件也会完全填充该窗体的区域。

2）为"新建"菜单项创建 Click 事件处理程序，单击"新建"菜单项，创建新的 MDI 子窗体。由事件处理程序处理 NewMenuItem 的 Click 事件。

```
private void NewMenuItem_Click(object sender, EventArgs e)
{
    childForm MDIChild = new childForm();
    MDIChild.MdiParent = this;                    // 设置子窗体的父窗体
    MDIChild.Show();                              // 显示一个新窗体
}
```

程序运行结果如图 5-34 所示。

图 5-33　MDI 子窗体

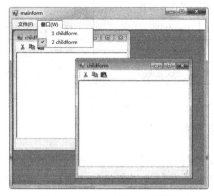

图 5-34　MDI 程序运行结果

菜单栏的 MdiWindowListItem 属性可以指定 MDI 窗体中的哪个菜单项可以显示 MDI 子窗体标题列表，默认值为 None，表示不能显示子窗体标题列表，若为某个主菜单项名称，即表示该主菜单项中可以显示。在运行期间，自动显示和管理子窗体标题列表。MdiWindowListItem 属性可以在设计阶段设置，也可以在代码中设置。

5.6.3　确定活动的 MDI 子窗体

一个 MDI 应用程序可以有同一个子窗体的多个实例，通过 ActiveMDIChild 属性，可以得到当前具有焦点的子窗体或返回最近活动的子窗体。当窗体上有数个控件时，通过 ActiveMDIChild 属性，可以得到当前活动的子窗体上有焦点的控件。

假定有一个 MDI 父窗体 (Form1)，它具有包含 RichTextBox 控件的一个或多个 MDI 子窗口。将活动子窗体的活动控件的文本复制到剪贴板。

```
protected void mniCopy_Click (object sender, System.EventArgs e)
{
        // 确定活动的子窗体
        Form activeChild = this.ActiveMDIChild;
        // 如果有一个活动的子窗体，找到活动的控件
        // 在这个例子里是 RichTextBox.
        if (activeChild != null)
        {
                try
                {
                        RichTextBox theBox = (RichTextBox)activeChild.ActiveControl;
                        if (theBox != null)
                        {
                                // 把选择的文本放在剪贴板里
                                Clipboard.SetDataObject(theBox.SelectedText);
                        }
                }
                catch
                { MessageBox.Show("You need to select a RichTextBox.");  }
        }
}
```

通常，在多文档界面应用程序的上下文中，需要将数据发送到活动子窗口，比如当用户将数据从剪贴板中粘贴到 MDI 应用程序中时。

例如，将剪贴板上的文本复制到活动子窗体的活动控件，代码如下：

```
protected void mniPaste_Click (object sender, System.EventArgs e)
{
        // 确定活动的子窗体
        Form activeChild = this.ActiveMDIChild;
        // 如果有一个活动的子窗体，找到活动的控件
        // 在这个例子里是 RichTextBox.
        if (activeChild != null)
        {
            try
            {
                RichTextBox theBox = (RichTextBox)activeChild.ActiveControl;
                if (theBox != null)
                {
                    // 创建一个新的数据对象接口的实例
                    IDataObject data = Clipboard.GetDataObject();
                    // 如果数据是文本，那么把 RichTextBox 的文本复制到剪贴板
                    if (data.GetDataPresent(DataFormats.Text))
                    { theBox.SelectedText = data.GetData(DataFormats.Text).ToString();}
                }
            }
            catch
            { MessageBox.Show("You need to select a RichTextBox."); }
        }
}
```

5.6.4　排列子窗体

应用程序通常包含对打开的 MDI 子窗体进行操作的菜单命令，如"平铺""层叠"和"排列"。可以使用 LayoutMdi 方法和 MdiLayout 枚举来重新排列 MDI 父窗体中的子窗体。

LayoutMdi() 方法可使用 4 个不同 MdiLayout 枚举值中的一个，这些枚举值将子窗体显示为层叠、水平平铺或垂直平铺，或者在 MDI 窗体下部显示排列的子窗体图标。这些方法常用于菜单项的 Click 事件处理程序。这样，选择菜单项可在 MDI 子窗口上产生所需的效果。为了排列子窗体，用 LayoutMdi() 方法为 MDI 父窗体设置 MdiLayout 枚举。其枚举值如表 5-22 所示。

表 5-22　MdiLayout 枚举值

成员名称	说　　明
ArrangeIcons	所有 MDI 子图标均排列在 MDI 父窗体的工作区内
Cascade	所有 MDI 子窗口均层叠在 MDI 父窗体的工作区内
TileHorizontal	所有 MDI 子窗口均水平平铺在 MDI 父窗体的工作区内
TileVertical	所有 MDI 子窗口均垂直平铺在 MDI 父窗体的工作区内

例如，对 MDI 父窗体（myForm1）的子窗体使用 MdiLayout 枚举的"层叠"设置。

```
myForm1.LayoutMdi(System.Windows.Forms.MdiLayout.Cascade);
```

5.7　打印与打印预览

在 Windows 窗体中打印包括使用 PrintDocument 组件进行打印，使用 PrintPreviewDialog 控件、PrintDialog 和 PageSetupDialog 组件，提供熟悉的 Windows 操作系统的图形用户界面。

通常，先创建 PrintDocument 组件的一个实例，使用 PrinterSettings 和 PageSettings 类设

置描述打印内容的属性，然后调用 Print 方法实际打印文档。

在从 Windows 应用程序进行打印的过程中，PrintDocument 组件将显示中止打印对话框，该对话框提醒用户正在进行打印，并且可让用户取消打印作业。

在 Windows 窗体中实现打印的基础是 PrintDocument 组件，通过编写 PrintPage 事件处理代码，可以指定打印内容和打印方式。

5.7.1　在设计时创建打印作业

向窗体中添加 PrintDocument 组件，右击窗体并选择"查看代码"，PrintPage 事件处理必须编写自己的打印逻辑代码，还必须指定要打印的材料。通过使用"属性"窗口的"事件"选项卡来连接该事件。

例如，在 PrintPage 事件处理程序中创建一个示例图形（红色矩形）作为要打印的材料，代码如下：

```
private void printDocument1_PrintPage(object sender, System.Drawing.Printing.
    PrintPageEventArgs e)
{
    e.Graphics.FillRectangle(Brushes.Red, new Rectangle(500, 500, 500, 500));
}
```

可能还要为 BeginPrint 和 EndPrint 事件编写代码，还可以包括一个表示打印总页数的整数，该整数随着每页的打印而递减。设置 PrintDialog 组件的 Document 属性可设置在窗体上处理的打印文档相关的属性。

一般在设计时设置与打印相关的选项，但用户有时希望在运行时以编程方式更改选项，通过 PrintDialog 组件和 PrinterSettings 类可实现此目的。例如，将 PrintDialog 组件从工具箱添加到窗体中，右击窗体并选择"查看代码"，使用 ShowDialog 方法显示 PrintDialog 组件。代码如下：

```
printDialog1.ShowDialog();
```

使用 PrintDialog 组件的 PrinterSettings 属性可检索用户的打印选项，使用 PrintDialog 组件的 DialogResult 属性来选择打印机。

5.7.2　选择打印机打印文件

下面通过示例说明选择打印机和打印文件的方法。

【例 5.14】　使用 PrintDialog 组件选择要使用的打印机。

有两个要处理的事件。在第一个事件（Button 控件的 Click 事件）中，实例化 PrintDialog 类，并在 DialogResult 属性中捕获用户选择的打印机。在第二个事件（PrintDocument 组件的 PrintPage 事件）中，将一个示例文档打印到指定的打印机。

```
private void button1_Click(object sender, System.EventArgs e)
{
    PrintDialog printDialog1 = new PrintDialog();
    printDialog1.Document = printDocument1;
    DialogResult result = printDialog1.ShowDialog();
    if (result == DialogResult.OK)
    { printDocument1.Print(); }
}
private void printDocument1_PrintPage(object sender, System.Drawing.Printing.
    PrintPageEventArgs e)
```

```
    {
        e.Graphics.FillRectangle(Brushes.Red, new Rectangle(500, 500, 500, 500));
    }
```

5.7.3　打印图形

通常，在 Windows 应用程序中打印图形，Graphics 类提供将对象绘制到设备（如屏幕或打印机）的方法。

将 PrintDocument 组件添加到窗体中。右击窗体并选择"查看代码"，在 PrintPage 事件处理程序中，使用 PrintPageEventArgs 类的 Graphics 属性指示打印机打印何种图形。

【例 5.15】　使用事件处理程序在边框中创建一个蓝色的椭圆，其位置和尺寸如下：以（100, 150）为起点，宽度和高度均为 250。

```
private void printDocument1_PrintPage(object sender, System.Drawing.Printing.
    PrintPageEventArgs e)
{
    e.Graphics.FillRectangle(Brushes.Blue, new Rectangle(100, 150, 250, 250));
}
```

5.7.4　打印文本

对 Windows 应用程序来说，打印文本非常常见。Graphics 类提供将对象（图形或文本）绘制到设备（如屏幕或打印机）的方法。

将 PrintDocument 组件添加到窗体中。右击窗体并选择"查看代码"，在 PrintPage 事件处理程序中，使用 PrintPageEventArgs 类的 Graphics 属性指示打印机打印何种文本。例如，使用事件处理程序从点（150, 125）开始用黑色的 Arial 字体打印字符串 SampleText，代码如下：

```
private void printDocument1_PrintPage(object sender, System.Drawing.Printing.
    PrintPageEventArgs e)
{
    e.Graphics.DrawString("SampleText", new Font("Arial", 80, FontStyle.Bold),
        Brushes.Black, 150, 125);
}
```

通常，处理打印作业的字处理器和其他应用程序都将提供显示打印作业完成的消息的选项。通过处理 PrintDocument 组件的 EndPrint 事件，可以在 Windows 窗体中轻松实现此功能。

下面的过程假定已经创建了一个 Windows 应用程序，在该应用程序中有一个 PrintDocument 组件，这是从 Windows 应用程序进行打印的标准方式。

1）在"属性"窗口中，设置 PrintDocument 组件的 DocumentName 属性，或者在代码中进行如下设置：

```
printDocument1.DocumentName = "MyTextFile";
```

2）右击窗体并选择"查看代码"，编写代码以处理 EndPrint 事件。显示一个消息框，指示文档已完成打印。

```
private void printDocument1_EndPrint (object sender,
System.Drawing.Printing.PrintPageEventArgs e)
{
    MessageBox.Show(printDocument1.DocumentName + " has finished printing.");
}
```

应用程序的一个通用功能是打印预览，此时屏幕显示要打印的文档。Windows 窗体通过 PrintPreviewDialog 控件提供此功能。另外，如果要自定义完成打印预览功能，可使用工具箱内的 PrintPreviewControl。

5.8 综合应用实例

【例 5.16】 将例 5.12 的记事本改写为 MDI 应用程序。

设计步骤：

（1）新建 WinForm 项目并添加控件

新建 WinForm 项目，从工具箱中拖拽 1 个 MenuStrip 到窗体上。

（2）设置控件与窗体属性

将窗体 Form1 重新命名为 MDIForm，其 Text 和 IsMdiContainer 设置为"多文档记事本"和 True，按照图 5-35 所示设置菜单，将 menuStrip1 的 MdiWindow-ListItem 属性设置为"窗口 WToolStripMenuItem"。

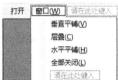

（3）添加现有项

在解决方案资源管理器中右击项目名→"添加"→"现有项"，在弹出的"添加现有项"对话框中选择 Ex5_12 中的 Form1.cs、Form1.Designer.cs 和 Form1，如图 5-36 所示，单击"添加"按钮完成添加。

图 5-35 设置菜单

图 5-36 添加现有项

（4）添加代码

在窗体设计器中分别双击菜单栏中"打开"和窗口菜单中的各个子菜单，引用命名空间 "using Ex5_12;"，代码如下：

```csharp
private void 打开ToolStripMenuItem_Click(object sender, EventArgs e)
{
    fmTxt MDIChild = new fmTxt();
    MDIChild.MdiParent = this;                    // 设置子窗体的父窗体
    MDIChild.Show();                              // 显示一个新窗体
}
private void 水平平铺VToolStripMenuItem_Click(object sender, EventArgs e)
{
    LayoutMdi(MdiLayout.TileVertical);            // 垂直平铺子窗体
```

```
    }
private void 重叠 CToolStripMenuItem_Click(object sender, EventArgs e)
{
    LayoutMdi(MdiLayout.Cascade);                        // 层叠
}
private void 水平平铺 HToolStripMenuItem_Click(object sender, EventArgs e)
{
    LayoutMdi(MdiLayout.TileHorizontal);                 // 水平平铺
}
private void 全部关闭 LToolStripMenuItem_Click(object sender, EventArgs e)
{
    foreach (Form childForm in MdiChildren)
    { childForm.Close(); }                               // 关闭子窗体
}
```

（5）运行程序

运行程序，单击"打开"菜单打开子窗体，结果如图 5-37 所示。

图 5-37　多文档记事本

第6章

GDI+ 编程

Windows 系统是基于图形的操作系统，图形是 Windows 应用程序的基本元素，随着计算机技术的发展，应用程序越来越多地使用图形和多媒体技术，用户界面更加美观，人机交互更加方便。利用 .NET 框架所提供的 GDI+ 类库，可以很容易地绘制各种图形，包括绘制直线和形状、处理位图图像和各种图像文件（bmp、jpg、ico、gif、wmf 等），还可以显示各种风格的文字。

6.1 GDI+ 简介

GDI+ 类库最早出现在 Windows 2000 中，现在已成为 .NET 框架的重要组成部分。GDI+ 包括一系列处理图形、文字和图像的类，它提供了大量二维图形绘制和图像处理功能，但不包括三维图形处理功能。要处理三维图形，仍然需要通过 COM 接口调用 DirectX 类库来完成。

要在屏幕或打印机上显示信息，程序员只需调用由 GDI+ 类提供的方法，这些方法随后调用特定的设备驱动程序。通过使用 GDI+，可以将应用程序与图形硬件分隔开来，而无须考虑特定设备的细节，正是这种分隔使得程序员能够创建与设备无关的应用程序。

6.1.1 坐标系

坐标系是图形设计的基础，绘制图形都需要在一个坐标系中进行。绘图是在一个逻辑坐标系中进行的，它是一个相对的坐标系，比如，可以是窗体坐标系，也可以是某个对象坐标系（如文本框、按钮等对象）。无论基于哪一种对象，坐标系总是以该对象的左上角为原点（0,0）。除了原点外，坐标系还包括横坐标（X轴）和纵坐标（Y轴），X值是指点与原点的水平距离，Y值是指点与原点的垂直距离，如图 6-1 所示。

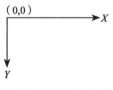

图 6-1　坐标系

在 Windows 窗体中，每个对象（包括窗体本身）都有尺寸。当在窗体上建立一个控件对象后，这个对象的原点在窗体这个坐标系中的位置就确定下来了，分别用 Location.X 和 Location.Y 来表示其 X、Y 值。当然，对于对象本身的坐标系而言，它的左上角是原点（0,0）。另外，对象的大小也可以确定，其水平方向上的宽度用属性 Size.Width 来表示，垂直方向上的高度用属性 Size.Height 来表示。

6.1.2 像素

在屏幕上绘图时，实际上是通过点阵来建立图形，构成图形的点就是图像元素，简称像素。前面介绍的对象的Location.X、Location.Y、Size.Width 和 Size.Height 属性都是以像素为单位的。

计算机的屏幕分辨率决定了屏幕能显示的像素的数量。比如，当屏幕分辨率设为 800×600 时，可以显示 480 000 个像素；当屏幕分辨率设为 1024×768 时，可以显示的像素就比前一种多。分辨率确定后，每个像素在屏幕上的位置就确定了。对于同一个坐标点，如 (400,300)，在不同的分辨率情况下，它在屏幕上的位置是不同的。比如，在 800×600 分辨率下，它在屏幕的正中，而在 1024×768 分辨率下，它就不在屏幕正中。

像素是光栅设备可以显示的最小单位。对单色设备来说，每个像素可以用一位（比特）表示，而对彩色设备，每个像素必须用多位表示，位数越多，表示的颜色越丰富。表 6-1 列出了部分设备中每个像素的位数及颜色数。

表 6-1 像素与颜色

像素位数	颜色数	典型设备	像素位数	颜色数	典型设备
1	2	单色显示器、打印机	16	32 768 或 65 535	32K 或 64K 色 VGA
2	16	标准 VGA	24	2^{24}	24 位真彩色设备
8	256	256 色 VGA	32	2^{32}	32 位真彩色设备

6.1.3 Graphics 类

Graphics 类是使用 GDI+ 的基础，它代表所有输出显示的绘图环境，用户可以通过编程操作 Graphics 对象在屏幕上绘制图形、呈现文本或操作图像。创建 Graphics 对象的方法很多，下面列出了 3 种方法。

1. Paint 事件

在为窗体编写 Paint 事件处理程序时，图形对象作为一个 PaintEventArgs 类的实例提供。下面的代码引用 Paint 事件的 PaintEventArgs 中的 Graphics 对象。

```
private void Form1_Paint(object sender,  System.Windows.Forms.PaintEventArgs pe)
{
    /* 声明图形对象并把它设置为PaintEventArgs事件提供的图形对象 */
    Graphics g = pe.Graphics;
}
```

2. CreateGraphics 方法

使用控件或窗体的 CreateGraphics() 方法获取对 Graphics 对象的引用，该对象表示这个控件或窗体的绘图表面。例如：

```
Graphics g;
g = this.CreateGraphics();        // 把 g 设为一个图形对象，表示控件或窗体的绘图平面
```

3. Graphics.FromImage 方法

要从 Image 类派生的任何对象创建图形对象，调用 Graphics.FromImage() 方法即可。例如：

```
Bitmap myBitmap = new Bitmap(@"C:\myPic.bmp");
Graphics g = Graphics.FromImage(myBitmap);
```

在 GDI+ 中，可使用"画笔"和"画刷"对象来呈现图形、文本和图像。画笔是 Pen 类的实例，可用于绘制线条和空心形状。画刷是从抽象类 Brush 类派生的任何类的实例，可用于填充形状或绘制文本。Color 对象是表示特定颜色类的实例，可使用构造函数指定画笔和画

刷所呈现图形的颜色。例如：

```
Pen myPen = new Pen(Color.Red);                    // 创建一个红色的画笔
SolidBrush myBrush = new SolidBrush(Color.Blue);    // 创建一个深蓝色的画刷
```

Graphics 类的常用属性和方法分别如表 6-2 和表 6-3 所示。

表 6-2　Graphics 类的常用属性

属性名称	说　　明
CompositingMode	获取一个值，该值指定如何将合成图像绘制到此 Graphics
CompositingQuality	获取或设置绘制到此 Graphics 的合成图像的呈现质量
DpiX	获取此 Graphics 的水平分辨率
DpiY	获取此 Graphics 的垂直分辨率
InterpolationMode	获取或设置与此 Graphics 关联的插补模式
IsClipEmpty	获取一个值，该值指示此 Graphics 的剪辑区域是否为空
IsVisibleClipEmpty	获取一个值，该值指示此 Graphics 的可见剪辑区域是否为空
PageScale	获取或设置此 Graphics 的全局单位和页单位之间的比例
PageUnit	获取或设置用于此 Graphics 中的页坐标的度量单位
PixelOffsetMode	获取或设置一个值，该值指定在呈现此 Graphics 的过程中像素如何偏移
RenderingOrigin	为抵色处理和阴影画笔获取或设置此 Graphics 的呈现原点
SmoothingMode	获取或设置此 Graphics 的呈现质量
TextContrast	获取或设置呈现文本的灰度校正值
TextRenderingHint	获取或设置与此 Graphics 关联的文本的呈现模式
Transform	获取或设置此 Graphics 的几何世界变换的副本
VisibleClipBounds	获取此 Graphics 的可见剪辑区域的边框

表 6-3　Graphics 类的常用方法

方法名称	说　　明
BeginContainer	保存具有此 Graphics 的当前状态的图形容器，然后打开并使用新的图形容器
Clear	清除整个绘图面并以指定背景色填充
Dispose	释放由 Graphics 使用的所有资源
DrawArc	绘制一段弧线，它表示由一对坐标、宽度和高度指定的椭圆部分
DrawBezier	绘制由 4 个 Point 结构定义的贝塞尔样条
DrawBeziers	用 Point 结构数组绘制一系列贝塞尔样条
DrawClosedCurve	绘制由 Point 结构的数组定义的闭合基数样条
DrawCurve	绘制经过一组指定的 Point 结构的基数样条
DrawEllipse	绘制一个由边框（该边框由一对坐标、高度和宽度指定）定义的椭圆
DrawIcon	在指定坐标处绘制由指定的 Icon 表示的图像
DrawImage	在指定位置并且按原始大小绘制指定的 Image
DrawLine	绘制一条连接由坐标对指定的两个点的线条
DrawLines	绘制一系列连接一组 Point 结构的线段
DrawPie	绘制一个扇形，该形状由一个坐标对、宽度、高度以及两条射线所指定的椭圆定义
DrawPolygon	绘制由一组 Point 结构定义的多边形
DrawRectangle	绘制由坐标对、宽度和高度指定的矩形
DrawString	在指定位置并且用指定的 Brush 和 Font 对象绘制指定的文本字符串
FillRectangle	填充由一对坐标、一个宽度和一个高度指定的矩形的内部
Flush	强制执行所有挂起的图形操作并立即返回而不等待操作完成

6.2 绘图

.NET 提供了绘制各种图形的功能，它允许用户在窗体及其中的各种对象上绘制直线、矩形、多边形、圆、椭圆、圆弧、曲线、饼图等图形形状。

6.2.1 画笔

画笔（Pen）用于绘制直线和曲线，无法继承此类。在 System.Drawing 命名空间中，画笔可用于绘制线条、曲线以及勾勒形状轮廓。下面的代码创建一支基本的黑色画笔。

```
Pen myPen = new Pen(Color.Black);          // 创建一个默认宽度为 1 的黑画笔
Pen myPen = new Pen(Color.Black, 5);       // 创建一个宽度为 5 的黑画笔
```

也可以通过已存在的画刷对象创建画笔。下面的代码基于已存在画刷（名为 myBrush）创建画笔。

```
Pen myPen = new Pen(myBrush);      // 创建一个画笔，与 myBrush 有相同的属性，默认宽度为 1
Pen myPen = new Pen(myBrush, 5);   // 创建一个画笔，与 myBrush 有相同的属性，设置宽度为 5
```

在创建画笔后，可以设置画笔的线条形式的各种属性。Width 和 Color 等属性会影响线条的外观；StartCap 和 EndCap 属性可将预设或自定义的形状添加到线条的开始或结尾；DashStyle 属性允许在实线、虚线、点划线或自定义点划线之间进行选择；DashCap 属性可以自定义线条中短划线的结尾。

6.2.2 画刷

画刷是与 Graphics 对象一起使用来创建实心形状和呈现颜色与图案的对象。不同类型的画刷如表 6-4 所示。

表 6-4　画刷的类型

Brush 类的子类	说　　明
SolidBrush	画刷的最简单形式，它用纯色进行绘制
HatchBrush	类似于 SolidBrush，但是该类允许从大量预设的图案中选择绘制时要使用的图案，而不是纯色
TextureBrush	使用纹理（如图像）进行绘制
LinearGradientBrush	使用渐变混合的两种颜色进行绘制
PathGradientBrush	基于开发人员定义的唯一路径，使用复杂的混合色渐变进行绘制

这些类均是从 Brush 类继承的，该类是抽象类，不能实例化。

【例 6.1】 设计 WinForm 应用程序，分别使用笔和画笔画出以坐标（30，30）和（130，30）为起点的长为 70、高为 50 的矩形。

新建 WinForm 项目，在 Form1 的设计视图中将此窗体调整到适当的大小，并将 Text 属性设为"画笔与画刷"。从工具箱中将两个 Button 控件拖放到窗体中，如图 6-2a 所示对控件进行布局。将 button1 和 button2 的 Text 属性值分别设置为"画笔"和"画刷"。分别双击"画笔"和"画刷"按钮，其事件代码如下所示：

```
private void button1_Click(object sender, EventArgs e)
{
    Pen myPen = new Pen(Color.Black);          // 定义颜色为黑色的画笔
    Graphics g = this.CreateGraphics();        // 创建 Graphics 对象
    g.DrawRectangle(myPen,30,30,70,50);        // 利用画笔画矩形
}
```

```
private void button2_Click(object sender, EventArgs e)
{
    Graphics g = this.CreateGraphics();           // 创建 Graphics 对象
    SolidBrush mySBrush = new SolidBrush(Color.Red);  // 定义颜色为红色的画刷
    g.FillRectangle(mySBrush, 130, 30, 70, 50);   // 利用画刷画矩形
}
```

分别单击"画笔"和"画刷"按钮，运行前后的效果如图 6-2b 所示。

a）画图前

b）画图后

图 6-2　例 6.1 的运行效果

6.2.3　绘制直线

绘制直线时，可以调用 Graphics 类中的 DrawLine 方法，该方法为可重载方法，它主要用来绘制一条连接由坐标对指定的两个点的线条。其常用格式有以下两种。

1）绘制一条连接两个 Point 结构的线。

```
Graphics g = this.CreateGraphics();
g.DrawLine(Pen myPen,Point pt1,Point pt2);
```

其中，笔对象 myPen 确定线条的颜色、宽度和样式。ptl 是 Point 结构，表示要连接的一个点；pt2 也是 'Point 结构，表示要连接的另一个点。

2）绘制一条连接由坐标对指定的两个点的线条。

```
Graphics g = this.CreateGraphics();
g.DrawLine(Pen myPen,int x1,int y1,int x2,int y2);
```

DrawLine 方法中各参数及说明如表 6-5 所示。

【例 6.2】　设计 WinForm 应用程序，分别使用以上介绍的方法绘制直线。

新建 WinForm 项目，在 Form1 的设计视图中将此窗体调整到适当的大小，并将 Text 属性设为"绘制直线"。从工具箱中拖放 3 个 Button 控件到窗体中。button1、button2 和 button3 的 Text 属性值分别设置为"画横线""画竖线"和"画斜线"。在窗体设计器中分别双击"画横线""画竖线"和"画斜线"按钮，代码如下：

表 6-5　DrawLine 方法的参数及说明

参数	说　　明
pen	确定线条的颜色、宽度和样式
x1	第一个点的 x 坐标
y1	第一个点的 y 坐标
x2	第二个点的 x 坐标
y2	第二个点的 y 坐标

```
public partial class Form1 : Form
{
    Graphics g;
    public Form1()
    {
        InitializeComponent();
        g = this.CreateGraphics();
    }
```

```
private void button1_Click(object sender, EventArgs e)
{
    Pen myPen = new Pen(Color.Black, 4);      // 实例化一个宽度为 4 的黑色画笔
    Point pt1 = new Point(30, 30);            // 实例化开始点
    Point pt2 = new Point(160, 30);
    g.DrawLine(myPen, pt1, pt2);              // 画横线
}
private void button2_Click(object sender, EventArgs e)
{
    Pen myPen = new Pen(Color.Red, 4);        // 实例化一个宽度为 4 的红色画笔
    g.DrawLine(myPen, 210, 30, 210, 130);     // 画竖线
}
private void button3_Click(object sender, EventArgs e)
{
    Pen myPen = new Pen(Color.Green, 4);      // 实例化一个宽度为 4 的绿色画笔
    g.DrawLine(myPen, 300, 30, 400, 130);     // 画斜线
}
}
```

运行程序，分别单击"画横线""画竖线"和"画斜线"按钮，运行结果如图 6-3 所示。

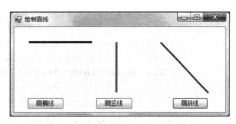

图 6-3　画 3 种直线

6.2.4　绘制矩形

可以调用 Graphics 类中的 DrawRectangle 方法来绘制矩形。该方法为可重载方法，主要用来绘制由坐标对、宽度和高度指定的矩形。其常用格式有以下两种。

1）绘制由 Rectangle 结构指定的矩形。

```
Graphics g = this.CreateGraphics();
g.DrawRectangle(Pen myPen,Rectangle rect);
```

其中 myPen 为 Pen 的对象，它确定矩形的颜色、宽度和样式。rect 表示要绘制矩形的 Rectangle 结构。例如，声明一个 Rectangle 结构，代码如下：

```
Rectangle rect = new Rectangle(30, 30, 100, 80);    // 以 (30, 30) 为起点，长为 100、
                                                    // 高为 80 的矩形
```

2）绘制由坐标对、宽度和高度指定的矩形。

```
Graphics g = this.CreateGraphics();
g.DrawRectangle(Pen myPen, int x,int y, int width, int int height);
```

DrawRectangle 方法中各参数及说明如表 6-6 所示。

表 6-6　DrawRectangle 方法的参数及说明

参数	说　　明	参数	说　　明
myPen	Pen 的对象，确定矩形的颜色、宽度和样式	width	要绘制矩形的宽度
x	要绘制矩形的左上角的 x 坐标	height	要绘制矩形的高度
y	要绘制矩形的左上角的 y 坐标		

【例 6.3】设计 WinForm 应用程序，分别使用以上介绍的方法绘制矩形。

新建 WinForm 项目，在 Form1 的设计视图中将此窗体调整到适当的大小，并将 Text 属

性设为"绘制矩形"。从工具箱中拖拽 3 个 Button 控件到窗体中。button1、button2 和 button3 的 Text 属性值分别设置为"画矩形方法一""画矩形方法二"和"画实心矩形"。在窗体设计器中分别双击"画矩形方法一""画矩形方法二"和"画实心矩形"按钮。其事件代码如下:

```
private void button1_Click(object sender, EventArgs e) // 画矩形方法一
{
    Graphics g = this.CreateGraphics();
    Pen myPen = new Pen(Color.Black, 4);
    /* 声明一个 Rectangle 结构且以 (30,30) 为起点，长为 100、高为 80 的矩形 */
    Rectangle rect = new Rectangle(30, 30, 100, 80);
    g.DrawRectangle(myPen, rect);
}
private void button2_Click(object sender, EventArgs e) // 画矩形方法二
{
    Graphics g = this.CreateGraphics();
    Pen myPen = new Pen(Color.Red, 4);
    g.DrawRectangle(myPen, 140, 30, 100, 80);               // 以 (140,30) 为起点，长为
                                                            // 100、高为 80 的矩形

}
private void button3_Click(object sender, EventArgs e) // 画实心矩形
{
    Graphics g = this.CreateGraphics();
    SolidBrush mySBrush = new SolidBrush(Color.Green);    // 定义颜色为绿色的画刷
    g.FillRectangle(mySBrush, 250, 30, 100, 80);            // 以 (250,30) 为起点，长为
                                                            // 100、高为 80 的实心矩形

}
```

运行程序，分别单击 3 个按钮，运行结果如图 6-4 所示。

6.2.5 绘制椭圆

绘制椭圆时，可以调用 Graphics 类中的 DrawEllipse 方法，该方法为可重载方法，它主要用来绘制边界由 Rectangle 结构指定的椭圆。其常用格式有以下两种。

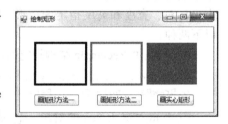

图 6-4 绘制矩形

1）绘制边界由 Rectangle 结构指定的椭圆。

```
Graphics g = this.CreateGraphics();
g.DrawEllipse(Pen myPen,Rectangle rect);
```

其中 myPen 为 Pen 对象，它确定曲线的颜色、宽度和样式。rect 为 Rectangle 结构，它定义椭圆的边界。

2）绘制一个由边框（该边框由一对坐标、高度和宽度指定）指定的椭圆。

```
Graphics g = this.CreateGraphics();
g.DrawEllipse(Pen myPen,int x,int y,int width,int height);
```

DrawEllipse 方法中的参数及说明如表 6-7 所示。

表 6-7 DrawEllipse 方法的参数及说明

参数	说　　明	参数	说　　明
myPen	确定曲线的颜色、宽度和样式	width	定义椭圆边框的宽度
x	定义椭圆边框的左上角的 x 坐标	height	定义椭圆边框的高度
y	定义椭圆边框的左上角的 y 坐标		

【例 6.4】 设计 WinForm 应用程序，分别使用以上介绍的方法绘制椭圆。

新建 WinForm 项目，在 Form1 的设计视图中将此窗体调整到适当的大小，并将 Text 属性设为"绘制椭圆"。从工具箱中拖拽 2 个 Button 控件到窗体中。button1、button2 和 button3 的 Text 属性值分别设置为"画椭圆方法一""画椭圆方法二"和"画实心椭圆"。在窗体设计器中分别双击"画椭圆方法一""画椭圆方法二"和"画实心椭圆"按钮。其事件代码如下：

```
private void button1_Click(object sender, EventArgs e)
{
        Graphics g = this.CreateGraphics();
        Pen myPen = new Pen(Color.Black, 4);
        /* 声明一个 Rectangle 结构且以 (30, 30) 为起点，长为 100、高为 80 的矩形 */
        Rectangle rect = new Rectangle(30, 30, 100, 80);
        g.DrawEllipse(myPen,rect);
}
private void button2_Click(object sender, EventArgs e)
{
        Graphics g = this.CreateGraphics();
        Pen myPen = new Pen(Color.Red, 4);
        g.DrawEllipse(myPen, 140, 30, 100, 80); // 以 (140,30) 为起点，长为 100、高为 80 的椭圆
}
private void button3_Click(object sender, EventArgs e)
{
        Graphics g = this.CreateGraphics();
        SolidBrush mySBrush = new SolidBrush(Color.Green); // 定义颜色为绿色的画刷
        Rectangle rect = new Rectangle(250, 30, 100, 80);
        g.FillEllipse(mySBrush,rect);
}
```

运行程序，分别单击 3 个按钮，运行结果如图 6-5 所示。

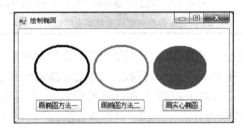

图 6-5　绘制椭圆

🍎 说明：

圆属于椭圆的一部分，当椭圆边框的宽度和椭圆边框的高度相等时绘出圆。改写上面代码可绘出圆，改写后的代码如下：

```
Graphics g = this.CreateGraphics();
Pen myPen = new Pen(Color.Red, 4);
g.DrawEllipse(myPen, 140, 30, 100, 100); // 以 (140,30) 为起点，长为 100、高为 100 的圆
```

6.2.6　绘制圆弧

绘制圆弧时，可以调用 Graphics 类中的 DrawArc 方法，该方法为可重载方法，它主要用来绘制一段弧线。其常用格式有以下两种。

1）绘制一段弧线，它表示由 Rectangle 结构指定的椭圆的一部分。

```
Graphics g = this.CreateGraphics();
g.DrawArc(Pen myPen, Rectangle rect, startAngle, sweepAngle);
```

DrawArc 方法中的参数及说明如表 6-8 所示。

表 6-8　DrawArc 方法的参数及说明

参数	说　　明
myPen	Pen 对象，它确定弧线的颜色、宽度和样式
rect	Rectangle 结构，它定义椭圆的边界
startAngle	从 x 轴到弧线的起始点沿顺时针方向量的角（以度为单位）
sweepAngle	从 startAngle 参数到弧线的结束点沿顺时针方向度量的角（以度为单位）

2）绘制一段弧线，它表示由一对坐标、宽度和高度指定的椭圆部分。

```
Graphics g = this.CreateGraphics();
g.DrawArc(Pen myPen, int x,int y,int width,int height, startAngle, sweepAngle);
```

DrawArc 方法中的参数及说明如表 6-9 所示。

表 6-9　DrawArc 方法的参数及说明

参数	说　　明
myPen	确定弧线的颜色、宽度和样式
x	定义椭圆边框的左上角的 x 坐标
y	定义椭圆边框的左上角的 y 坐标
width	定义椭圆边框的宽度
height	定义椭圆边框的高度
startAngle	从 x 轴到弧线的起始点沿顺时针方向量的角（以度为单位）
sweepAngle	从 startAngle 参数到弧线的结束点沿顺时针方向度量的角（以度为单位）

【例 6.5】　设计 WinForm 应用程序，分别使用以上介绍的方法绘制圆弧。

新建 WinForm 项目，在 Form1 的设计视图中将此窗体调整到适当的大小，并将 Text 属性设为“绘制圆弧”。从工具箱中将两个 Button 控件拖曳到窗体中。button1 和 button2 的 Text 属性值分别设置为“画圆弧方法一”和“画圆弧方法二”。在窗体设计器中分别双击“画圆弧方法一”和“画圆弧方法二”按钮。其事件代码如下：

```
private void button1_Click(object sender, EventArgs e)
{
    Graphics g = this.CreateGraphics();
    Pen myPen = new Pen(Color.Black, 4);
    /* 声明一个 Rectangle 结构以 (30,30) 为起点，长为 100、高为 80 的矩形 */
    Rectangle rect = new Rectangle(30, 30, 100, 80);
    g.DrawArc(myPen, rect,120,170);
}
private void button2_Click(object sender, EventArgs e)
{
    Graphics g = this.CreateGraphics();
    Pen myPen = new Pen(Color.Red, 4);
    g.DrawArc(myPen,140,30,100,80, 120, 170);
}
```

运行程序，分别单击两个按钮，运行结果如图 6-6 所示。

6.2.7　绘制多边形

绘制多边形需要 Graphics 对象、Pen 对象和 Point 或 PointF（对象数组）。Graphics 对象提供 DrawPolygon 方法绘制多边形，Pen 对象存储用于呈现多边形的线条属性，例如宽度和颜色等，Point 存储多边形的各个顶点。Pen 对象和 Point 或 PointF 作为参数传递给 DrawPolygon 方法。数组中的每对相邻的两个点指定多边形的一条边。另外，如果数组的最后一个点和第一个点不重合，则这两个点指定多边形的最后一条边。其常用格式有以下两种。

图 6-6　使用两种方法画圆弧

1）绘制由一组 Point 结构定义的多边形。

```
Graphics g = this.CreateGraphics();
g.DrawPolygon (Pen myPen, Point[]points);
```

myPen 为 Pen 对象，用来确定多边形的颜色、宽度和样式。points 为 Point 结构数组，这些结构表示多边形的顶点。

2）绘制由一组 PointF 结构定义的多边形。

```
Graphics g = this.CreateGraphics();
g.DrawPolygon (Pen myPen, PointF[]points);
```

myPen 为 Pen 对象，用来确定多边形的颜色、宽度和样式。points 为 PointF 结构数组，这些结构表示多边形的顶点。

【例 6.6】　设计 WinForm 应用程序，分别使用以上介绍的方法绘制多边形。

新建 WinForm 项目，在 Form1 的设计视图中将此窗体调整到适当的大小，并将 Text 属性设为"绘制多边形"。从工具箱中将两个 Button 控件拖放到窗体中。button1 和 button2 的 Text 属性值分别设置为"绘制多边形方法一"和"绘制多边形方法二"。分别双击"绘制多边形方法一"和"绘制多边形方法二"按钮。其事件代码如下：

```
private void button1_Click(object sender, EventArgs e)
{
        Graphics g = this.CreateGraphics();
        Pen myPen = new Pen(Color.Black, 4);
        Point p1=new Point(30,30);
        Point p2=new Point(60,10);
        Point p3=new Point(100,60);
        Point p4=new Point(60,120);
        Point[] points = { p1, p2, p3, p4 };
        g.DrawPolygon(myPen,points);
}
private void button2_Click(object sender, EventArgs e)
{
        Graphics g = this.CreateGraphics();
        Pen myPen = new Pen(Color.Red, 4);
        PointF p1 = new PointF(130.0F, 30.0F);
        PointF p2 = new PointF(160.0F, 10.0F);
        PointF p3 = new PointF(200.0F, 60.0F);
        PointF p4 = new PointF(160.0F, 120.0F);
        PointF[] points = { p1, p2, p3, p4 };
        g.DrawPolygon(myPen, points);
}
```

运行程序，分别单击"绘制多边形方法一"和"绘制多边形方法二"按钮，运行结果如图 6-7 所示。

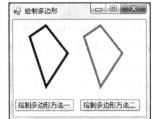

说明：

1）PointF 与 Point 完全相同，但 X 和 Y 属性的类型是 float 而不是 int。PointF 用于坐标值不是整数的情况。

2）上面例子都是绘制常规图形，如果要创建实心形状则使用画刷，并调用相应的方法。如可将例 6.6 的代码改写如下：

图 6-7　使用两种方法绘制多边形

```
private void button1_Click(object sender, EventArgs e)      // 方法一
{
        Graphics g = this.CreateGraphics();
        Point p1=new Point(30,30);
        Point p2=new Point(60,10);
        Point p3=new Point(100,60);
        Point p4=new Point(60,120);
        Point[] points = { p1, p2, p3, p4 };
        SolidBrush mySBrush = new SolidBrush(Color.Black); // 定义颜色为黑色的画刷
        g.FillPolygon(mySBrush, points);
}
private void button2_Click(object sender, EventArgs e)      // 方法二
{
        Graphics g = this.CreateGraphics();
        PointF p1 = new PointF(130.0F, 30.0F);
        PointF p2 = new PointF(160.0F, 10.0F);
        PointF p3 = new PointF(200.0F, 60.0F);
        PointF p4 = new PointF(160.0F, 120.0F);
        PointF[] points = { p1, p2, p3, p4 };
        SolidBrush mySBrush = new SolidBrush(Color.Red);     // 定义颜色为红色的画刷
        g.FillPolygon(mySBrush, points);
}
```

运行结果如图 6-8 所示。

6.3　颜色

.NET 框架的 Color 结构用于表示不同的颜色。颜色与笔和画笔一起使用，可指定要呈现的颜色。

1. 系统定义的颜色

可以通过 Color 结构访问若干系统定义的颜色。例如：

图 6-8　使用两种方法绘制实心多边形

```
Color myColor = Color.Red;
```

上面的语句将 myColor 分配给指定名称的系统定义的红色。

2. 用户定义的颜色

可以使用 Color.FromArgb() 方法创建用户定义的颜色。定义时，可以指定颜色中红色、蓝色和绿色各部分的强度。

```
Color myColor= Color.FromArgb(23,56,78);
```

此示例生成一种用户定义的颜色，该颜色为略带蓝色的灰色。其中每个数字必须是

0 ～ 255 之间的一个整数，0 表示没有该颜色，255 则为所指定颜色的完整饱和度。因此，Color.FromArgb(0,0,0) 呈现黑色，Color.FromArgb(255,255,255) 呈现白色。

3．Alpha 混合处理（透明度）

Alpha 表示所呈现图形后面的对象透明度。Alpha 混合处理的颜色对于各种底纹和透明度效果很有用。如果需要指定 Alpha 部分，则它应为 Color.FromArgb() 方法中 4 个参数的第一个参数，并且是 0 ～ 255 之间的一个整数。例如：

```
Color myColor = Color.FromArgb(127, 23, 56, 78);
```

此示例创建一种颜色，该颜色为略带蓝色的灰色，且透明度大致为 50%。也可以通过指定 Alpha 部分和以前定义的颜色来创建 Alpha 混合处理的颜色。

```
Color myColor= Color.FromArgb(128, Color.Tomato);
```

此示例创建一种颜色，该颜色的透明度大约为 50%，为系统定义的 Tomato 的颜色。

6.4　文本输出

在实际应用中，常常需要在控件对象中输出文本，.NET 中可以在有些控件中"写"出文本。所谓"写"就是以字符的编码来对应字符的图像输出，比如，标签、文本框、按钮、列表框等控件，在它们的 Text 属性中保存了要显示的文本字符，改变文本即可改变显示的字符。有些控件不能"写"出文本，只能"画"出文本，例如窗体和图片框等。在这些控件中输出文本，实际上是通过 Graphics 对象的 DrawString 方法来画出字符的图像。当然，标签、文本框、按钮、列表框等控件也可以采用这种方法画出文本。本节介绍如何在控件中用 DrawString 方法来"画"出文本。

6.4.1　字体

要输出文本，需要先指定文本的字体，字体可以通过 Font 类的构造函数来设置。语法格式如下：

```
Font 字体对象名 =new Font( 字体名称 , 大小 [, 样式 [, 量度 ]])
```

参数说明如下。

- 字体对象名：要创建的字体对象名。
- 字体名称：字体的名称，String 类型值。例如，Time New Roman、宋体、楷体。
- 大小：Single 类型的值，指定字体的大小，默认单位为点。
- 样式：可选项。指定字体的样式，是 FontStyle 枚举类型的值，各种样式如表 6-10 所示。
- 量度：可选项。指定字体大小的单位，是 GraphicsUnit 枚举类型的值，各种量度单位如表 6-11 所示。

例如，定义一个字体对象，其名称为"隶书"，大小为 14，样式为下划线，量度单位为点。代码如下：

表 6-10　FontStyle 枚举类型的成员

枚举成员	样式
Bold	粗体
Italic	斜体
Regular	常规
Strikeout	中划线
Underline	下划线

```
Font myFont = new Font(" 隶书 ", 14, FontStyle.Underline, GraphicsUnit.Point);
```

表 6-11 GraphicsUnit 枚举类型的成员

枚举成员	量度单位	枚举成员	量度单位
Display	1/75 英寸	Pixel	像素
Document	文档单位（1/300 英寸）	Point	打印机点（1/72 英寸）
Inch	英寸	World	通用
Millimeter	毫米		

6.4.2 输出文本

定义了文本字体后，就可以用 DrawString 方法来输出文本了。有 3 种使用 DrawString 方法的格式：

```
DrawString(字符串，字体对象，画刷，点)
DrawString(字符串，字体对象，画刷，X，Y)
DrawString(字符串，字体对象，画刷，矩形)
```

参数说明如下。
- 字符串：要输出的文本。
- 字体对象：要使用的字体对象名，调用之前应已创建。
- 画刷：指定字体的颜色，使用实心画刷。
- 点：PointF 结构类型，用来指定文本输出的开始位置。
- X，Y：Single 类型的值，用来指定文本输出的开始位置的坐标值。
- 矩形：RectangleF 结构类型（不是 Rectangle），用来定义一个矩形，矩形的左上角坐标、高度、宽度均为 Single 型的值，文本在该矩形中输出。

【例 6.7】 设计 WinForm 应用程序，绘制不同字体的字符串。

新建 WinForm 项目，在 Form1 的设计视图中将此窗体调整到适当的大小，并将 Text 属性设为“绘制不同字体字符串”。添加 Form1 的 Paint 事件，其事件代码如下：

```
private void Form1_Paint (object sender, EventArgs e)
{
    FontFamily[] families = FontFamily.GetFamilies(e.Graphics);
    Font font;
    string familyString;
    float spacing = 0f;
    int top = families.Length > 7 ? 7 : families.Length;
    for (int i = 0; i < top; i++)
    {
        font = new Font(families[i], 16, FontStyle.Bold);
        familyString = families[i].Name + 字体形状。";
        e.Graphics.DrawString(familyString, font, Brushes.Black, new PointF(0,
            spacing));
        spacing += font.Height + 3;
    }
}
```

运行程序，运行结果如图 6-9 所示。

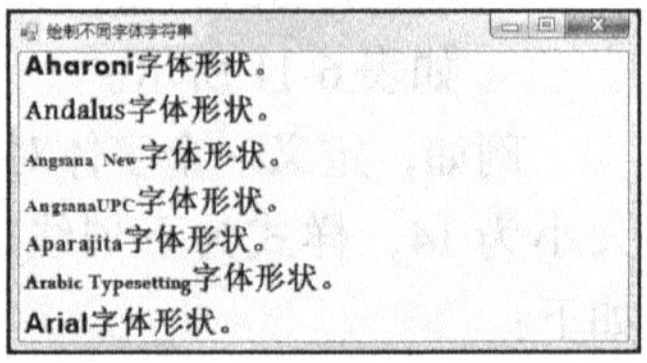

6.5 图像处理

6.5.1 绘制图像

可以使用 GDI+ 在应用程序中呈现以文件形式存在的图像。

图 6-9 绘制不同字体的字符串

实现此操作的方法是：创建 Image 类（如 Bitmap）的一个新对象，创建一个 Graphics 对象（它表示要使用的绘图表面），然后调用 Graphics 对象的 DrawImage() 方法。之后在图形类所表示的绘图表面绘制图像。在设计时使用"图像编辑器"创建并编辑图像文件，在运行时使用 GDI+ 呈现它们。

【例 6.8】 设计 WinForm 应用程序，在 PictureBox 控件中绘制图像。

新建 WinForm 项目，在 Form1 的设计视图中将此窗体调整到适当的大小，并将 Text 属性设为"绘制图像"。添加一个 Button 控件，Text 属性设置为"绘制"，再添加一个 PictureBox 控件，并将此控件调整到适当大小。在本机 C 盘中存放一幅命名为 girl.gif 的图片。添加 button1 的 Click 事件，其事件代码如下：

```
private void button1_Click (object sender, EventArgs e)
{
        Bitmap myBitmap = new Bitmap("C:\\girl.gif");
        Graphics g = pictureBox1.CreateGraphics();
        g.DrawImage(myBitmap, 0, 0);
}
```

运行程序，单击"绘制"按钮，运行结果如图 6-10 所示。

6.5.2 刷新图像

前面介绍的用 Graphics 对象绘制图形的例子，都是把窗体或控件本身作为 Graphics 对象来画图的，画出的图像是暂时的，如果当前窗体被切换或被其他窗口覆盖，这些图像就会消失。

图 6-10 绘制图像

为了使图像永久显示，有一种解决办法是把绘图工作放到 Paint 事件代码中，这样即可自动刷新图像。然而，这种方法只适合于显示的图像是固定不变的情况。在实际应用中，往往要求在不同情况下画出的图是不同的，用 Paint 事件就不方便了。

要让画出的图像能自动刷新，另一种解决方法是直接在窗体或控件的 Bitmap 对象上绘制图形，而不是在 Graphics 对象上画图。Bitmap 对象类似于 Image 对象，它包含的是组成图像的像素，可以建立一个 Bitmap 对象，在其上绘制图像后，再将其赋给窗体或控件的 Bitmap 对象，这样绘出的图就能自动刷新，而不需要用程序来重绘图像。

例如，定义一个 Bitmap 对象，将其赋给窗体的 BackgroundImage 属性。

```
Bitmap bmp = new Bitmap(this.Width,this.Height);   // 设置图像的尺寸，创建空的位图
this.BackgroundImage = bmp;
```

然后，就要在 Bitmap 对象上画图，这还需要借助于 Graphics 对象提供的丰富的画图方法。因此，将从 Bitmap 对象创建一个 Graphics 对象，之后就可以在 Graphics 对象上画图，也就是在 Bitmap 对象上画图。代码如下：

```
Graphics g = Graphics.FromImage(bmp);        // 从 bmp 对象创建一个 Graphics 对象
g.Clear(this.BackColor);                     // 设置位图的背景色，并清除原来的图像
Pen backpen = new Pen(Color.Black, 4);       // 一个黑色画笔
g.DrawLine(backpen, 0, 0, 300, 300);         // 画一根线
```

使用上面的代码画出图像后，无论怎样切换窗口，图像始终不会消失，将永久显示。

6.6 综合应用实例

在应用程序开发过程中经常涉及图形图像的应用。下面就模仿 Windows 系统自带的画图

工具设计一个画图工具。

【例 6.9】 设计一个画图工具应用程序，运行后界面的效果如图 6-11 所示。

图 6-11 画图工具运行结果

1. 界面设计

新建一个 Windows 窗体应用程序，将窗体 Form1 调整到适当大小，在窗体 Form1 中添加 1 个 Panel、1 个 PictureBox 和 1 个 StatusStrip 控件，在 Panel 控件中分别放入 3 个 GroupBox，在 3 个 GroupBox 控件中再分别放入 9 个 Button、5 个 Button 和 7 个 Button 控件，添加 1 个 ColorDialog 控件。在 StatusStrip 控件中添加 1 个 ToolStripStatusLabe，界面的设计可参考图 6-11。

2. 属性设置

将 StatusStrip 控件中的 ToolStripStatusLabe1 的 Text 属性设置为空值，画图工具中控件属性的设置如表 6-12 所示。其中，GroupBox1、GroupBox2 和 GroupBox3 分组框中包含的按钮控件的属性设置如表 6-13、表 6-14 和表 6-15 所示。

表 6-12 窗体和控件的属性设置

对象	对象名	属性名	属性值	对象	对象名	属性名	属性值
Form	Form1	Text	画图工具		groupBox1	Text	工具
		BackColor	White	GroupBox	groupBox2	Text	宽度
PictureBox	pictureBox1	Dock	Fill		groupBox3	Text	颜色
		BorderStyle	Fixed3D	Panel	panel1	Dock	Right

表 6-13 "工具"分组框中按钮控件的属性设置

对象名	属性名	属性值	对象名	属性名	属性值
button1	Image，Tag	表示铅笔的图片，0	button6	Image，Tag	表示填充矩形的图片，5
button2	Image，Tag	表示直线的图片，1	button7	Image，Tag	表示橡皮擦的图片，6
button3	Image，Tag	表示空心椭圆的图片，2	btnNew	Image	表示新建的图片
button4	Image，Tag	表示填充椭圆的图片，3	btnExit	Image	表示退出的图片
button5	Image，Tag	表示空心矩形的图片，4			

表 6-14 "宽度"分组框中按钮控件的属性设置

对象名	属性名	属性值
button9	Image, Tag, FlatStyle	表示宽度为 1 的直线图片，1，Flat
button10	Image, Tag, FlatStyle	表示宽度为 2 的直线图片，2，Flat
button11	Image, Tag, FlatStyle	表示宽度为 3 的直线图片，3，Flat
button12	Image, Tag, FlatStyle	表示宽度为 4 的直线图片，4，Flat
button13	Image, Tag, FlatStyle	表示宽度为 5 的直线图片，5，Flat

表 6-15 "颜色"分组框中按钮控件的属性设置

对象名	属性名	属性值	对象名	属性名	属性值
button14	BackColor, FlatStyle	Control, Flat	button18	BackColor, FlatStyle	Black, Flat
button15	BackColor, FlatStyle	Red, Flat	button19	BackColor, FlatStyle	Blue, Flat
button16	BackColor, FlatStyle	Yellow, Flat	button20	BackColor, FlatStyle, Text	Control, Flat, C
button17	BackColor, FlatStyle	Green, Flat			

3. 程序代码设计

定义画图的起终点、选择的图形枚举、画笔的宽度和图形枚举的代码如下：

```
Graphics g;
Point pStart, pEnd;        // 定义画图的起始终点
int ChoiceGraph;           // 所选择图形枚举
int penWidth;              // 画笔宽度
enum mySelected
{
    Pencil,                // 铅笔
    Line,                  // 直线
    Ellipse,               // 空心椭圆
    FillEllipse,           // 填充椭圆
    Rec,                   // 空心矩形
    FillRec,               // 填充矩形
    Eraser                 // 橡皮擦
};
```

窗体加载的事件代码如下：

```
private void Form1_Load(object sender, EventArgs e)
{
    g = this.pictureBox1.CreateGraphics();
    ChoiceGraph = (int)mySelected.Pencil;     // 默认选择为铅笔工具
    penWidth = 1;                             // 初始化画笔宽度
}
```

选择"工具"分组框中的工具按钮时，将所选择的按钮的 Tag 属性值作为所选择图形枚举。添加方法是在事件窗口中分别选择除"新建"和"退出"按钮外按钮的 Click 事件方法"btnTool_Click"。事件代码如下：

```
private void btnTool_Click(object sender, EventArgs e)
{
    ChoiceGraph = Convert.ToInt32(((Button)sender).Tag);
}
```

选择"宽度"分组框中工具按钮时，将所选择的宽度按钮的 Tag 值设为画笔宽度。添加

方法是在事件窗口中，分别将所选择的宽度按钮的 Click 事件方法设置为 btnLine_Click。事件代码如下：

```
private void btnLine_Click(object sender, EventArgs e)
{
    // 把所有按钮的背景色都设为 White
    button9.BackColor = Color.White;
    button10.BackColor = Color.White;
    button11.BackColor = Color.White;
    button12.BackColor = Color.White;
    button13.BackColor = Color.White;
    ((Button)sender).BackColor = Color.Black;              // 选中的按钮背景色为黑色
    penWidth = Convert.ToInt32(((Button)sender).Tag);// 选择宽度按钮的 Tag 值设为画笔宽度
}
```

选择"颜色"分组框中工具按钮时，将所选择的颜色按钮的背景色设置为 Button14 的背景色，而 Button14 的背景色作为画笔的颜色。事件代码如下：

```
private void btnColor_Click(object sender, EventArgs e)
{
    if (((Button)sender).Text == "C")
    {
        if (colorDialog1.ShowDialog() == DialogResult.OK)
        {    button14.BackColor = colorDialog1.Color;    }
    }
    else
    {    button14.BackColor = ((Button)sender).BackColor;    }
}
```

添加一个方法，其功能是在画图过程中将终点设置在起点的右下方。方法代码如下：

```
private void Change_Point()
{
    Point pTemp = new Point();               // 定义临时点
    if (pStart.X < pEnd.X)
    {
        if (pStart.Y > pEnd.Y)
        {
            pTemp.Y = pStart.Y;
            pStart.Y = pEnd.Y;
            pEnd.Y = pTemp.Y;
        }
    }
    if (pStart.X > pEnd.X)
    {
        if (pStart.Y < pEnd.Y)
        {
            pTemp.X = pStart.X;
            pStart.X = pEnd.X;
            pEnd.X = pTemp.X;
        }
        if (pStart.Y > pEnd.Y)
        {
            pTemp = pStart;
            pStart = pEnd;
            pEnd = pTemp;
        }
    }
}
```

单击鼠标时记录起点坐标，其事件代码如下：

```csharp
private void pictureBox1_MouseDown(object sender, MouseEventArgs e)
{
    if (e.Button == MouseButtons.Left)  // 如果单击鼠标左键，则将当前点坐标赋给起点
    {
        pStart.X = e.X;
        pStart.Y = e.Y;
    }
}
```

单击鼠标左键并移动时，如果选择的是铅笔，则画出鼠标移动的轨迹；如果选择的是橡皮擦，则擦除鼠标移动的轨迹。事件代码如下：

```csharp
private void pictureBox1_MouseMove(object sender, MouseEventArgs e)
{
    toolStripStatusLabel1.Text = "X:" + e.X.ToString() + ",Y:" + e.Y.ToString();
    if (e.Button == MouseButtons.Left)
    {
        switch (ChoiceGraph)
        {
            case (int)mySelected.Pencil:  // 选择的是铅笔
                Pen pen1 = new Pen(button14.BackColor, penWidth);
                pEnd.X = e.X;
                pEnd.Y = e.Y;
                g.DrawLine(pen1, pStart, pEnd);
                pStart = pEnd;  // 将已经绘制的终点作为下一次的绘制起点
                break;
            case (int)mySelected.Eraser:
                Pen pen2 = new Pen(Color.White, penWidth);  // 定义白色画笔作
                                                            // 为橡皮擦效果
                pEnd.X = e.X;
                pEnd.Y = e.Y;
                g.DrawLine(pen2, pStart, pEnd);
                pStart = pEnd;  // 将已经绘制的终点作为下一次绘制的起点
                break;
            default:
                break;
        }
    }
}
```

弹起鼠标左键时，根据所选择的画图工具画出图形。事件代码如下：

```csharp
private void pictureBox1_MouseUp(object sender, MouseEventArgs e)
{
    if (e.Button == MouseButtons.Left) // 如果用户按下的是鼠标左键，记录终点坐标
    {
        pEnd.X = e.X;
        pEnd.Y = e.Y;
        switch (ChoiceGraph)
        {
            case (int)mySelected.Line:                // 如果选择的是直线
                Pen pen1 = new Pen(button14.BackColor, penWidth);
                g.DrawLine(pen1, pStart, pEnd);
                break;
            case (int)mySelected.Ellipse:             // 如果选择的是空心椭圆
                Change_Point();
                Pen pen2 = new Pen(button14.BackColor, penWidth);
```

```
                    g.DrawEllipse(pen2, pStart.X, pStart.Y, pEnd.X - pStart.X,
                        pEnd.Y - pStart.Y);
                    break;
                case (int)mySelected.FillEllipse:          // 如果选择的是实心椭圆
                    Change_Point();
                    SolidBrush myBrush = new SolidBrush(button14.BackColor);
                    Rectangle rec = new Rectangle(pStart.X, pStart.Y, pEnd.X -
                        pStart.X, pEnd.Y -
                    pStart.Y);
                    g.FillEllipse(myBrush, rec);
                    break;
                default:
                    break;
            }
        }
    }
```

新建按钮事件代码如下:

```
private void btnNew_Click(object sender, EventArgs e)
{
    pictureBox1.Refresh();                              // 刷新
}
```

退出按钮事件代码如下:

```
private void btnExit_Click(object sender, EventArgs e)
{
    this.Close();                     // 关闭
}
```

说明:

　　由于按钮控件太多,可在"工具"分组框中根据按钮控件的 Tag 属性值和枚举类型来确定用户选择的是哪个画图工具,在"宽度"分组框中根据按钮控件的 Tag 属性值来确定画笔的粗细。

第 7 章

文 件 操 作

文件操作是程序设计中经常用到的。很多程序将数据保存在文件中，因此对文件的访问是十分重要的。对计算机而言，文件往往存储在磁盘等外部设备中，对文件的操作也常常涉及文件夹的操作。本章将介绍处理文件和文件夹的相关操作。

7.1 文件概述

在计算机科学技术中，常用"文件"这个术语来表示输入 / 输出操作的对象。所谓"文件"，是指按一定的结构和形式存储在外部设备上的相关数据的集合。例如，用记事本编辑的文档是一个文件，用 Word 编辑的文档也是一个文件，将其保存到磁盘上就是一个磁盘文件，输出到打印机上就是一个打印机文件。

文件分类的标准有很多，根据文件的存储和访问方式进行分类，可以将文件分为顺序文件、随机文件和二进制文件。

1. 顺序文件

顺序文件（Sequential File）是由一系列 ASCII 码格式的文本行组成的，每行的长度可以不同，文件中的每个字符都表示一个文本字符或文本格式设置序列（如换行符等）。顺序文件中的数据是按顺序排列的，数据的顺序与其在文件中出现的顺序相同。

顺序文件是最简单的文件结构，它实际上是普通的文本文件，任何文本编辑软件都可以访问这种文件。

早期的计算机存储介质都采用顺序访问文件的方式，如磁带。由于这种方式不能直接定位到需要的内容，而必须从头顺序读写，直到所需的内容，因此顺序访问文件的读写速度一般很慢。顺序文件适用于有一定规律且不经常修改的数据存储。顺序文件的主要优点是占用空间少，容易使用。

2. 随机文件

随机文件（Random Access File）是以随机方式存取的文件，由一组长度相等的记录组成。在随机文件中，记录包含一个或多个字段（Field），字段类型可以不同，每个字段的长度也是固定的，使用前须事先定好。此外，每个记录都有一个记录号，随机文件打开后，可以根据记录号访问文件中的任何记录，不需要像顺序文件那样顺序进行。

随机文件的数据是以二进制方式存储在文件中的。随机文件的优点是数据的存取较为灵活、方便，访问速度快，文件中的数据容易修改。但是随机文件占用的空间较大，数据组织比较复杂。

3. 二进制文件

二进制文件（Binary File）是以二进制方式存储的文件。二进制文件可以存储任意类型的数据，除了不假定数据类型和记录长度外，二进制访问类似于随机访问，但是，必须准确地知道数据是如何写入文件的，才能正确地读取数据。例如，如果存储一系列姓名和分数，则需要记住第一个字段（姓名）是文本，第二个字段（分数）是数值，否则读出的内容就会出错，因为不同的数据类型有不同的存储长度。

二进制文件占用的空间较小，并且二进制数据访问方式的灵活性最大。二进制文件存取时，可以定位到文件的任何字节位置，并可以获取任何一个文件的原始字节数据，任何类型的文件都可以用二进制访问的方式打开，但是二进制文件不能用普通的文字编辑软件打开。

7.2 System.IO 模型

7.2.1 System.IO 命名空间的资源

System.IO 模型中的资源由 System.IO 命名空间提供。该命名空间含有对数据流和文件进行同步或异步读写的类、结构和枚举类型。表 7-1、表 7-2、表 7-3 分别列出了 System.IO 命名空间提供的部分常用的类、结构和枚举。

表 7-1　System.IO 提供的部分类

类　　名	说　　明
BinaryReader	以二进制形式从流中读取字符串和简单数据类型
BinaryWriter	以二进制形式将字符串和简单数据类型写入流
BufferedStream	用于带缓冲区的流对象，读取或写入另一个流。该类不能被继承
Directory	提供一些静态方法，用来建立、移动、枚举目录或子目录
DirectoryInfo	提供一些实例方法，用来建立、移动、枚举目录或子目录
DirectoryNotFoundException	当访问磁盘上不存在的目录时产生异常
EndOfStreamException	当试图超出流的末尾进行读操作时引发异常
ErrorEventArgs	为 Error 事件提供数据
File	辅助建立文件流（file Stream）对象，同时提供一些静态方法，用来建立、移动、复制、删除或打开文件
FileInfo	辅助建立文件流对象，同时提供一些实例方法，用来建立、移动、复制、删除或打开文件
FileLoadException	当找到一个文件但不能加载时引发异常
FileNotFoundException	当试图访问磁盘上不存在的文件时引发异常
FileStream	为文件建立一个流，它支持同步和异步读写操作。对流的操作实际上就是对文件进行操作
FileSystemEventArgs	提供目录事件的数据，这些事件包括修改（Changed）、建立（Created）、删除（Deleted）等
FileSystemWatcher	侦听文件系统更改通知，并在目录或目录中的文件发生更改时引发事件
IOException	发生 I/O 错误时引发异常
MemoryStream	用该类可以建立一个流，这个流以内存而不是磁盘或网络连接作为支持存储区

（续）

类　名	说　明
Path	对包含文件或目录路径信息的 String 实例执行操作，这些操作以交叉平台方式执行
PathTooLongException	当文件名或目录名长度超过系统允许的最大长度时引发异常
RenamedEventArgs	为重命名（Renamed）事件提供数据
Stream	一个抽象类，它提供了字节序列的一个普通视图
StreamReader	实现一个 TextReader 类，使其以一种特定的编码从字节流中读取字符
StreamWriter	实现一个 TextWriter 类，使其以一种特定的编码向流中写入字符
StringReader	实现一个 TextReader 类，实现读取字符串
StringWriter	实 现 一 个 TextWriter 类，实现将信息写入字符串，该信息存储在基础的 StringBuilder 中
TextReader	抽象类，可读取连续字符序列的阅读器
TextWriter	抽象类，可编写一个有序字符序列的写入器

表 7-2　System.IO 提供的部分结构

结　构　名	说　明
WaitForChangedResult	含有关于所发生的更改的信息

表 7-3　System.IO 提供的部分枚举

枚　举　名	说　明	枚　举　名	说　明
FileAccess	定义访问文件的方式	NotifyFilters	指定监视文件或文件夹更改的类型
FileAttributes	提供文件和文件夹的属性	SeekOrigin	指定文件存取时的相对位置
FileMode	指定打开文件的方式	WatcherChangeTypes	可能会发生的文件或文件夹的更改
FileShare	指定文件的共享方式		

7.2.2　System.IO 命名空间的功能

上面介绍了 System.IO 命名空间中的成员，其中包括大量的类。利用这些类，可以实现对数据流和文件进行同步 / 异步读写操作。总的来看，System.IO 命名空间提供了如下功能（括号中是提供相应功能的类）：

1）建立、删除、管理文件和文件夹（File 和 Directory）。

2）监控文件和文件夹的访问操作（FileSystemWatcher）。

3）对流进行单字节字符或字节块的读写操作（SystemReader 和 SystemWriter）。

4）对流进行多字节字符的读写操作（SystemReader 和 SystemWriter）。

5）对流进行字符的读写操作（SystemReader 和 SystemWriter）。

6）对字符串进行字符的读写操作，并允许把字符串作为字符流处理（StringReader 和 StringWriter）。

7）从一个流中读取数据类型和对象，或将数据类型和对象写入流中（BinaryReader 和 BinaryWriter）。

8）文件的随机访问（FileStream）。

9）系统性能优化（MemoryStream 和 BufferedStream）。

10）枚 举 文 件 或 文 件 夹 的 属 性（FileAccess、FileMode、FileShare、FileAttributes、DirectoryAttributes）。

11）监控文件或文件夹可能的改变（WatcherChangeTypes）。

12）枚举文件或文件夹可能的改变（ChangedFilters）。

13）指定监控的文件或文件夹（WatcherTarget）。

14）指定文件的相对位置（SeekOrigin）。

注意：

　　1）所有的流都支持读、写和查找操作（随机访问）。

　　2）MemoryStream 类没有缓冲，其数据可以直接写入内存或从内存读取。使用该类可减少应用程序对临时缓冲区或交换文件的需求，但增加了对常规内存的需求。

7.3 文件与目录类

7.3.1 Directory 类和 DirectoryInfo 类

对文件夹的操作可以使用 Directory 类或 DirectoryInfo 类。Directory 类中包含许多静态方法，可以直接使用该类的静态方法创建、移动和删除文件夹。表 7-4 列出了 Directory 类的主要方法。

表 7-4　Directory 类的主要方法

方 法 名	说 明
CreateDirectory( )	创建指定路径中的所有文件夹
Delete( )	删除指定的文件夹
Move( )	将文件或文件夹及其内容移到新位置
Exists( )	确定给定路径是否引用磁盘上的现有文件夹
GetCreationTime( )	获取文件夹的创建日期和时间
GetCurrentDirectory( )	获取应用程序的当前工作文件夹
SetCurrentDirectory( )	将应用程序的当前工作文件夹设置为指定的文件夹
GetParent( )	检索指定路径的父文件夹，包括绝对路径和相对路径
GetDirectories( )	获取指定文件夹中子文件夹的名称
GetFiles( )	返回指定文件夹中的文件的名称

DirectoryInfo 类对象可以表示一个特定的文件夹，可以在该对象上执行与 Directory 类相同的操作，还可以使用它列举子文件夹和文件。DirectoryInfo 类的主要方法如表 7-5 所示。

表 7-5　DirectoryInfo 类的主要方法

方 法 名	说 明
Create( )	创建文件夹
CreateSubdirectory( )	在指定路径中创建一个或多个子文件夹
Delete( )	从路径中删除 DirectoryInfo 及其内容
MoveTo( )	将 DirectoryInfo 实例及其内容移动到新路径
GetDirectories( )	返回当前文件夹的子文件夹
GetFiles( )	返回当前文件夹的文件列表

【例 7.1】 利用 Directory 类和 DirectoryInfo 类读取 C 盘的文件夹及子文件夹，将文件夹显示在 TreeView 控件中，当选择其中的文件夹后将其子文件夹显示在 ListView 控件中。

新建 WinForm 项目，在 Form1 的设计视图中将此窗体调整到适当的大小，并将 Text 属性设为"Directory 类和 DirectoryInfo 类"。从工具箱中拖放 1 个 ImageList、1 个 TreeView 和

1 个 ListView 控件到窗体中，imageList1 的 Image 分别添加 2 个文件夹图片成员。treeView1 的 ImageList 属性值设置为 imageList1，listView1 的 LargeImageList 属性值设置为 imageList1。要添加的命名空间如下：

```
using System.IO;
```

双击窗体添加 Form1 的 Load 事件，并添加 treeView1 的 AfterSelect 事件。事件代码如下：

```
/* 显示所选择的文件夹中的文件夹 */
private void Form1_Load(object sender, EventArgs e)
{
    foreach (string str in Directory.GetDirectories(@"C:\"))
    {
        TreeNode node = new TreeNode();
        node.Text = str;
        treeView1.Nodes.Add(node);
    }
}
/* 遍历 C 盘并显示在 treeView1 中 */
private void treeView1_AfterSelect(object sender, TreeViewEventArgs e)
{
    listView1.Clear();
    DirectoryInfo dirinfo = new DirectoryInfo(e.Node.Text);
    foreach (DirectoryInfo dir in dirinfo.GetDirectories())
    {   listView1.Items.Add(dir.Name, 1);   }
}
```

运行程序，选择左边的 C:\ Program Files 文件夹，结果如图 7-1 所示。

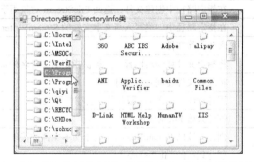

图 7-1　例 7.1 的运行结果

说明：

1）TreeView 控件可以为用户显示节点层次结构，树视图中的各个节点可能包含其他节点，称为"子节点"。可以按展开或折叠的方式显示父节点或包含子节点的节点。通过将树视图的 CheckBoxes 属性设置为 true，还可以显示在节点旁边带有复选框的树视图。然后，通过将节点的 Checked 属性设置为 true 或 false，可以采用编程方式选中或清除节点。

2）ImageList 组件用于存储图像，这些图像随后可由控件显示。图像列表能够为一致的单个图像目录编写代码，还可以使同一个图像列表与多个控件相关联。

7.3.2　File 类和 FileInfo 类

使用 Directory 类和 DirectoryInfo 类可以很方便地管理文件夹，而使用 File 类和 FileInfo 类则可以进一步对文件夹内的文件进行操作。与 Directory 类相似，File 类提供了用于创建、

复制、移动、删除和打开文件的静态方法，并协助创建 FileStream 对象。表 7-6 列出了 File
类的主要方法。

表 7-6　File 类的主要方法

方　法　名	说　明
Create	已重载，在指定路径中创建文件
Copy	将现有文件复制到新文件
Move	将指定文件移到新位置，并提供指定新文件名的选项
Delete	删除指定的文件，如果指定的文件不存在，并不引发异常
Exists	确定指定的文件是否存在
GetLastWriteTime	返回上次写入指定文件或文件夹的日期和时间
OpenWrite	打开现有文件以进行写入
ReadAllText	打开文本文件，将文件的所有行读入一个字符串，然后关闭该文件
AppendAllText	打开文件，向其中追加指定的字符串，然后关闭该文件。如果文件不存在则创建一个文件
Open	在规定的路径上返回 FileStream 对象

与 DirectoryInfo 类类似，FileInfo 类提供与 File 类相似的功能，但是必须使用该类的对
象来进行特定文件的相关操作。FileInfo 对象中记录了文件的文件名、大小、创建时间等属性，
如果只需要获取文件夹中的文件名列表，则可以使用 Directory 类的 GetFiles() 方法获得文件
夹中文件名的字符串数组。表 7-7 列出了 FileInfo 类的主要方法。

表 7-7　FileInfo 类的主要方法

方　法　名	说　明
Create	在指定路径中创建文件，返回 FileStream 对象用于写入
CreateText	在指定路径中创建写入新文本文件的 StreamWriter
Delete	永久删除文件
MoveTo	将指定文件移到新位置，并提供指定新文件名的选项
CopyTo	将现有文件复制到新文件
Open	用各种读 / 写访问权限和共享特权打开文件
OpenRead	创建只读 FileStream
OpenText	创建只读的 StreamReader，用于文本文件的读取
OpenWrite	创建只写的 FileStream

【例 7.2】　利用 File 类在项目文件夹中创建一个命名为 abc 的文本文件，利用 FileInfo 类
读取项目文件夹中所有文件及其大小和创建时间，并显示在 ListView 控件中。

新建 WinForm 项目，在 Form1 的设计视图中将此窗体调整到适当的大小，并将 Text 属
性设为 "File 类和 FileInfo 类"。从工具箱中拖放 1 个 ListView 控件到窗体中，并调整到适当
大小。添加的命名空间代码如下：

```
using System.IO;
```

在窗体设计器中双击窗体添加 Form1 的 Load 事件，事件代码如下：

```
private void Form1_Load(object sender, EventArgs e)
{
    File.Create(@"..\..\abc.txt");          // 在此项目目录下创建一个 abc.txt 文件
    listView1.GridLines = true;             // 显示各个记录的分隔线
    listView1.FullRowSelect = true;         // 要选择就是一行
    listView1.View = View.Details;          // 定义列表显示的方式
```

```
listView1.Scrollable = true;          // 需要时候显示滚动条
listView1.MultiSelect = false;        // 不可以多行选择
DirectoryInfo directory = new DirectoryInfo(@"..\..\");
listView1.Columns.Add(" 文件名 ", 120, HorizontalAlignment.Right); // 添加 "文件
                                                                 // 名" 列
listView1.Columns.Add(" 大小 ", 40, HorizontalAlignment.Left);
listView1.Columns.Add(" 创建时间 ", 130, HorizontalAlignment.Left);
foreach (FileInfo finfo in directory.GetFiles())               // 遍历所有的文件
{
    ListViewItem lvi = new ListViewItem();
    lvi.SubItems.Clear();
    lvi.SubItems[0].Text = finfo.Name;                         // 文件名
    lvi.SubItems.Add(finfo.Length / 1024 + "KB");              // 大小
    lvi.SubItems.Add(finfo.CreationTime.ToString());           // 创建时间
    listView1.Items.Add(lvi);
}
}
```

运行程序, 程序运行后结果如图 7-2 所示。

🍎 说明:

Ｆile 类是静态类, 所以它的调用需要字符串参
数为每一个方法调用规定文件位置。因此, 如果要
在对象上进行单一方法调用, 则可以使用静态 File
类。在这种情况下, 静态调用速度要快一些, 因
为 .NET 框架不必执行实例化新对象并调用其方法
的过程。

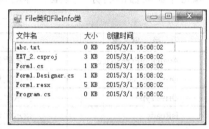

图 7-2   例 7.2 的运行结果

7.3.3 Path 类

Path 类对包含文件或目录路径信息的 String 实例执行操作, 这些操作是以跨平台的方式
执行的。在不同的平台上, 表示路径的字符串可能不相同, 因此, Path 类的字段以及 Path 类
的某些成员的行为与平台相关。Path 类的所有成员都是静态的, 表 7-8 列出了该类的常用成
员和说明。

表 7-8   Path 类的主要成员

成 员 名	说 明
PathSeparator	用于在环境变量中分隔路径字符串的特定的分隔符
ChangeExtension()	更改路径字符串的扩展名
Combine()	合并两个路径字符串
GetDirectoryName()	返回指定路径字符串的目录信息
GetExtension()	返回指定的路径字符串的扩展名
GetFileName()	返回指定路径字符串的文件名和扩展名
GetFileNameWithoutExtension()	返回不具有扩展名的指定路径字符串的文件名
GetFullPath()	返回指定路径字符串的绝对路径
GetInvalidFileNameChars()	获取包含不允许在文件名中使用的字符的数组
GetInvalidPathChars()	获取包含不允许在路径名中使用的字符的数组
GetPathRoot()	获取指定路径的根目录信息
GetRandomFileName()	返回随机目录名或文件名

（续）

成　员　名	说　明
GetTempFileName()	创建磁盘上唯一命名的零字节的临时文件并返回该文件的完整路径
GetTempPath()	返回当前系统的临时目录的路径
HasExtension()	确定路径是否包括文件扩展名
IsPathRooted()	获取一个值，该值指示指定的路径字符串是包含绝对路径信息还是包含相对路径信息

例如，获取项目的绝对路径的代码如下：

```
System.IO.Path.GetFullPath(@"..\..\");
```

7.3.4　读取驱动器信息

.NET 2.0 以上的类库中新增了 DriveInfo 类，该类增强了 .NET Framework 以前版本中 Directory 类的 GetLogicalDrivers() 方法，使用它可以获得服务器的本地文件系统注册的信息，如每个驱动器的名称、类型、容量和状态等信息。DriveInfo 类的主要成员在表 7-9 中列出。

表 7-9　DriveInfo 类的主要成员

成　员　名	说　明
AvailableFreeSpace	指示驱动器上的可用空闲空间量，以字节为单位
DriveFormat	获取文件系统的名称，例如 NTFS 或 FAT32
DriveType	获取驱动器类型，例如固定硬盘、CD-ROM、可移动硬盘或者未知类型
IsReady	指示驱动器是否已准备好
Name	获取分配给驱动器的名称，例如 C:\ 或 E:\
RootDirectory	获取驱动器的根文件夹
TotalFreeSpace	获取驱动器上的可用空闲空间总量，而不只是当前用户可用的空闲空间量
TotalSize	获取驱动器上存储空间的总大小
VolumeLabel	获取或设置驱动器的卷标
GetDrives	检索计算机上的所有逻辑驱动器的名称

【例 7.3】　利用 DriveInfo 类检索计算机上的所有逻辑驱动器的驱动器名称，并显示在下拉框控件中。当选择其中某个驱动器后，将其中的所有文件夹显示在树视图控件中。

新建 WinForm 项目，在 Form1 的设计视图中将此窗体调整到适当的大小，并将 Text 属性设为"DriveInfo 类"。从工具箱中将 1 个 TreeView 和 1 个 ComboBox1 控件拖放到窗体中，并调整到适当大小。添加命名空间如下：

```
using System.IO;
```

双击窗体添加 Form1 的 Load 事件，同时添加 comboBox1 的 SelectedIndexChanged 事件。代码如下：

```
private void Form1_Load(object sender, EventArgs e)
{
    DriveInfo[] di = DriveInfo.GetDrives();              // 获取驱动器
    foreach (DriveInfo d in di)
    {
        comboBox1.Items.Add(d.Name);                    // 添加到 comboBox1 中
    }
}
private void comboBox1_SelectedIndexChanged(object sender, EventArgs e)
{
    treeView1.Nodes.Clear();                            // 清空节点
```

```
    foreach (string str in Directory.GetDirectories(comboBox1.Text))
    {
        TreeNode node = new TreeNode();
        node.Text = str;
        treeView1.Nodes.Add(node);
    }
}
```

运行程序，选择 C 盘，运行结果如图 7-3 所示。

7.4 文件的读与写

7.4.1 流

在现实世界中，"流"是气体或液体运动的一种状态。借用
这个概念，.NET 用流（Stream）来表示数据的传输操作，将数据
从内存传输到某个载体或设备中，叫作输出流；反之，若将数据
从某个载体或设备传输到内存中，叫作输入流。进一步推广流的

图 7-3   例 7.3 的运行结果

概念，可以把与数据传输有关的事物称为流，例如，可以把文件变量叫作流。除了文件流外，
还存在网络流、内存流和磁带流等。

Windows 文件系统和 UNIX 文件系统都是流文件系统，简单地说，就是将文件处理为
字符流或二进制流，所以对文件的读写就是读取字符流或二进制流。在 .NET Framework 中，
对文件的读写操作非常简单，因为它使用读写 I/O 数据的通用模型，无论数据源是什么，都
可以使用相同的代码。该模型的核心是 Stream 类和 Reader/Writer 类。图 7-4 显示了 .NET
Framework 中基本的 I/O 流模型。

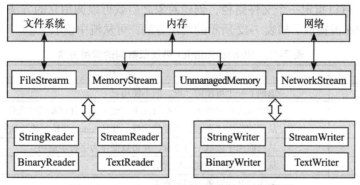

图 7-4   .Net Framework 中基本的 I/O 流模型

Stream 类提供了读写 I/O 数据的基本功能，因为它是一个抽象类，所以在使用时应使用
它的派生类。表 7-10 列举了常用的 Stream 类的派生类。

表 7-10   Stream 类的派生类

类 名	说 明
FileStream	对文件系统上的文件进行读取、写入、打开和关闭操作，对其他与文件相关的操作系统句柄进行操作，如管道、标准输入和标准输出。读写操作可以指定为同步或异步操作
MemoryStream	创建以内存而不是磁盘或网络连接作为支持存储区的流
BufferedStream	可以向另一个 Stream（例如 NetworkStream）添加缓冲的 Stream（FileStream 内部已具有缓冲，MemoryStream 无须缓冲）。流在缓冲区上执行操作，可以提高效率

(续)

类　名	说　明
NetworkStream	提供用于网络访问的基础数据流
GZipStream	提供用于压缩和解压缩流的方法和属性
DeflateStream	提供用于使用 Deflate 算法压缩和解压缩流的方法和属性

虽然使用 FileStream 读写文件非常简单，但它把所有数据都作为字节流看待，在程序开发过程中，开发人员更希望能够直接处理各种类型的数据。.NET Framework 提供了许多 Reader 类和 Writer 类，它们都可根据特定的规则进行设计，把对流的读写操作封装起来，这样开发人员就可以集中精力处理数据。表 7-11 列出了常用的 Reader 类和 Writer 类。

表 7-11　常用的 Reader 类和 Writer 类

类　名	说　明
TextReader	StreamReader 和 StringReader 的抽象基类。用于读取 Unicode 字符
TextWriter	StreamWriter 和 StringWriter 的抽象基类。用于输出 Unicode 字符
StreamReader	TextReader 类的派生类，用于从字节流中读取字符
StreamWriter	TextWriter 类的派生类，用于把字符写入字节流中
StringReader	TextReader 类的派生类，用于从 String 中读取字符
StringWriter	TextWriter 类的派生类，用于向 String 中写入字符
BinaryReader	从流中把基本数据类型读取为二进制值
BinaryWriter	把二进制值中的基本数据类型写入流

7.4.2　读写文件

StreamReader 类可以从流或文件读取字符。在创建 StreamReader 类的对象时，可以指定一个流对象，也可以指定一个文件路径，创建对象之后就可以调用它的方法，从流中读取数据。StreamReader 类提供了如表 7-12 所示的常用方法，可从流中读取数据。

表 7-12　StreamReader 类读取数据的常用方法

方　法	说　明
Peek	返回下一个可用的字符，但不使用它
Read	读取输入流中的下一个字符或下一组字符，并移动流或文件指针
ReadBlock	从当前流中读取最大数量的字符，并从 index 开始将该数据写入 buffer
ReadLine	从当前流中读取一行字符，并将数据作为字符串返回
ReadToEnd	从流的当前位置到末尾读取流
Close	关闭打开的对象，释放资源

StreamWriter 类可以实现向文件中写入内容的功能，StreamWriter 类以一种特定的编码向字节流中写入字符。表 7-13 列出了 StreamWriter 类提供的将字符写入流或文件的常用方法。

表 7-13　StreamWriter 类写入流或文件的常用方法

方　法	说　明
Write	写入流，向流对象中写入字符，并移动流或文件指针
WriteLine	向流中写入一行，后跟行结束符
Close	关闭打开的对象，释放资源

在创建 StreamReader 时，必须把一个已有的流实例作为构造函数的参数。StreamReader 就把这个流作为自己的数据源。同样，StreamWriter 的创建也需要一个已有流作为写入的

目的流。另外，StreamReader 无须处理字节数组，它提供了多种方法读取数据，例如使用 ReadToEnd() 方法可以读取整个文件，使用 ReadLine() 方法可以读取一行，使用 Read() 方法可以读取一个字符。

7.4.3 读写二进制文件

在 .NET Framework 中，读写二进制文件通常要使用 FileStream 类、BinaryReader 类和 BinaryWriter 类。其中，可使用 FileStream 类对文件系统上的文件进行读取、写入、打开和关闭操作。BinaryWriter 类和 BinaryReader 类实现二进制文件的读与写操作。使用 BinaryReader 类要用特定的编码将基元数据类型读作二进制值；使用 BinaryWriter 类以二进制形式将基元类型写入流，并支持用特定的编码写入字符串。

BinaryReader 类和 BinaryWriter 类有很多成员方法，表 7-14 和表 7-15 分别列出了这两个类的常用方法。

表 7-14   BinaryReader 类的常用方法

方　　法	说　　明
Close	关闭打开的对象，释放资源
PeekChar	返回下一个可用字符，不提升字符或字节的位置
Read	从文件中读取字符并提升字符位置
ReadBoolean	从文件中读取 bool 值并提升一个字节的位置
ReadByte, ReadBytes	从当前文件中读取一个或多个字节，并使文件的位置提升一个或多个字节
ReadChar,ReadChars	从文件中读取一个或多个字符，并根据使用的编码和从文件中读取的特定字符来提升文件当前位置
ReadDecimal	从文件中读取十进制数值，并使文件的当前位置提升 16 个字节
ReadDouble	从文件中读取 8 字节浮点值，并使文件的当前位置提升 8 个字节
ReadSByte	从文件中读取一个有符号字节，并使文件的当前位置提升一个字节
ReadString	从当前流中读取一个字符串。字符串有长度限制，每 7 位被编码为一个整数

表 7-15   BinaryWriter 类的常用方法

方　　法	说　　明
Close	关闭打开的对象和基础流
Write	将值写入当前流
Seek	设置当前流中的位置
Flush	清理当前编写器的所有缓冲区，使所有缓冲数据写入基础设备

【例 7.4】 利用上面介绍的知识创建一个 WinForm 应用程序，可以读写文本以及读写二进制文件。

新建 WinForm 项目，在 Form1 的设计视图中将此窗体调整到适当的大小，并将 Text 属性设为 "读写文件"。从工具箱中将 1 个 TextBox 和 4 个 Button 控件拖放到窗体中并调整到适当大小。textBox1 的 Multiline 和 ScrollBars 的属性值分别设置为 True 和 Both。添加命名空间如下：

```
using System.IO;
```

切换到设计视图，分别双击 4 个按钮，添加代码如下：

```
private void button1_Click(object sender, EventArgs e)   // 文本保存
{
```

```
            SaveFileDialog sf = new SaveFileDialog();            // 实例化一个保存文件对话框
            sf.Filter = "txt 文件 |*.txt";                       // 设置文件保存类型
            sf.AddExtension = true;                             // 如果用户没有输入扩展名, 自
                                                                // 动追加后缀
            sf.Title = " 写文件 ";                                // 设置标题
            if (sf.ShowDialog() == DialogResult.OK)             // 如果用户单击了 "保存" 按钮
            {
                /* 实例化一个文件流, FileMode.Create 表示如果有此文件则覆盖, 没有就创建 */
                FileStream fs = new FileStream(sf.FileName, FileMode.Create);
                /* 实例化一个 StreamWriter,Encoding.Default 表示使用系统当前的编码方式 */
                StreamWriter sw = new StreamWriter(fs, Encoding.Default);
                sw.Write(this.textBox1.Text);                   // 开始写入
                sw.Close();                                     // 关闭流
                fs.Close();                                     // 关闭流
            }
        }
        private void button2_Click(object sender, EventArgs e)  // 文本读取
        {
            OpenFileDialog of = new OpenFileDialog();            // 实例化一个打开文件对话框
            of.Filter = "txt 文件 |*.txt";                       // 设置打开文件类型
            of.Title = " 读文本文件 ";                            // 设置标题
            if (of.ShowDialog() == DialogResult.OK)             // 如果用户单击了 "打开" 按钮
            {
                textBox1.BackColor = Control.DefaultBackColor;  // 设置 textBox1 的背景色
                /* 实例化一个 StreamReader,Encoding.Default 表示使用系统当前的编码方式 */
                StreamReader sr = new StreamReader(of.FileName, Encoding.Default);
                textBox1.Text = sr.ReadToEnd();                 // 读取流并显示
                sr.Close();
            }
        }
        private void button3_Click(object sender, EventArgs e)  // 二进制保存
        {
            SaveFileDialog sf = new SaveFileDialog();
            sf.Filter = "bin 文件 |*.bin"; // 设置文件保存类型, bin 为自定义的类型
            sf.AddExtension = true;
            sf.Title = " 写文件 ";
            if (sf.ShowDialog() == DialogResult.OK)
            {
                FileStream fs = new FileStream(sf.FileName, FileMode.Create);
                BinaryWriter bw = new BinaryWriter(fs);
                bw.Write(textBox1.Text);
                textBox1.Text = "";
                bw.Close();
                fs.Close();
            }
        }
        private void button4_Click(object sender, EventArgs e)  // 二进制读取
        {
            OpenFileDialog of = new OpenFileDialog();
            of.Filter = "bin 文件 |*.bin";            // 设置打开文件类型, bin 为自定义的类型
            of.Title = " 读文本文件 ";
            if (of.ShowDialog() == DialogResult.OK)
            {
                textBox1.BackColor = Control.DefaultBackColor;  // 设置 textBox1 的背景色
                FileStream fs = new FileStream(of.FileName, FileMode.Open, FileAccess.
                    Read);
                BinaryReader br = new BinaryReader(fs);
                textBox1.Text = br.ReadString();
```

```
        fs.Close();
        br.Close();
    }
}
```

运行程序，在文本框中输入《中华好儿孙》（2015 羊年春晚代表节目）歌词，并单击"文本保存"按钮，在弹出的"写文件"保存对话框中输入文件名"中华好儿孙"，并单击"保存"按钮，这样就保存了一个命名为"中华好儿孙"的文本文件，如图 7-5 所示。单击"文本读取"按钮，选择"中华好儿孙"文本文件，结果如图 7-6 所示。单击"二进制保存"按钮，命名为"中华好儿孙"，并单击"保存"按钮，这样就保存了一个命名为"中华好儿孙"的二进制文件，如图 7-7 所示。单击"二进制读取"按钮，选中"中华好儿孙 .bin"，结果与图 7-6 所示相同。

图 7-5 保存的文本文件 　　　　　7-6 读取文件 　　　　　图 7-7 保存的二进制文件

7.5 综合应用实例

【例 7.5】 创建与资源管理器相似的界面，如图 7-8 所示。

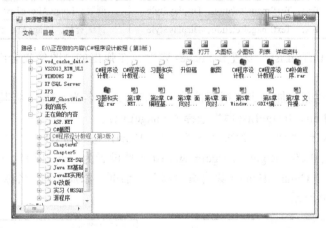

图 7-8 资源管理器

设计步骤：

1. 新建 WinForm 项目

新建 WinForm 项目，并命名为 EX7_5。

2. 添加控件并设置属性

在 Form1 的设计视图中将此窗体调整到适当的大小，并将 Text 属性设为"资源管理器"。

1）向主窗体中添加主菜单控件 MenuStrip，其名称为 mainMenu。它包含 3 个顶级菜单：文件菜单、目录菜单和视图菜单。表 7-16、表 7-17 和表 7-18 给出了这 3 个顶级菜单的结构。

表 7-16　文件菜单的结构

菜单项	名称	标题	菜单项	名称	标题
新建文件	miNewFile	新建（&N）	分隔条	miSep	—
打开文件	miOpenFile	打开（&O）	退出程序	miExit	退出（&X）
删除文件	miDeFile	删除（&D）			

表 7-17　目录菜单的结构

菜单项	名称	标题	菜单项	名称	标题
新建目录	miNewDir	新建（&N）	删除目录	miDelDir	删除 (&D)

表 7-18　视图菜单的结构

菜单项	名称	标题	菜单项	名称	标题
大图标视图	miLargeIcon	大图标（&L）	列表视图	miList	列表（&L）
小图标视图	miSmallIcon	小图标（&S）	详细资料视图	miDetail	详细资料（&D）

2）向主窗体中添加工具栏控件 ToolStrip，然后添加一个标签控件、一个文本框控件和 6 个按钮控件。标签控件的标题为"路径"，文本框控件的名称为 txtPath，6 个按钮控件的属性设置如表 7-19 所示。

表 7-19　按钮控件的属性设置

名　称	属　性	属　性　值
tbbNew	Text，TextImageRelation，DisplayStyle	新建，ImageAboveText，ImageAndText
tbbOpen	Text，TextImageRelation，DisplayStyle	打开，ImageAboveText，ImageAndText
tbbLargeIcon	Text，TextImageRelation，DisplayStyle	大图标，ImageAboveText，ImageAndText
tbbSmallIcon	Text，TextImageRelation，DisplayStyle	小图标，ImageAboveText，ImageAndText
tbbList	Text，TextImageRelation，DisplayStyle	列表，ImageAboveText，ImageAndText
tbbDetail	Text，TextImageRelation，DisplayStyle	详细资料，ImageAboveText，ImageAndText

3）添加一个 ImageList，设置其 Images 属性，在弹出的"图像集合编辑器"中添加如图 7-9 所示的成员。

4）向主窗体左侧添加一个树视图控件 TreeView，命名为 tvDir，将其 Anchor 属性设置为 Top、Bottom、Left，ImageList 属性选择为 imageList1。

5）向主窗体右侧添加一个列表视图控件 ListView，命名为 lvFiles，将其 Anchor 属性设置为 Top、Bottom、Left、Right，LargeImageList 属性设置为 imageList1。然后用列表视图的 Columns 属性打开" ColumnHeader 集合编辑器"对话框，添加 4 列（名称、大小、类型和修改时间），如图 7-10 所示。

图 7-9　图像集合编辑器　　　　　图 7-10　ColumnHeader 集合编辑器

3. 添加命名空间

要添加的命名空间如下：

```
using System.IO;
```

4. 添加事件及代码

切换到设计视图，分别添加 tvDir 的 AfterSelect 事件，事件方法为 tvDir_AfterSelect；添加 tvDir 的 NodeMouseDoubleClick 事件，事件方法为 tvDir_ NodeMouseDoubleClick；添加 lvFiles 的 DoubleClick 事件，事件方法为 lvDir_ DoubleClick；添加 tbbOpen 的 Click 事件，事件方法为 tbbOpen_Click。代码如下：

```
using System.IO;
namespace EX7_5
{
    public partial class Form1 : Form
    {
        int nDirLevel = 0;
        public Form1()
        {        InitializeComponent();        }
        /* 获取所有逻辑盘，并列出硬盘中的所有目录 */
        public void ListDrives()
        {
            TreeNode tn;
            // 获取系统中的所有逻辑盘
            string[] drives = Directory.GetLogicalDrives();
            // 向树视图中添加节点
            tvDir.BeginUpdate();
            for (int i = 0; i < drives.Length; i++)
            {
                tn = new TreeNode(drives[i], 0, 0);
                tvDir.Nodes.Add(tn);                // 把创建的节点添加到树视图中
            }
            tvDir.EndUpdate();
            // 把C盘设为当前选择节点
            tvDir.SelectedNode = tvDir.Nodes[0];
        }
        /* 列出指定目录 */
        private void ListDirs(TreeNode tn, string strDir)
        {
            if (nDirLevel > 4)
            {
                nDirLevel = 0;
                return;
            }
            nDirLevel++;
            string[] arrDirs;
            TreeNode tmpNode;
            try
            {    // 获取指定目录下的所有目录
                arrDirs = Directory.GetDirectories(strDir);
                if (arrDirs.Length == 0) return;
                // 把每一个子目录添加到参数传递进来的树视图节点中
                for (int i = 0; i < arrDirs.Length; i++)
                {
                    tmpNode = new TreeNode(Path.GetFileName(arrDirs[i]), 1, 2);
                    // 对于每一个子目录都进行递归列举
                    ListDirs(tmpNode, arrDirs[i]);
```

```
                    tn.Nodes.Add(tmpNode);
            }
        }
        catch
        {    return; }
}
/* 列出指定目录下的所有子目录和文件 */
private void ListDirsAndFiles(string strDir)
{
    ListViewItem lvi;
    int nImgIndex;
    string[] items = new string[4];
    string[] dirs;
    string[] files;
    try
    {
        // 获取指定目录下的所有子目录
        dirs = Directory.GetDirectories(@strDir);
        // 获取指定目录下的所有文件
        files = Directory.GetFiles(@strDir);
    }
    catch
    {   return;   }
    // 把子目录和文件添加到文件列表视图中
    lvFiles.BeginUpdate();
    lvFiles.Clear();        // 清除列表视图中的所有内容
    // 添加 4 个列表头
    lvFiles.Columns.AddRange(new  System.Windows.Forms.ColumnHeader[] {
        chName, chSize, chType, chTime });
    // 把子目录添加到列表视图中
    for (int i = 0; i < dirs.Length; i++)
    {
        items[0] = Path.GetFileName(dirs[i]);
        items[1] = "";
        items[2] = " 文件夹 ";
        items[3] = Directory.GetLastWriteTime(dirs[i]).ToLongDateString() +""+
            Directory.GetLastWriteTime(dirs[i]).ToLongTimeString();
        lvi = new ListViewItem(items, 1);
        lvFiles.Items.Add(lvi);
    }
    // 把文件添加到列表视图中
    for (int i = 0; i < files.Length; i++)
    {
        string ext = (Path.GetExtension(files[i])).ToLower();
        // 根据不同的扩展名设定列表项的图标
        switch (ext)
        {
            case ".txt":
                nImgIndex = 3;
                break;
            case ".doc":
                nImgIndex = 4;
                break;
            case ".gif":
                nImgIndex = 5;
                break;
            case ".hlp":
                nImgIndex = 6;
```

```
                break;
        case ".mp3":
                nImgIndex = 7;
                break;
        case ".mdb":
                nImgIndex = 8;
                break;
        case ".rar":
                nImgIndex = 9;
                break;
        default:
                nImgIndex = 10;
                break;
        }
        items[0] = Path.GetFileName(files[i]);
        FileInfo fi = new FileInfo(files[i]);
        items[1] = fi.Length.ToString();
        items[2] = ext + " 文件";
        items[3] = fi.LastWriteTime.ToLongDateString() + " " +
            fi.LastWriteTime.ToLongTimeString();
        lvi = new ListViewItem(items, nImgIndex);
        lvFiles.Items.Add(lvi);
        }
    lvFiles.EndUpdate();
}
/* 打开子目录 */
private void lvFiles_DoubleClick(object sender, System.EventArgs e)
{
    txtPath.Text = txtPath.Text.Trim()+"\\"+lvFiles.SelectedItems[0].Text;
    ListDirsAndFiles(txtPath.Text.Trim());
}
private void tvDir_AfterSelect(object sender, TreeViewEventArgs e)
{
    txtPath.Text = tvDir.SelectedNode.FullPath;
    ListDirsAndFiles(tvDir.SelectedNode.FullPath);
}
private void tbbOpen_Click(object sender, EventArgs e)
{ ListDirsAndFiles(txtPath.Text.Trim()); }
private void Form1_Load(object sender, EventArgs e)
{ ListDrives(); }
/* 在树列表控件中显示子目录 */
private void tvDir_NodeMouseDoubleClick(object sender, TreeNodeMouseClick
EventArgs e)
    { ListDirs(e.Node, txtPath.Text.Trim()); }
    }
}
```

5. 运行程序

运行程序，双击树视图控件中的磁盘，则显示此磁盘中文件夹；双击列表视图控件中的文件夹，则打开此文件夹，结果与图 7-8 相同。

🍎 说明：

此综合应用实例还不完整，剩下的部分由读者自己完成，具体要求见习题中的编程题和实验。

第8章

数据库应用

本章的数据库应用实例使用 Windows 窗体应用程序，基于 .NET 4.6，采用 Visual C# 编程语言来设计实现"学生成绩管理系统"，开发工具使用 Visual Studio 2015，以 MySQL 5.7 作为后台数据库。

8.1 创建 MySQL 数据库及其对象

数据库是存储数据库对象的容器。例如，要对学生成绩进行管理，就需要创建一个学生成绩管理数据库，数据库的名称为 pxscj。数据库对象包括表、视图、触发器和存储过程等。

对数据库对象（特别是表）进行操作有两种方法。第一种是数据库管理系统，也就是用于操作数据库的 APP。对于 MySQL，有很多数据库管理系统，Navicate 是最为流行的一款。另一种是 SQL 语言。标准的 SQL 是通用的，可以操作各种常见的数据库，例如 MySQL、SQL Server、Oracle 等。扩展的 SQL 则对于每一个数据库都不相同。

8.1.1 常用数据库对象简介

本节介绍一下 MySQL 中包含的常用数据库对象。

1. 表

表是最主要的数据库对象，它是用来存储和操作数据的一种逻辑结构。例如，学生成绩管理数据库（pxscj）包括学生表（xs）、课程表（kc）和成绩表（cj）。

表由行和列组成，因此也称为二维表。表是在日常工作和生活中经常使用的一种表示数据及其关系的形式。例如，学生成绩管理数据库中的学生表、课程表和成绩表如表 8-1～表 8-3 所示。

表 8-1 学生表（表名 xs）

学号	姓名	专业名	性别	出生日期	已修课程数	备注
081101	王林	计算机	1	1994-02-10	3	
081102	程明	计算机	1	1995-02-01	2	
081103	王燕	计算机	0	1993-10-06	3	

（续）

学号	姓名	专业名	性别	出生日期	已修课程数	备注
081104	韦严平	计算机	1	1994-08-26	3	
081106	李方方	计算机	1	1994-11-20	3	
081107	李明	计算机	1	1994-05-01	3	提前修完《数据结构》，并获学分
081108	林一帆	计算机	1	1993-08-05	3	已提前修完一门课
081109	张强民	计算机	1	1993-08-11	3	
081110	张蔚	计算机	0	1995-07-22	3	三好生
081111	赵琳	计算机	0	1994-03-18	3	
081113	严红	计算机	0	1993-08-11	3	有一门课不及格，待补考
081201	王敏	通信工程	1	1993-06-10	1	
081202	王林	通信工程	1	1993-01-29	1	有一门课不及格，待补考
081203	林时	通信工程	1	1993-01-30	1	
081204	马琳琳	通信工程	0	1993-02-10	1	
081206	李计	通信工程	1	1993-09-20	1	
081210	李红庆	通信工程	1	1993-05-01	1	已提前修完一门课，并获得学分
081216	孙祥欣	通信工程	1	1993-03-09	1	
081218	孙研	通信工程	1	1994-10-09	1	
081220	吴薇华	通信工程	0	1994-03-18	1	
081221	刘燕敏	通信工程	0	1993-11-12	1	
081241	罗林琳	通信工程	0	1994-01-30	1	转专业学习

表 8-2　课程表（表名 kc）

课程号	课程名	开课学期	学时	学分
101	计算机基础	1	80	5
102	程序设计与语言	2	68	4
206	离散数学	4	68	4
208	数据结构	5	68	4
209	操作系统	6	68	4
210	计算机原理	5	85	5
212	数据库原理	7	68	4
301	计算机网络	7	51	3
302	软件工程	7	51	3

表 8-3　成绩表（表名 cj）

学号	课程号	成绩	学号	课程号	成绩	学号	课程号	成绩
081101	101	80	081107	101	78	081111	206	76
081101	102	78	081107	102	80	081113	101	63
081101	206	76	081107	206	68	081113	102	79
081103	101	62	081108	101	85	081113	206	60
081103	102	70	081108	102	64	081201	101	80
081103	206	81	081108	206	87	081202	101	65

（续）

学号	课程号	成绩	学号	课程号	成绩	学号	课程号	成绩
081104	101	90	081109	101	66	081203	101	87
081104	102	84	081109	102	83	081204	101	91
081104	206	65	081109	206	70	081210	101	76
081102	102	78	081110	101	95	081216	101	81
081102	206	78	081110	102	90	081218	101	70
081106	101	65	081110	206	89	081220	101	82
081106	102	71	081111	101	91	081221	101	76
081106	206	80	081111	102	70	081241	101	90

说明：成绩表 cj 中"学分"列的值为课程表 kc 中对应的"学分"值。

表由表结构和表记录组成，表结构就像表中标题，表示组成表的表项（列），表记录就是表中每一行的内容。表中每一列又称为字段。在表结构中，列名又称为字段名。在创建表结构时需要指定表名（例如，学生表为 xs），每一列需要指定字段名、存放的数据类型、长度等。

表结构创建后，就可向表中插入、修改、删除、查询符合条件的记录内容和记录数，等等。

2. 视图

视图是从一个或多个基本表中导出的表。数据库中只存放视图的定义而不存放视图对应的数据，这些数据仍存放在导出视图的基本表中。

例如，可以将学生表（xs）中符合"专业名 = 计算机"条件的记录组成计算机专业学生视图（xsjsj）。

由于视图本身并不存储实际数据，因此也称为虚表。视图中的数据来自定义视图的查询所引用的基本表，并在引用时动态生成数据。当基本表中的数据发生变化时，从视图中查询出来的数据也随之改变。视图一经定义，就可以像基本表一样被查询、修改、删除和更新了。

3. 索引

索引是一种不用扫描整个数据表就可以对表中的数据进行快速访问的方式，它是对数据表中的一列或者多列数据进行排序的一种结构。

表中的记录通常按其输入的时间顺序存放，这种顺序称为记录的物理顺序。为了实现对表记录的快速查询，可以对表的记录按某个或某些属性进行排序，这种顺序称为逻辑顺序。

例如，对于学生表（xs），可以对学号或者姓名列建立索引，这样按照学号或者姓名列进行查询时很快可以找到相应的记录。

4. 完整性约束

约束机制保障数据库中数据的一致性与完整性，典型的约束就是主键和外键。主键约束当前表记录的唯一性，外键约束当前表记录与其他表的关系。

例如，在学生表（xs）中，可以将学号列作为主键约束，因为它的内容在学生表中是唯一的。在成绩表（cj）中，可以将学号列和课程号列一起作为成绩表的主键，这两列唯一确定成绩记录。

在成绩表（cj）中对学号列指定对学生表中的学号列外键约束，同时指定成绩表（cj）中课程号列对课程表中课程号列的外键约束。

5. 存储过程和函数

存储过程是一组为了完成特定功能的 SQL 语句集合。这个语句集合经过编译后存储在数据库中，存储过程具有接受输入、SQL 语言处理、返回单个或多个结果的功能。存储过程独立于表存在。

函数可以分为系统函数和用户自定义函数，系统函数可以直接在 SQL 语言中使用，自定义函数就像存储过程一样定义，通过函数名得到返回值。

6. 触发器

触发器在对应表中创建，指定表记录插入、修改和删除记录前后需要执行的操作。

8.1.2　常用 SQL 语句

1. 数据库表创建

数据库表创建语句如下：

```
CREATE TABLE 表名
(
        列定义，
        ...
)
[表选项]
```

其中：

1）列定义描述列的属性（包括列名、数据类型、长度），可包含该列是否可为空、默认值等，另外还可以包含该列是否作为主键、索引等。一个表可包含若干列定义。

2）表选项描述表属性，可包含指定单列、多列作为主键、索引、引用，还可以包含字符集、存储引擎、表分区、表空间等，否则采用默认值。

3）数据库表创建后，可以通过 "ALTER TABLE" 语句修改其表属性。

4）数据库表创建后，可以通过 "DROP TABLE 表名" 语句删除数据库表。

2. 表记录插入与修改

向表中插入记录的语句如下：

```
INSERT 表名
    [(列名，...)] VALUES (值，...)
```

修改表中符合条件的记录的语句如下，没有 WHERE 子句时表示修改所有记录。

```
UPDATE 表名
    SET 列名=值，...
        [WHERE 条件]
```

删除表中符合条件的记录的语句如下，没有 WHERE 子句时表示删除所有记录。

```
DELETE FROM 表名 [WHERE 条件]
```

3. 表记录数据查询

SELECT 语句可以从一个或多个表中查询符合条件的行和列。

```
SELECT
        输出列名表                          # "*"表示所有列
        [FROM 表名]                        # 指定查询的表
        [WHERE 条件]                       # 指定查询条件
        [ORDER 列名]                       # 指定输出记录排列顺序
```

注意，# 表示注释。

例如，数据库和表创建及其简单操作如下。

4. SQL 语句操作实例

编写 SQL 语句代码段如下：

```
USE mydb;                                # (a)
DROP TABLE IF EXISTS mytab;              # (b)
CREATE TABLE mytab                       # (c)
(
    t1              INT,
    t2              CHAR(20),
    t3              FLOAT(6,2)
);
INSERT INTO mytab VALUES                 # (d)
    (1, 'A', 3.45),
    (2, 'B', 3.99),
    (3, 'A', 10.99),
    (1, 'B', 1.45);
SELECT * FROM mytab ORDER BY t1;         # (e.1)
SELECT t1,t3 FROM mytab WHERE t2='A';    # (e.2)
DELETE FROM mytab WHERE t2='A';          # (f.1)
SELECT * FROM mytab;                     # (f.2)
```

说明：

（a）USE mydb：打开 mydb 数据库。

（b）DROP TABLE IF EXISTS mytab：如果 mytab 表存在，则删除它。这样首次执行没有 mytab 表，本语句不会出错。重复执行这段 SQL 语句也不会由于 mydb 数据库 mytab 表已经存在，导致执行 CREATE TABLE mytab 创建 mytab 表出错。

（c）CREATE TABLE mytab(…)

定义的 mytab 表包含以下 3 列：

```
t1   INT: 整数类型。
t2   CHAR(20): 定长 20 个字符。
t3   FLOAT(6,2): 浮点数类型、总的显示长度 6 位，含 2 位小数。
```

（d）INSERT INTO mytab VALUES：向 mytab 表插入 4 条记录。

（e）SELECT * FROM mytab ORDER BY t1：查询 mytab 表的所有记录，共有 4 条记录，按照 t1 列从小到大排序后输出所有字段。

SELECT t1,t3 FROM mytab WHERE t2 = 'A'：查询 mytab 表，输出符合 t2 = 'A' 条件的记录，显示仅包含 t1 和 t3 列。符合 t2 = 'A' 条件的记录共有 2 条，按照插入记录时的先后顺序排列。

（f）DELETE FROM mytab WHERE t2 = 'A'：删除符合 t2 = 'A' 的 2 条记录。

SELECT * FROM mytab：查询所有记录。显示剩余的 2 条记录，按照插入记录时的先后顺序排列。

5. 在 Navicat 中执行 SQL 语句

打开 Navicat，连接本机 MySQL8，打开连接后单击一个数据库，展开该数据库对象类型，单击一个对象类型（例如表），然后单击工具栏"查询"→"新建查询"按钮，在"查询编辑器"中输入上述代码段，单击"运行"，该段 SQL 语句的执行结果如图 8-1 所示。

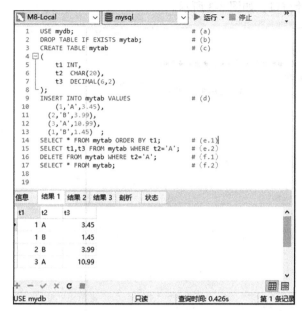

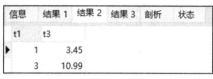

(e.2) 执行结果

(e.1) 执行结果　　　　　　　　　　　　　　　　　(f.2) 执行结果

图 8-1　Navicate 操作表记录及其结果

8.1.3　常用数据库对象的创建

1. 创建数据库

下面以创建数据库 pxscj 为例，介绍创建数据库的过程。

启动 Navicat，连接到数据库服务器。在主界面左侧"连接"栏右击连接"mysql01"，再选择"新建数据库"，打开如图 8-2 所示的新建数据库窗口。

图 8-2　新建数据库窗口

在"数据库名"中填写要创建的数据库名称（pxscj），按图 8-2 所示选择"字符集""排序规则"，确认后单击"确定"按钮，数据库创建成功。

2. 创建表

在"连接"栏，展开连接"mysql01"目录，右击"pxscj"数据库目录下的"表"项，在弹出菜单中选择"新建表",打开表设计窗口,如图 8-3 所示。

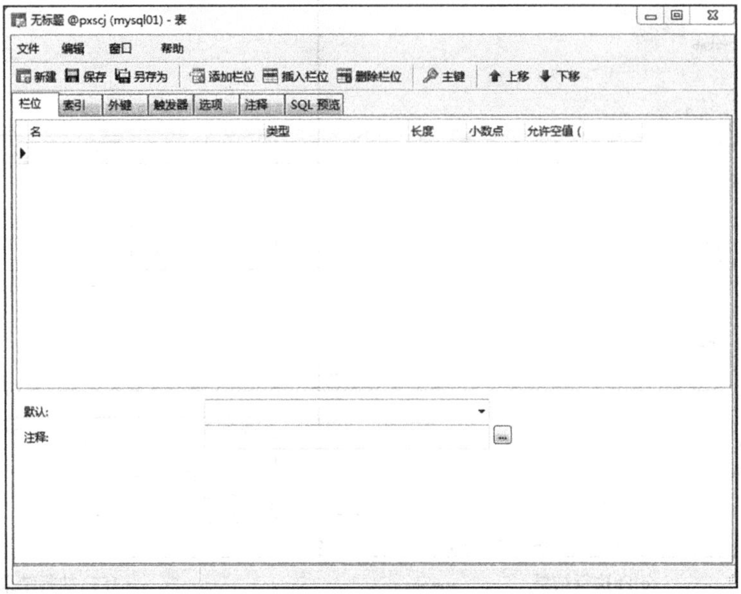

图 8-3   表设计窗口

本章实例用到 3 个表:学生表、课程表、成绩表,结构分别设计如下。

1)学生表(xs),结构如表 8-4 所示。

表 8-4   学生表(xs)结构

项目名	列名	数据类型	可空	说明
姓名	XM	char(8)	×	主键
性别	XB	tinyint		
出生时间	CSSJ	date		
已修课程数	KCS	int		
备注	BZ	text		
照片	ZP	blob		

2)课程表(kc),结构如表 8-5 所示。

表 8-5   课程表(kc)结构

项目名	列名	数据类型	可空	说明
课程名	KCM	char(20)	×	主键
学时	XS	tinyint		
学分	XF	tinyint		

3)成绩表(cj),结构如表 8-6 所示。

表 8-6   成绩表(cj)结构

项目名	列名	数据类型	可空	说明
姓名	XM	char(8)	×	主键
课程名	KCM	char(20)	×	主键
成绩	CJ	int		$0 \leqslant CJ \leqslant 100$

3. 创建视图

创建学生成绩预览表视图 XMCJ_VIEW，结构如表 8-7 所示。

表 8-7　学生成绩预览表视图（XMCJ_VIEW）结构

项目名	列名	数据类型	可空	说明
课程名	KCM	char(20)	×	主键
成绩	CJ	int		0≤CJ≤100

根据以上设计好的表结构，在表设计窗口中分别输入（选择）各列的列名、数据类型、是否允许空值等属性。在各列的属性均编辑完成后，单击工具栏的 📁 按钮保存，出现"表名"对话框，输入表名称，单击"确定"按钮即可创建表。

4. 创建触发器

在"连接"栏，展开连接"mysql01"目录，右击"pxscj"数据库目录下的"表"项中的"cj"表，在弹出的菜单中选择"设计表"，在打开的 cj 表设计窗口中切换到"触发器"选项页，单击工具栏上的 🔧添加触发器 按钮，给触发器命名、设置触发类型及输入定义语句，如图 8-4 所示。

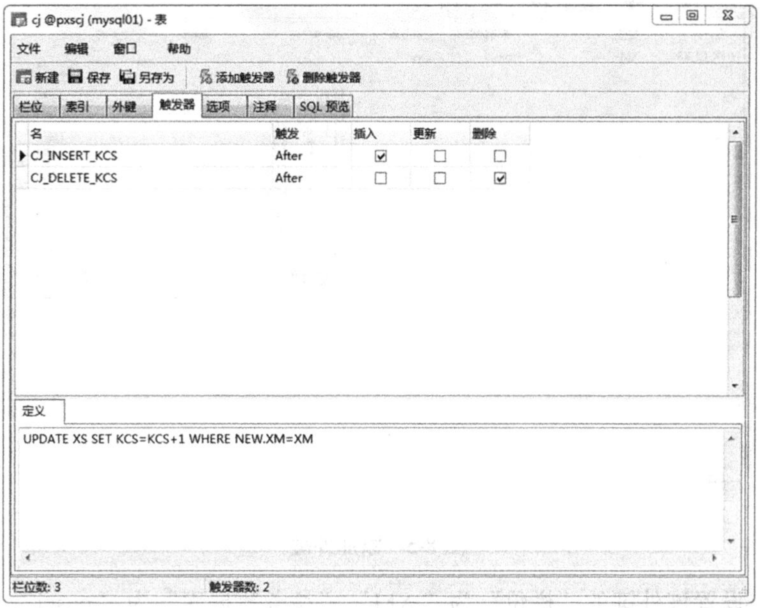

图 8-4　创建触发器

本章实例要创建两个触发器，这两个触发器作用及定义语句分别如下。

（1）触发器 CJ_INSERT_KCS

作用：在成绩表（cj）中插入一条记录的同时在学生表（xs）中对应该学生记录的已修课程数（KCS）字段加 1。

定义的语句如下：

```
UPDATE XS SET KCS=KCS+1 WHERE NEW.XM=XM
```

（2）触发器 CJ_DELETE_KCS

作用：在成绩表（cj）中删除一条记录，则将学生表（xs）中对应该学生记录的已修课程数（KCS）字段减 1。

定义的语句如下:

```
UPDATE XS SET KCS=KCS-1 WHERE XM=OLD.XM
```

输入完成后,单击工具栏的 按钮保存即可。

5. 创建完整性约束

本例中数据库的完整性约束包括以下两点:

1) 在成绩表 (cj) 中插入一条记录,如果学生表 (xs) 中没有该姓名对应的记录,则不插入。

2) 在学生表 (xs) 中删除某学生的记录,同时也会删除成绩表 (cj) 中对应该学生的所有记录。

创建完整性约束的步骤如下。

第1步: 在 "连接" 栏,展开连接 "mysql01" 目录,右击 "pxscj" 数据库目录下的 "表" 项中的 "cj" 表,在弹出的菜单中选择 "设计表",在打开的 cj 表设计窗口中切换到 "外键" 选项页,单击工具栏上的 添加外键 按钮,创建一个名为 FK_CJ_XS 的外键,如图 8-5 所示。

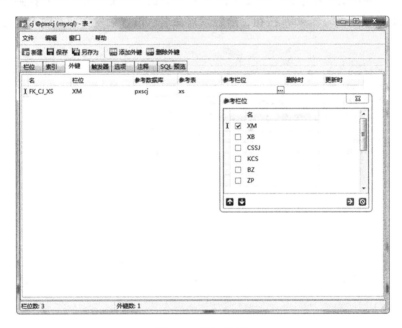

图 8-5 添加外键

第2步: 设置该外键的 "栏位" 为 "XM","参考数据库" 为 "pxscj","参考表" 为 "xs",如图 8-5 所示。

第3步: 单击图外键 "参考栏位" 右边的 按钮,从弹出的对话框中选择参考栏位名 "XM"。

第4步: 选择设置该外键的 "删除时" 属性为 "CASCADE" "更新时" 属性为 "NO ACTION",最终生成的外键条目如图 8-6 所示,单击工具栏的 按钮保存设置。至此,完整性约束创建完成,读者可通过在主表 (xs) 和从表 (cj) 中插入、删除数据来验证它们之间的约束关系。

6. 创建存储过程

单击 Navicat 工具栏上的 按钮,再单击其左下方的 新建查询 按钮,打开查询编辑器窗口,如图 8-7 所示,在其中输入要创建的存储过程代码。

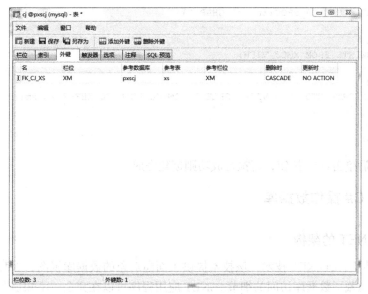

图 8-6　设置完整性约束

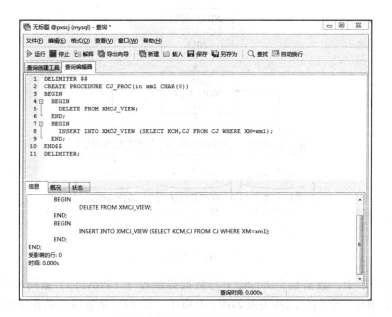

图 8-7　编辑创建存储过程的代码

本章实例要创建的存储过程如下：

- 过程名：CJ_PROC。
- 参数：姓名 1（xm1）。
- 实现功能：更新 XMCJ_VIEW 表。

XMCJ_VIEW 表用于暂存查询成绩表（cj）得到的某个学生的成绩单，查询条件为：姓名 =xm1；返回字段为：课程名，成绩。

创建存储过程的代码如下：

```
DELIMITER $$
```

```
CREATE PROCEDURE CJ_PROC(in xm1 CHAR(8))
BEGIN
    BEGIN
        DELETE FROM XMCJ_VIEW;
    END;
    BEGIN
        INSERT INTO XMCJ_VIEW (SELECT KCM,CJ FROM CJ WHERE XM=xm1);
    END;
END$$
DELIMITER;
```

输入完成后单击 ▷ 运行 按钮，若执行成功则创建完成。

8.2 Visual C# 操作数据库

8.2.1 ADO.NET 的架构

.NET 提供了 ADO.NET 技术，该技术提供了面向对象的数据库视图，封装了许多数据库属性和关系，隐藏了数据库访问的细节。.NET 应用程序可以在完全"不知道"这些细节的情况下连接到各种数据源，并检索、操作和更新数据。图 8-8 给出了 ADO.NET 的架构。

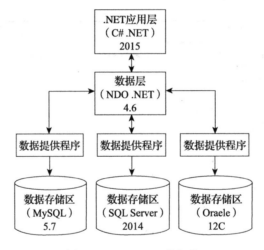

图 8-8 ADO.NET 的架构

在 ADO.NET 中，数据集（DataSet）与数据提供程序（Provider）是两个非常重要且相互关联的核心组件。它们之间的关系如图 8-9 所示，图 8-9a 是数据提供程序的类对象结构，图 8-9b 是数据集的类对象结构。

1. 数据集

数据集（DataSet）相当于内存中暂存的数据库，不仅可以包括多张数据表，还可以包括数据表之间的关系和约束。ADO.NET 允许将不同类型的数据表复制到同一个数据集中，甚至允许将数据表与 XML 文档组合到一起协同操作。

一个 DataSet 由 DataTableCollection（数据表集合）和 DataRelationCollection（数据关系集合）两部分组成。其中，DataTableCollection 包含该 DataSet 中的所有 DataTable（数据表）对象，DataTable 类在 System.Data 命名空间中定义，表示内存驻留数据的单个表。每个 DataTable 对象包含一个由 DataColumnCollection 表示的列集合以及由 ConstraintCollection 表示的约束集合，这两个集合共同定义了表的架构。此外，还包含了一个由 DataRowCollection 表示的行集

合，其中包含表中的数据。DataRelationCollection 则包含该 DataSet 中存在的所有表与表之间的关系。

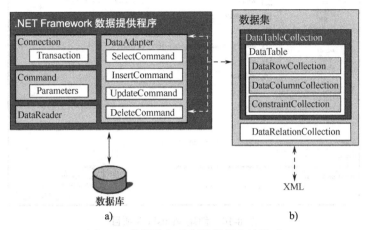

图 8-9　数据集与数据提供程序的关系

2. 数据提供程序

　　.NET Framework 的数据提供程序（Provider）用于连接到数据库、执行命令和检索结果，可以使用它直接处理检索到的结果，或将其放入 ADO.NET 的 DataSet 对象，以便与来自多个源的数据或在层之间进行远程处理的数据组合在一起，以特殊方式向用户公开。

　　数据提供程序包含 4 种核心对象，详见图 8-9a，它们的作用如下。

　　（1）Connection

　　Connection 用于建立与特定数据源的连接。在进行数据库操作之前，首先要建立对数据库的连接，MySQL 5.7 数据库的连接对象为 MySqlConnection 类，其中包含建立数据库连接所需要的连接字符串（ConnectionString）属性。

　　（2）Command

　　Command 是对数据源操作命令的封装。MySQL 5.7 的 .NET Framework 数据提供程序包括一个 MySqlCommand 对象，其中 Parameters 属性给出了 SQL 命令参数集合。

　　（3）DataReader

　　使用 DataReader 可以实现对特定数据源中的数据进行高速、只读、只向前的数据访问。MySQL 5.7 数据提供程序包括一个 MySqlDataReader 对象。

　　（4）DataAdapter

　　数据适配器（DataAdapter）利用连接对象（Connection）连接数据源，使用命令对象（Command）规定的操作（SelectCommand、InsertCommand、UpdateCommand 或 DeleteCommand）从数据源中检索出数据并送往数据集，或者将数据集中经过编辑后的数据送回数据源。

　　MySQL 5.7 的数据提供程序使用 MySql.Data.MySqlClient 命名空间。

8.2.2　Visual C# 项目的建立

　　启动 Visual Studio，选择"文件"→"新建"→"项目"，打开如图 8-10 所示的"新建项目"对话框。在窗口左侧"已安装"树状列表中展开"模板"→" Visual C#"类型节点，选中"Windows8"子节点，在窗口中间区域选中"Windows 窗体应用程序"项，在下方"名称"栏中输入项目名"xscj"，单击"确定"按钮即可创建一个 Visual C# 项目。

图 8-10　创建 Visual C# 项目

8.2.3　安装 MySQL 5.7 的 .NET 驱动

要使 Visual C# 应用程序能顺利访问 MySQL 5.7 数据库，必须安装对应 MySQL 5.7 的 .NET 驱动，该驱动的安装包可从 MySQL 官网下载，下载地址为：https://dev.mysql.com/downloads/conneccon/net/。下载得到的安装包名为 mysql-connector-net-6.9.9.msi，双击即可启动安装向导。

读者只需要按照向导的提示安装即可，过程从略。安装完成后，可在默认的 C:\Program Files\MySQL\MySQL Connector Net 6.9.9\Assemblies\v4.5 下看到一组 .dll 文件，其中一个名为 MySql.Data.dll 的文件即为 MySQL 的驱动库。

在 Visual Studio 中展开 xscj 项目树，右击"引用"→"添加引用"，打开"引用管理器"窗口，在"程序集"→"扩展"列表中选择" MySql.Data"项，单击"确定"按钮，即向"xscj"项目命名空间中添加了对 MySQL 驱动的引用，如图 8-11 所示。

图 8-11　添加对 MySQL 5.7 驱动的引用

经过以上操作后，在编程时只需导入命名空间 MySql.Data.MySqlClient 即可编写连接、访问 MySQL 5.7 数据库的代码。

8.3　设计学生成绩管理系统

8.3.1　主界面和系统代码的架构

1. 主界面

本系统主界面采用 TabControl（选项页）控件实现，包含"学生管理"和"成绩管理"两个选项页，如图 8-12 所示。

图 8-12　系统主界面

主界面分上中下三部分，其中上下两部分只是一个 PictureBox（图片框）控件，分别设置其 Image 属性，以项目资源文件的形式导入事先准备好的图片资源，如图 8-13 所示。

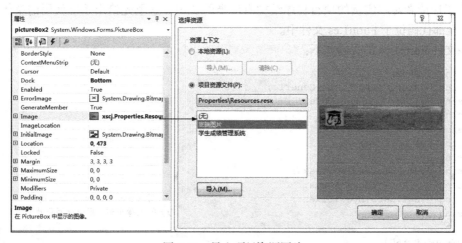

图 8-13　导入项目资源图片

中间的 TabControl 控件的两个选项页的 BackgroundImage 属性均设为本章实例所用空白

页的背景图片"主页 .gif"。开发时，再在背景上拖曳放置各种 C# 控件组成功能界面。

2. 系统代码的架构

在 Visual Studio 中展开 xscj 项目树，右击"Form1.cs"→"查看代码"，进入代码编辑窗口，如图 8-14 所示。

图 8-14　Visual Studio 项目代码编辑窗口

为了让读者对本实例的项目程序结构有清晰的认识，这里先给出系统代码的整体架构。项目的全部代码位于 Form1.cs 文件中。

源文件 Form1.cs 的代码如下：

```csharp
using System;
using System.Collections.Generic;
using System.ComponentModel;
using System.Data;
using System.Drawing;
using System.Linq;
using System.Text;
using System.Threading.Tasks;
using System.Windows.Forms;
using MySql.Data.MySqlClient;        // 引入 MySQL 驱动的命名空间
using System.IO;                     // 输入输出流（用于读写照片）

namespace xscj
{
    public partial class Form1 : Form
```

```
{
    private string myConnStr = @"server=localhost;User Id=root;password=njnu123456
        ;database=pxscj;Character Set=utf8";        //MySQL 5.7 数据库连接字符串
    private string mySqlStr;                         // 存储 SQL 语句
    private MySqlConnection myConn;                  //MySQL 连接对象
    private MySqlDataAdapter myMda;                  //MySQL 数据适配器 (用于读取数据)
    private DataSet myDs = new DataSet();            // 数据集 (用于存放读取的数据)
    private MySqlCommand myCmd;                      //MySQL 操作命令对象
    private static string path = "";                // 照片文件的路径
    public Form1()
    {
        InitializeComponent();
    }

    private void Form1_Load(object sender, EventArgs e)
    {
        try
        {
            myConn = new MySqlConnection(myConnStr);
            myConn.Open();
            // 初始加载所有课程名
            mySqlStr = "select KCM from KC";
            myMda = new MySqlDataAdapter(mySqlStr, myConn);
            myMda.Fill(myDs, "KCM");
            comboBox_kcm.Items.Add(" 请选择 ");
            for(int i = 0; i < myDs.Tables["KCM"].Rows.Count; i++)
            {
                comboBox_kcm.Items.Add(myDs.Tables["KCM"].Rows[i][0].ToString());
            }
            comboBox_kcm.SelectedIndex = 0;
        }
        catch (Exception ex)
        {
            MessageBox.Show(" 连接数据库失败! 错误信息: \r\n" + ex.ToString(), " 错
                误 ", MessageBoxButtons.OK, MessageBoxIcon.Error);
            return;
        }
    }

    /**----------------------------- 学生管理功能 -----------------------------*/
        ...                                       // 该部分详细代码稍后给出

    /**----------------------------- 成绩管理功能 -----------------------------*/
        ...                                       // 该部分详细代码稍后给出
    }
}
```

程序初始启动时, 在 Form1_Load 过程中连接数据库, 并且读取、加载数据库中所有的课程名信息。

8.3.2　设计学生管理功能

1. "学生管理"界面的设计

学生管理界面的 TabControl 控件有两个选项标签, 单击可在 "学生管理" 和 "成绩管理" 两个不同功能的界面之间切换。

"学生管理" 界面如图 8-15 所示。

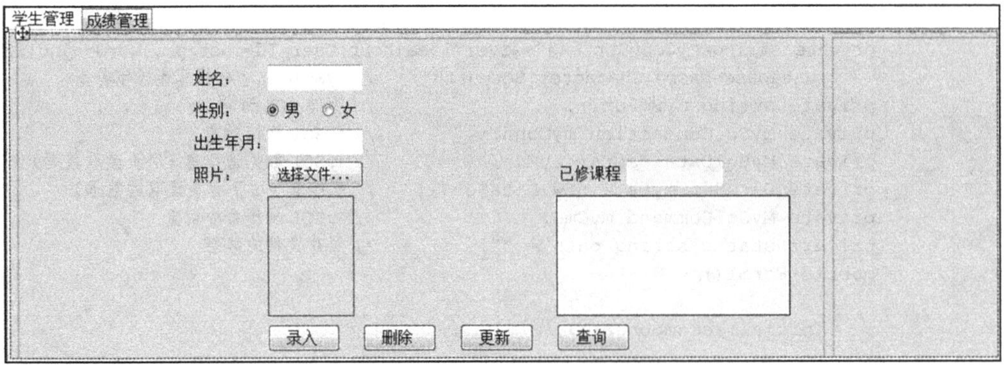

图 8-15   "学生管理"功能界面

其上各控件的类型及 Name 属性见表 8-8。

表 8-8   "学生管理"界面控件的类型及 Name 属性

控 件 名	类 型	Name 属性
"姓名"文本框	TextBox	textBox_xm
"性别男"单选按钮	RadioButton	radioButton_male
"性别女"单选按钮	RadioButton	radioButton_female
"出生年月"文本框	TextBox	textBox_cssj
"选择文件…"按钮	Button	button_selectphoto
"照片"图片框	PictureBox	pictureBox_photo
"已修课程"文本框	TextBox	textBox_kcs
"学生成绩"预览表格	DataGridView	dataGridView_xmcj
"录入"按钮	Button	button_addStu
"删除"按钮	Button	button_delStu
"更新"按钮	Button	button_updStu
"查询"按钮	Button	button_queStu

2. "学生管理"部分功能的实现

"学生管理"部分功能的代码如下：

```
/**----------------------------- 学生管理功能 -----------------------------*/

/* "录入"按钮的事件过程代码 */
private void button_addStu_Click(object sender, EventArgs e)
{
    try
    {
        //录入学生
        string xm = textBox_xm.Text;
        int xb = 1;
        if (!radioButton_male.Checked) xb = 0;
        string cssj = textBox_cssj.Text;
        if (path != "") mySqlStr = "insert into XS values('" + xm + "'," + xb +
            ",'" + cssj + "',0,NULL,@Photo)"; //设置 SQL 语句（带照片插入）
        else mySqlStr = "insert into XS values('" + xm + "'," + xb + ",'" +
            cssj + "',0,NULL,NULL)";                 // 设置 SQL 语句（不带照片插入）
        myCmd = new MySqlCommand(mySqlStr, myConn);
```

```
            if (path != "")
            {
                pictureBox_photo.Image.Dispose();
                pictureBox_photo.Image = null;
                FileStream fs = new FileStream(path, FileMode.Open);     // 创建文件流对象
                byte[] fileBytes = new byte[fs.Length];                  // 创建字节数组
                fs.Read(fileBytes, 0, (int)fs.Length);                   // 打开 Read 方法
                MySqlParameter mpar = new MySqlParameter("@Photo", SqlDbType.Image);
                                                                         // 为命令创建参数
                mpar.MySqlDbType = MySqlDbType.VarBinary;
                mpar.Value = fileBytes;                                  // 为参数赋值
                myCmd.Parameters.Add(mpar);                              // 添加参数
            }
            myCmd.ExecuteNonQuery();
            button_queStu_Click(null, null);                            // 录入后回显该学生信息
            path = "";
            MessageBox.Show("添加成功! ", "提示", MessageBoxButtons.OK, MessageBoxIcon.
                Information);
        }
        catch
        {
            MessageBox.Show("添加失败，请检查输入信息! ", "提示", MessageBoxButtons.OK,
                MessageBoxIcon.Warning);
            return;
        }
    }

/* "删除" 按钮的事件过程代码 */
private void button_delStu_Click(object sender, EventArgs e)
{
    try
    {
        // 删除学生
        mySqlStr = "delete from XS where XM='" + textBox_xm.Text + "'";
        myCmd = new MySqlCommand(mySqlStr, myConn);
        myCmd.ExecuteNonQuery();
        button_queStu_Click(null, null);
        MessageBox.Show("删除成功! ", "提示", MessageBoxButtons.OK, MessageBoxIcon.
            Information);
    }
    catch
    {
        MessageBox.Show("删除失败，请检查操作权限!", "提示", MessageBoxButtons.OK,
            MessageBoxIcon.Warning);
        return;
    }
}

/* "更新" 按钮的事件过程代码 */
private void button_updStu_Click(object sender, EventArgs e)
{
    try
    {
        // 更新学生
        string xm = textBox_xm.Text;
        int xb = 1;
        if (!radioButton_male.Checked) xb = 0;
```

```
        string cssj = textBox_cssj.Text;
        if (path != "") mySqlStr = "update XS set XM='" + xm + "',XB=" + xb +
            ",CSSJ='" + cssj + "',ZP=@Photo where XM='" + xm + "'";
                                            // 设置 SQL 语句 (带照片更新)
        else mySqlStr = "update XS set XM='" + xm + "',XB=" + xb + ",CSSJ='" +
            cssj + "' where XM='" + xm + "'";    // 设置 SQL 语句 (不带照片更新)
        myCmd = new MySqlCommand(mySqlStr, myConn);
        if (path != "")
        {
            pictureBox_photo.Image.Dispose();
            pictureBox_photo.Image = null;
            FileStream fs = new FileStream(path, FileMode.Open);
                                            // 创建文件流对象
            byte[] fileBytes = new byte[fs.Length];    // 创建字节数组
            fs.Read(fileBytes, 0, (int)fs.Length);     // 打开 Read 方法
            MySqlParameter mpar = new MySqlParameter("@Photo", SqlDbType.Image);
                                            // 为命令创建参数
            mpar.MySqlDbType = MySqlDbType.VarBinary;
            mpar.Value = fileBytes;                    // 为参数赋值
            myCmd.Parameters.Add(mpar);                // 添加参数
        }
        myCmd.ExecuteNonQuery();
        button_queStu_Click(null, null);              // 更新后回显该学生新的信息
        path = "";
        MessageBox.Show("更新成功! ", "提示", MessageBoxButtons.OK,
            MessageBoxIcon.Information);
    }
    catch
    {
        MessageBox.Show("更新失败，请检查输入信息! ", "提示", MessageBoxButtons.OK,
            MessageBoxIcon.Warning);
        return;
    }
}


/* "查询" 按钮的事件过程代码 */
private void button_queStu_Click(object sender, EventArgs e)
{
    try
    {
        // 查询学生
        myDs.Clear();
        mySqlStr = "select XM,XB,CSSJ,KCS from XS where XM='" + textBox_xm.Text + "'";
        myMda = new MySqlDataAdapter(mySqlStr, myConn);
        myMda.Fill(myDs, "XS");
        if (myDs.Tables["XS"].Rows.Count == 1)
        {
            textBox_xm.Text = myDs.Tables["XS"].Rows[0]["XM"].ToString();
            radioButton_male.Checked = bool.Parse(myDs.Tables["XS"].Rows[0]
                ["XB"].ToString());
            radioButton_female.Checked = !radioButton_male.Checked;
            textBox_cssj.Text = DateTime.Parse(myDs.Tables["XS"].Rows[0]
                ["CSSJ"].ToString()).ToString("yyyy-MM-dd");
            textBox_kcs.Text = myDs.Tables["XS"].Rows[0]["KCS"].ToString();
            // 显示该学生的各科成绩
            mySqlStr = "call CJ_PROC('" + textBox_xm.Text + "')";
            myCmd = new MySqlCommand(mySqlStr, myConn);
            myCmd.ExecuteNonQuery();                  // 执行存储过程
```

```
        mySqlStr = "select KCM As 课程名 ,CJ As 成绩 from XMCJ_VIEW";
        myMda = new MySqlDataAdapter(mySqlStr, myConn);
        myMda.Fill(myDs, "XMCJ");
        dataGridView_xmcj.DataSource = myDs.Tables["XMCJ"].DefaultView;
        // 读取显示照片
        if (pictureBox_photo.Image != null)
        {
            // 如果图片框中原先就有照片，要先销毁
            pictureBox_photo.Image.Dispose();
            pictureBox_photo.Image = null;
        }
        byte[] picData = null;              // 以字节数组的方式存储获取的图片数据
        mySqlStr = "select ZP from XS where XM='" + textBox_xm.Text + "'";
        myCmd = new MySqlCommand(mySqlStr, myConn);
        object data = myCmd.ExecuteScalar();   // 根据参数获取数据
        if (!Convert.IsDBNull(data) && data != null)
                                            // 如果照片数据不为空
        {
            picData = (byte[])data;
            MemoryStream ms = new MemoryStream(picData);   // 字节流转换为内存流
            pictureBox_photo.Image = Image.FromStream(ms); // 内存流转换为照片
            ms.Close();                                    // 关闭内存流
        }
    }
    else
    {
        textBox_xm.Text = "";
        radioButton_male.Checked = true;
        radioButton_female.Checked = false;
        textBox_cssj.Text = "";
        pictureBox_photo.Image.Dispose();
        pictureBox_photo.Image = null;
        textBox_kcs.Text = "";
        return;
    }
}
catch
{
    return;
}
}

/* "选择文件…" 按钮的事件过程代码 */
private void button_selectphoto_Click(object sender, EventArgs e)
{
    // 选择照片上传
    OpenFileDialog openDialog = new OpenFileDialog();
    openDialog.InitialDirectory = @"C:\Users\Public\Pictures\Sample Pictures";
                                        // 设置文件对话框显示的初始目录
    openDialog.Filter = "bmp 文件 (*.bmp)|*.bmp|gif 文件 (*.gif)|*.gif|jpeg 文件 (*.jpg)|*.jpg";
                                        // 设置当前选定筛选器字符串以决定对话框中 "文档类型" 选项
    openDialog.FilterIndex = 3;         // 设置对话框中当前选定筛选器的索引
    openDialog.RestoreDirectory = true; // 设置对话框在关闭前还原当前目录
    openDialog.Title = "选择照片";       // 设置对话框的标题
    if (openDialog.ShowDialog() == DialogResult.OK) path = openDialog.FileName;
                                        // 获取文件路径
    pictureBox_photo.Image = Image.FromFile(path);   // 加载照片预览
}
```

运行"学生管理"功能，效果如图 8-16 所示。

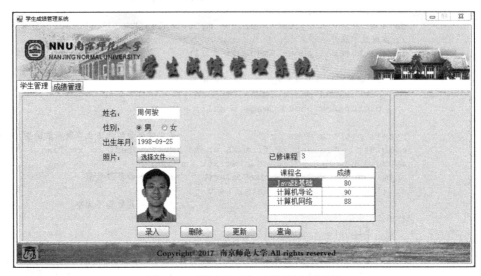

图 8-16 "学生管理"功能的运行效果

8.3.3 设计成绩管理功能

1."成绩管理"界面的设计

"成绩管理"界面如图 8-17 所示。

图 8-17 "成绩管理"功能界面

其上各控件的类型及 Name 属性见表 8-9。

表 8-9 "成绩管理"界面控件的类型及 Name 属性

控 件 名	类 型	Name 属性
"课程名"下拉列表框	ComboBox	comboBox_kcm
"姓名"文本框	TextBox	textBox_name
"成绩"文本框	TextBox	textBox_cj
"查询"按钮	Button	button_queSco
"录入"按钮	Button	button_addSco
"删除"按钮	Button	button_delSco
"课程成绩"预览表格	DataGridView	dataGridView_kccj

以上两个界面各有一个 DataGridView（数据网格视图）控件，分别用于预览某学生的成绩表及某门课程所有学生的成绩表。为了达到理想的显示效果，需要对 DataGridView 控件的属性进行一系列设置，本实例所用的这两个 DataGridView 属性的设置完全一样，主要对以下这些属性进行了人为定制，详见表 8-10。

表 8-10　本实例 DataGridView 控件的定制属性

属　性　名	取　值
AllowUserToResizeColumns	False
AllowUserToResizeRows	False
AutoSizeColumnsMode	Fill
AutoSizeRowsMode	DisplayedCells
BackgroundColor	ButtonFace
ColumnHeadersHeightSizeMode	AutoSize
ReadOnly	True
RowHeadersVisible	False
ScrollBars	Vertical

表中未列出的属性都取系统默认值。

2.“成绩管理”部分的功能设计

“成绩管理”功能的代码如下：

```
/* *------------------------------- 成绩管理功能 -------------------------------*/
/* “查询”按钮的事件过程代码 */
private void button_queSco_Click(object sender, EventArgs e)
{
    try
    {
        // 查询某课程成绩
        myDs.Clear();
        mySqlStr = "select XM As 姓名,CJ As 成绩 from CJ where KCM='" + comboBox_
            kcm.Text + "'";
        myMda = new MySqlDataAdapter(mySqlStr, myConn);
        myMda.Fill(myDs, "KCCJ");
        dataGridView_kccj.DataSource = myDs.Tables["KCCJ"].DefaultView;
    }
    catch
    {
        MessageBox.Show("查找数据出错！ ", "提示", MessageBoxButtons.OK, MessageBoxIcon.
            Warning);
        return;
    }
}

/* “录入”按钮的事件过程代码 */
private void button_addSco_Click(object sender, EventArgs e)
{
    try
    {
        // 录入成绩
        mySqlStr = "insert into CJ(XM,KCM,CJ) values('" + textBox_name.Text + "','"
            + comboBox_kcm.Text + "'," + textBox_cj.Text + ")";
        myCmd = new MySqlCommand(mySqlStr, myConn);
        myCmd.ExecuteNonQuery();
```

```
            button_queSco_Click(null, null);            // 录入后回显成绩表信息
            MessageBox.Show("添加成功！", "提示", MessageBoxButtons.OK, MessageBoxIcon.
                Information);
        }
        catch
        {
            MessageBox.Show("添加失败，请确保有此学生！", "提示", MessageBoxButtons.OK,
                MessageBoxIcon.Warning);
            return;
        }
    }

/* "删除"按钮的事件过程代码 */
private void button_delSco_Click(object sender, EventArgs e)
{
    try
    {
        // 删除成绩
        mySqlStr = "delete from CJ where XM='" + textBox_name.Text + "' and
            KCM='" + comboBox_kcm.Text + "'";
        myCmd = new MySqlCommand(mySqlStr, myConn);
        myCmd.ExecuteNonQuery();
        button_queSco_Click(null, null);            // 删除后回显成绩表信息
        MessageBox.Show("删除成功！", "提示", MessageBoxButtons.OK, MessageBoxIcon.
            Information);
    }
    catch
    {
        MessageBox.Show("删除失败，请检查操作权限！", "提示", MessageBoxButtons.OK,
            MessageBoxIcon.Warning);
        return;
    }
}
```

运行"成绩管理"功能，效果如图 8-18 所示。

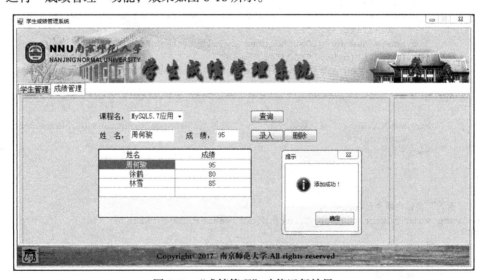

图 8-18 "成绩管理"功能运行效果

至此，这个基于 Visual C# 2015/2017/MySQL 5.7 的"学生成绩管理系统"开发完成。读者还可以根据需要自行扩展其他功能。

第 9 章
多线程编程

C# 和 .NET 类库为开发多线程应用程序提供了很多便利。本章首先简要介绍 .NET 类库中的 Thread 类及各种线程支持，再通过实例说明线程使用中需要掌握的规则，最后论述线程同步时出现的问题以及线程池等知识。

9.1 线程概述

一个正在运行的应用程序在操作系统中被视为一个进程，一个进程可以包括一个或多个线程。线程是操作系统分配处理器时间的基本单元，在进程中可以有多个线程同时执行代码。线程上下文包括为使线程在线程的宿主进程地址空间中无缝地继续执行所需要的所有信息，还包括线程的 CPU 寄存器组和堆栈。每个应用程序域都是用单个线程启动的，但该应用程序域中的代码可以创建附加应用程序域和附加线程。

浏览器就是一个很好的多线程的例子。在浏览器中，可以在下载 Java 小应用程序或图像的同时滚动页面，在访问新页面时播放动画、声音或打印文件等。

在多线程程序中，若一个线程必须等待，CPU 可以运行其他线程而不是等待，这就大大提高了程序的执行效率。

然而，我们也必须认识到线程本身可能存在影响系统性能的不利方面，这样才能正确使用线程。不利方面主要有以下几点：

1）线程也是程序，所以线程需要占用内存，线程越多占用内存也越多。

2）多线程需要协调和管理，所以需要占用 CPU 时间来跟踪线程。

3）线程之间对共享资源的访问会相互影响，必须解决争用共享资源的问题。

4）线程太多会导致控制太复杂，最终可能造成很多 Bug。

基于以上认识，我们通过一个比喻来加深理解。假设有一个公司，公司里有很多各司其职的职员，那么这个正常运作的公司就是一个进程，而公司里的职员就是线程。一个公司至少要有一个职员，同理，一个进程至少包含一个线程。在公司里，可以让一个职员承担所有的工作，但是这样显然效率不高；一个程序中也可以只用一个线程去做事。但是，也并不是越多越好，公司的职员越多，老板就得给他们发更多的薪水，还得耗费大量精力去管理他们，协调他们之间的矛盾和利益；程序也是如此，线程越多，耗费的资源也越多，需要更多的

CPU 时间去跟踪线程，还得解决死锁、同步等问题。

当启动一个可执行程序时，将创建一个主线程，默认情况下，C# 程序具有一个线程。此线程执行程序中以 Main 方法开始和结束的代码。Main 直接或间接执行的每一个命令都由默认线程（或主线程）执行，当 Main 返回时此线程也将终止。例如，创建一个 Windows 窗体应用程序，打开其中的 Program.cs 文件，其代码如下：

```
static class Program
{
    /// <summary>
    /// 应用程序的主入口点
    /// </summary>
    [STAThread]
    static void Main()
    {
        Application.EnableVisualStyles();
        Application.SetCompatibleTextRenderingDefault(false);
        Application.Run(new Form1());
    }
}
```

9.1.1 多线程工作方式

一个处理器在某一时刻只能处理一个任务。对于一个多处理器系统，理论上它可以同时执行多个指令——每个处理器执行一个指令。但大多数人使用的是单处理器计算机，因此这种情况是不可能同时发生的。表面上，Windows 操作系统可以同时处理多个任务，这个过程称为抢先式多任务处理（pre-emptive multitasking）。所谓抢先式多任务处理，是指 Windows 在某个进程中选择一个线程，该线程运行一小段时间，这个时间非常短，不会超过几毫秒。这段很短的时间称为线程的时间片（time slice）。过了这个时间片后，Windows 就收回控制权，选择下一个被分配了时间片的线程运行。这些时间片非常短，可以近似地认为许多事件是同时发生的。

即使应用程序只有一个线程，抢先式多任务处理的进程也在进行，因为系统上运行了许多其他进程，每个进程都需要一定数量的时间片来完成其线程。当屏幕上有许多应用程序窗口时，每个窗口代表不同的进程，可以单击它们中的任一个，让它显示响应。这种响应不是即时的，在相关进程中下一个负责处理该窗口的用户输入的线程得到一个时间片时，这种响应才会发生。如果系统非常忙，就需要等待，但等待的时间非常短暂，用户不会察觉到。

9.1.2 什么时候使用多线程

应用多线程技术最大的误区在于没有分清适用的情况就盲目地使用多线程。除非运行一个多处理器计算机，否则在 CPU 密集的任务中使用两个线程不会节省多少时间，理解这一点是很重要的。在单处理器计算机上，让两个线程同时进行 100 万次运算所花的时间与让一个线程进行 200 万次运算是相同的，甚至使用两个线程所用的时间略长，因为要处理另一个线程，操作系统必须用一定的时间切换线程，但这种区别可以忽略不计。使用线程带来的负面影响是必须额外考虑线程的并发、同步等线程安全问题，使得程序更加复杂且难以维护。

有些场合使用多线程技术就非常适合，如一个服务器进程需要并发处理来自不同客户端的访问。此外，使用多个线程的优点有两个。首先，可以及时对用户操作做出响应，因为一个线程在处理用户输入时，另一个线程在后台完成其他工作，本章开始时所举的浏览器的例子就是典型的适合多线程技术的应用；其次，如果一个或多个线程所处理的工作不占用 CPU 时间，就可以节省时间，比如在经常使用多线程技术的网络应用开发中，让一个线程等待从 Internet 中获取数据，同时其他线程可以继续处理各自的任务。

9.2　创建并控制线程

9.2.1　线程的建立与启动

一个进程可以创建一个或多个线程以执行与该进程关联的部分程序代码。使用 Thread 类创建线程时，只需提供线程入口，线程入口告诉程序让这个线程做什么。在 C# 中，线程是使用 Thread 类来处理的，该类在 System.Threading 命名空间中。通过实例化一个 Thread 对象就可以创建一个线程。创建新的 Thread 对象时，将创建新的托管线程。Thread 类接收一个 ThreadStart 委托或 ParameterizedThreadStart 委托的构造函数，该委托包装了调用 Start 方法时由新线程调用的方法。示例代码如下：

```
Thread thread = new Thread(new ThreadStart(methord));      // 创建线程
thread.Start();                                            // 启动线程
```

上述代码实例化了一个 Thread 对象，并指明将要调用的方法 methord，然后启动线程。ThreadStart 委托中作为参数的方法不需要参数，并且没有返回值。ParameterizedThreadStart 委托一个对象为参数，利用这个参数可以很方便地向线程传递参数。示例代码如下：

```
Thread thread = new Thread(new ParameterizedThreadStart(methord));// 创建线程
thread.Start(3);                                          // 启动线程并传参数 3
```

Thread 类的常用属性和方法如表 9-1 和表 9-2 所示。

表 9-1　Thread 类的常用属性及说明

属　性	说　明
ApartmentState	获取或设置此线程的单元状态
CurrentContext	获取线程正在其中执行的当前上下文
CurrentCulture	获取或设置当前线程的区域性
CurrentPrincipal	获取或设置线程的当前负责人（对基于角色的安全性而言）
CurrentThread	获取当前正在运行的线程
CurrentUICulture	获取或设置资源管理器使用的当前区域性以便在运行时查找区域性特定的资源
ExecutionContext	获取一个 Executioncontext 对象，该对象包含有关当前线程的各种上下文的信息
IsAlive	获取一个值，该值指示当前线程的执行状态
IsBackground	获取或设置一个值，该值指示某个线程是否为后台线程
IsThreadPoolThread	获取一个值，该值指示线程是否属于托管线程池
ManagedThreadld	获取当前托管线程的唯一标识符
Name	获取或设置线程的名称
Priority	获取或设置一个值，该值指示线程的调度优先级
ThreadState	获取一个值，该值包含当前线程的状态

表 9-2　Thread 类的常用方法及说明

方　法	说　明
Abort	在调用此方法的线程上引发 ThreadAbortException，以开始终止此线程的过程。调用此方法通常会终止线程

(续)

方　法	说　明
AllocateDataSlot	在所有的线程上分配未命名的数据槽
AllocateNamedDataSlot	在所有线程上分配已命名的数据槽
BeginCriticalRegion	通知宿主执行将要进入一个代码区域，在该代码区域内线程中止或未处理的异常的影响可能会危害应用程序域中的其他任务
BeginThreadAffinity	通知宿主托管代码将要执行依赖于当前物理操作系统线程的标识的指令
EndThreadAffinity	通知宿主托管代码已执行完依赖于当前物理操作系统线程的标识的指令
Equals	确定两个 Object 实例是否相等
FreeNamedDataSlot	为进程中的所有线程消除名称与槽之间的关联
GetApartmentState	返回一个 ApartmentState 值，该值指示单元状态
GetCompressedStack	返回一个 CompressedStack 对象，该对象可用于捕获当前线程的堆栈
GetData	在当前线程的当前域中，从当前线程上指定的槽中检索值
GetDomain	返回当前线程正在其中运行的当前域
GetDomainID	返回唯一的应用程序域标识符
GetHashCode	返回当前线程的散列代码
GetNamedDataSlot	查找已命名的数据槽
GetType	获取当前实例的 Type
Interrupt	中断处于 WaitSleepjoin 线程状态的线程
Join	阻止调用线程，直到某个线程终止时为止
MemoryBarrier	同步内存。其效果是将缓存内存中的内容刷新到主内存中，使处理器能执行当前线程
ReferenceEquals	确定指定的 Object 实例是否是相同的实例
ResetAbort	取消为当前线程请求的 Abort
Resume	继续已挂起的线程
SetApartmentState	在线程启动前设置其单元状态
SetCompressedStack	对当前线程应用捕获的 CompressedStack
SetData	在当前正在运行的线程上为此线程的当前域在指定槽中设置数据
Sleep	将当前线程阻止指定的毫秒数
SpinWait	导致线程等待由 iterations 参数定义的时间量
Start	使线程被安排进行执行
Suspend	挂起线程，或者如果线程已挂起，则不起作用
ToString	返回表示当前 Object 的 String
TrySetApartmentState	在线程启动前设置其单元状态
VolatileRead	读取字段值。无论处理器的数目或处理器缓存的状态如何，该值都是由计算机的任何处理器写入的最新值
VolatileWrite	立即向字段写入一个值，以使该值对计算机中的所有处理器都可见

9.2.2　线程的挂起、恢复与终止

　　启动一个线程后，线程将运行到所在的方法结束为止，在此期间还可以挂起、恢复或中止它。挂起一个线程就是让它进入睡眠状态，此时，线程仅仅是停止运行某段时间，不占用任何处理器时间，以后还可以恢复，从被挂起的那个状态重新运行。如果线程被中止，就是停止运行，Windows 会永久地删除该线程的所有数据，所以该线程不能重新启动。

线程通过调用 Suspend 方法来挂起线程。当线程针对自身调用 Suspend 方法时，调用将会阻止，直到另一个线程继续该线程。当一个线程针对另一个线程调用 Suspend 方法时，调用是非阻止调用，这会导致另一线程挂起。线程通过调用 Resume 方法来恢复被挂起的线程。无论调用了多少次 Suspend 方法，调用 Resume 方法均会使另一个线程脱离挂起状态，并导致该线程继续执行。示例代码如下：

```
Thread thread = new Thread(new ThreadStart(methord));        // 创建线程
thread.Start();                                              // 启动线程
thread.Suspend();                                            // 挂起线程
thread..Resume();                                            // 恢复线程
```

线程的 Abort 方法用于永久地停止托管线程。调用 Abort 方法时，CLR 在目标线程中引发 ThreadAbortException 异常，目标线程可捕捉此异常。一旦线程被终止，它将无法重新启动。

如果在应用程序中使用了多线程，辅助线程还没有执行完毕，在关闭窗体的时候必须关闭辅助线程，否则会引发异常。示例代码如下：

```
Thread thread = new Thread(new ThreadStart(methord));        // 创建线程
thread.Start();                                              // 启动线程
if(thread.IsAlive)
{       thread.Abort;   }                                    // 关闭线程
```

注意，Suspend() 和 Abort() 方法不一定会立即起作用。对于 Suspend() 方法，.NET 允许要挂起的线程再执行几个指令，目的是到达 .NET 认为线程可以安全挂起的状态。从技术上讲，这么做是为了确保垃圾收集器执行正确的操作，具体内容见 MSDN 文档说明。在终止线程时，Abort() 方法会在受影响的线程中产生一个 ThreadAbortException 异常，以这种方式终止线程。如果线程当前执行 try 块中的代码，则在线程终止前，将执行相应的 finally 块。这就可以保证清理资源，并有机会确保线程正在处理的数据（例如，在线程中止后仍保留的类实例的字段）处于有效的状态。在 .NET 以前的多线程应用中，除非极端情况，否则不推荐使用这种方式终止线程，因为受影响的线程会让正在处理的数据处于无效状态，线程所使用的资源仍被占用。.NET 使用的异常机制使线程的终止更加安全，但中止线程需要一定的时间，因为从理论上讲，异常处理块中的代码执行多长时间是没有限制的。所以，在终止线程后需要等待一段时间，线程完全终止后，才能继续执行其他操作。如果后续的处理依赖于该终止的线程，那么可以使用 Join() 方法，等待线程终止。

```
thread.Abort();
thread.Join();
```

通过使用 Join()，线程可以在中止前阻塞调用它的代码。Join() 的其他重载方法可以指定等待的时间期限。如果过了等待的时间期限，调用代码会继续执行。如果没有指定时间期限，线程就要等待需要等待的时间。

如果主线程要在它自己的线程上执行某些操作该怎么办？此时需要一个线程对象的引用来表示它自己的线程。在主线程中使用 Thread 类的静态属性 CurrentThread，就可以获得这样一个引用。

```
Thread myOwnThread=Thread.CurrentThread;
```

然后，就可以通过 myOwnThread 的方法来控制主线程了。CurrentThread 属性总是对当前运行线程的引用，如果在线程代码中获取该值，得到的则是线程本身的线程对象，这在下面的例子中可以看得很清楚——尽管两个线程调用的是同一个函数 DisplayNumbers()，但该函数内的 Thread.CurrentThread 属性值是不一样的。

Thread 另一个有用的特性是其静态方法是 Sleep()，只要传入时间参数，它就使正在运行的线程进入睡眠状态，过了这一段时间之后该线程会继续运行。

下面用一个简单的示例来说明如何使用线程（对代码的解释放在注释中）。

【例 9.1】 使用两个线程显示计数。

该示例的核心是方法 DisplayNumbers()，它累加一个数字，并定期显示每次累加的结果。

```
static void DisplayNumbers()
{
    // 获取当前运行线程的 Thread 对象实例并输出名称
    Thread thisThread = Thread.CurrentThread;
    Console.WriteLine("Starting thread:"+ thisThread.Name);
    // 循环计数直到结束, 在指定的间隔输出当前计数值
    for(int i = 1; i < 8*interval; i++)
    {
        if(i%interval == 0)
        {
            Console.WriteLine(thisThread.Name + ": 当前计数为 " + i);
        }
    }
    Console.WriteLine("Thread " + thisThread.Name + " finished.");
}
```

累加的数字取决于 interval 字段，它的值是用户输入的。如果用户输入 100，就累加到 800 并显示数字 100，200，300，400，500，600，700 和 800；如果用户输入 1000，就累加到 8000，显示数字 1000，2000，3000，4000，5000，6000，7000 和 8000，依次类推。这里只是利用循环来演示多线程的操作，本身没有什么意义，但我们的目的是让处理器停止一段时间，以便查看处理器是如何处理这个任务的。

本示例通过启动第二个工作线程来运行 DisplayNumbers()。但启动这个工作线程后，主线程就开始执行同一个方法，此时应看到有两个累加过程同时发生。

以下给出本示例的全部代码：

```
using System.Threading;
namespace Ex9_1
{
    class ThreadApp
    {
        static int interval;
        static void DisplayNumbers()
        {
            // 获取当前运行线程的 Thread 对象实例
            Thread thisThread = Thread.CurrentThread;
            Console.WriteLine(" 线程: " + thisThread.Name + " 已开始运行 .");
            // 循环计数直到结束, 在指定的间隔输出当前计数值
            for (int i = 1; i <= 8 * interval; i++)
            {
                if (i % interval == 0)
                {
                    Console.WriteLine(thisThread.Name + ": 当前计数为 " + i);
                }
            }
            Console.WriteLine(" 线程 " + thisThread.Name + " 完成 .");
        }
```

```
static void Main(string[] args)
{
    // 获取用户输入的数字
    Console.Write("请输入一个数字:");
    interval = int.Parse(Console.ReadLine());
    // 定义当前主线程线程对象的名称
    Thread thisThread = Thread.CurrentThread;
    thisThread.Name = "Main Thread";
    // 建立新线程对象
    ThreadStart workerStart = new ThreadStart(DisplayNumbers);
    Thread workerThread = new Thread(workerStart);
    workerThread.Name = "Worker Thread";
    workerThread.IsBackground = true;
    // 启动新线程
    workerThread.Start();
    // 主线程同步进行计数
    DisplayNumbers();
}
}
}
```

该代码段从类的声明开始，interval 是这个类的一个静态成员。在 Main() 方法中，首先要求用户输入 interval 的值。然后获取表示主线程的线程对象引用，这样就可以给线程指定名称，并可以在结果中看到具体的执行情况。

接着创建工作线程，设置它的名称，启动它，给它传送一个委托，指定它必须从 DisplayNumbers() 方法开始执行累加。注意，本例中的 DisplayNumbers() 方法是一个静态方法，实际上只要符合委托类型，其他类的非静态方法也可以作为工作线程的代码序列。此外，线程对象 IsBackground 属性决定该线程是否是在后台运行，后台运行的线程在所有前台线程结束后会被自动中止，以防止出现程序无法退出的情况。

两个累加过程是完全独立的，因为 DisplayNumbers() 方法中用于累加数字的变量 i 是一个局部变量。局部变量只能在定义它们的方法中使用，也只有在执行该方法的线程中是可见的。如果另一个线程开始执行这个方法，该线程就会获得该局部变量的副本。运行这段代码，给 interval 选择一个相对小的值 100，得到如图 9-1 所示的结果。

两个线程的执行都非常成功，但是两个线程似乎不是同时完成的，主线程计算完成后，工作线程才开始计算。这是因为主线程调用 wokerThread.Start()，告诉 Windows 新线程已经准备启动后就即时返回了。Windows 启动新线程意味着给该线程分配各种资源，执行各种安全检查。到新线程启动时，主线程已经完成了任务。

为了使线程的并行体现得更加明显，我们在输入数字的时候输入一个较大的值 1 000 000，使得循环的时间大大加长，在主线程结束之前工作线程也开始工作了。

运行结果如图 9-2 所示（由于不同的计算机运行速度不同，结果可能略有不同）。

从图 9-2 可以看出，这两个线程实际上是并行工作的。

9.2.3　线程的状态及优先级

注意 Thread.ThreadState 这个属性，它代表了线程运行时的状态，在不同的情况下有不同的值，有时通过对该值的判断来设计程序流程。ThreadState 在各种情况下的可能取值如表 9-3 所示。

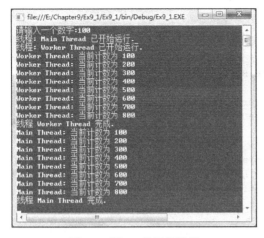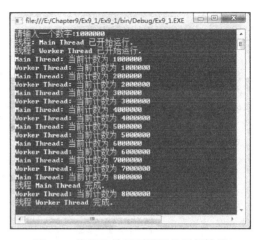

图 9-1 例 9.1 的运行结果 图 9-2 线程的并行更明显的运行结果

表 9-3 线程的状态

线程状态	说　明
Aborted	线程已停止
AbortRequested	线程的 Thread.Abort() 方法已被调用，但是线程还未停止
Background	线程在后台执行，与属性 Thread.IsBackground 有关
Running	线程正常运行
Stopped	线程已被停止
StopRequested	线程正在被要求停止
Suspended	线程已被挂起（此状态下，可以通过调用 Resume() 方法重新运行）
SuspendRequested	线程正在要求被挂起，但未来得及响应
Unstarted	未调用 Thread.Start() 开始线程的运行
WaitSleepJoin	线程因为调用了 Wait()、Sleep() 或 Join() 等方法而处于封锁状态

　　如果在应用程序中有多个线程在运行，但一些线程比另一些线程重要，因而需要分配更多的 CPU 时间，这时该怎么办？在这种情况下，可以在一个进程中为不同的线程指定不同的优先级。一般情况下，如果有优先级较高的线程在工作，就不会给优先级较低的线程分配任何时间片，其优点是可以保证给接收用户输入的线程指定较高的优先级。在大多数的时间内，这个线程什么也不做，其他线程则执行它们的任务。但是，如果用户输入了信息，这个线程就立即获得比应用程序中其他线程更高的优先级，在短时间内处理用户输入控件。

　　线程的优先级定义为 ThreadPriority 枚举类型，取值如表 9-4 所示。

表 9-4 线程的优先级及其含义

名　称	含　义
Highest	将线程安排在具有任何其他优先级的线程之前
AboveNormal	将线程安排在具有 Highest 优先级的线程之后，但在具有 Normal 优先级的线程之前
Normal	将线程安排在具有 AboveNormal 优先级的线程之后，在具有 BelowNormal 优先级的线程之前。默认情况下，线程具有 Normal 优先级
BelowNormal	将线程安排在具有 Normal 优先级的线程之后，但在具有 Lowest 优先级的线程之前
Lowest	将线程安排在具有任何其他优先级的线程之后

　　高优先级的线程可以完全阻止低优先级的线程执行，因此在改变线程的优先级时要特别小心，以免出现某些线程得不到 CPU 时间的情况。此外，每个进程都有一个基本优先级，这些值与进程的优先级是有关系的。给线程指定较高的优先级，可以确保它在该进程内比其他线程优先执行，但系统上可能还运行着其他进程，它们的线程有更高的优先级。比如，Windows 给自己的操作系统线程指定高优先级。

　　在创建线程时如果不指定优先级，系统将默认为 ThreadPriority.Normal。给一个线程指定优先级，可以使用如下代码：

```
myThread.Priority=ThreadPriority.Lowest;                        // 设定优先级为最低
```

　　通过设定线程的优先级，可以安排一些相对重要的线程优先执行，如对用户的响应等。

　　【例 9.2】　在例 9.1 中，对 Main() 方法做如下修改，就可以看出修改线程的优先级的效果。

```
// 建立新线程对象
ThreadStart workerStart = new ThreadStart(DisplayNumbers);
Thread workerThread = new Thread(workerStart);
workerThread.Name = ThreadPriority.AboveNormal;
workerThread.Priority = AboveNormal;
```

　　其中，通过代码设置工作线程的优先级比主线程高，运行结果如图 9-3 所示。

　　这说明，当工作线程的优先级为 AboveNormal 时，一旦工作线程被启动，主线程就不再运行，直到工作线程结束后主线程才重新计算。

　　让我们继续试验操作系统如何为线程分配 CPU 时间。

　　在 DisplayNumbers() 方法的循环体中加上一句代码（加黑语句）。

```
if(i%interval == 0)
{
    Console.WriteLine(thisThread.Name + ": 当前计数为 " + i);
    Thread.Sleep(10);                          // 让当前工作线程暂停10毫秒
}
```

　　现在来看运行结果，如图 9-4 所示。

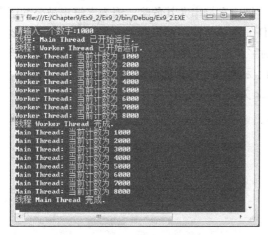

图 9-3　设置优先级后的运行结果

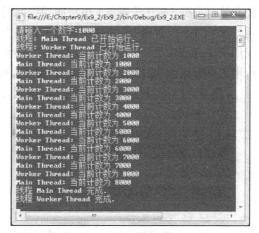

图 9-4　暂停线程后的运行结果

　　此时的结果与前面有很大的不同：在工作线程的计算过程中，主线程也获得了 CPU 时间。这是因为在 DisplayNumbers() 方法中使用的 Thread 静态方法 Sleep() 放弃了 CPU 时间，即使当前线程具有较高的优先级，操作系统也会把时间片分配给其他优先级低的线程。如果我们把 Sleep() 的参数增加到 100 毫秒，运行结果又会有很大的不同，甚至可能两个线程几乎并行完成（不同的计算机上运行的结果可能不同）。

9.3　线程的同步和通信

假设有这样一种情况：两个线程同时维护一个队列，如果一个线程向队列添加元素，另一个线程从队列中取用元素，那么称添加元素的线程为生产者，取用元素的线程为消费者。生产者与消费者问题看起来简单，却是多线程应用中一个必须解决的问题，它涉及线程之间的同步和通信问题。

9.3.1　lock 关键字

前面说过，每个线程都有自己的资源，但代码区是共享的，即每个线程都可以执行相同的函数。但在多线程环境下，可能带来下面的问题：几个线程同时执行一个函数，导致数据混乱，产生不可预料的结果，所以必须避免发生这种情况。C# 提供了一个关键字 lock，它可以把一段代码定义为互斥段。互斥段在一个时刻只允许一个线程进入执行，其他线程必须等待。在 C# 中，关键字 lock 定义如下：

```
lock(expression)
{
    statement_block                              // 将要执行的代码
}
```

expression 代表希望跟踪的对象，通常是对象引用。一般地，保护一个类的实例，可以使用 this；而保护一个静态变量（如互斥代码段在一个静态方法内部），使用类名就可以了。statement_block 就是互斥段的代码，这段代码在一个时刻只能被一个线程执行。

通常，最好避免锁定（lock）public 类型或锁定不受应用程序控制的对象实例。例如，如果该实例可以被公开访问，则锁定该实例可能存在问题，因为不受控制的代码也可能会锁定该对象。这可能导致死锁，即两个或更多个线程等待释放同一对象。出于同样的原因，锁定公共数据类型（相比于对象）也可能导致问题。锁定字符串尤其危险，因为字符串被公共语言运行库（CLR）"暂留"。这意味着整个程序中任何给定字符串都只有一个实例。因此，只要在应用程序进程中的任何位置处具有相同内容的字符串上放置了锁，就将锁定应用程序中该字符串的所有实例。因此，最好锁定不会被暂留、私有或受保护的成员。

【例 9.3】　设计控制台应用程序以体现 lock 关键字的使用。

设计步骤：

（1）新建控制台应用程序

新建控制台应用程序并命名为 Ex9_3。

（2）添加类

添加类，类名为 Account，其代码如下：

```
class Account
{
    int balance;                                 // 开始的位置
    Random r = new Random();
    public Account(int initial)
    {    balance = initial;                  }
     private void Withdraw(int amount)
```

```
    {
        if (balance < 0)
        { throw new Exception("在 0 点下");    }    // 如果 balance 小于 0 则抛出异常
        lock (this)
        {
            if (balance >= amount)
            {
                Console.WriteLine("修改前距 0 点的位置 :    " + balance);
                Console.WriteLine("修改位置值         : -" + amount);
                balance = balance - amount;
                Console.WriteLine("修改后距 0 点的位置 :    " + balance);
            }
        }
    }
    public void DoTransactions()
    {
        for (int i = 0; i < 100; i++)
        { Withdraw(r.Next(1, 100));    } // 调用 Withdraw 方法，参数为 1～100 的随机数
    }
}
```

（3）添加命名空间

添加的命名空间如下：

```
using System.Threading;
```

（4）添加 Main 方法中的代码

添加的代码如下：

```
class Program
{
    static void Main(string[] args)
    {
        Thread[] threads = new Thread[10];
        Account acc = new Account(200);      // 实例化 Account 对象，开始位置为 200
        for (int i = 0; i < 10; i++)         // 实例化 10 个线程
        {
            Thread t = new Thread(new ThreadStart(acc.DoTransactions));
            threads[i] = t;
        }
        for (int i = 0; i < 10; i++)         // 开启这 10 个线程
        {   threads[i].Start();    }
    }
}
```

（5）运行程序

运行程序，程序的运行结果如图 9-5 所示。从图中可以看出，开始的位置不断地修正到 0 点位置。只要 lock 语句存在，语句块就是临界区，并且 balance 永远不会是负数。

9.3.2 线程监视器

多线程公用一个对象时，也会出现和公用代码类似的问题。这时不应使用 lock 关键字，而要用到 System.Threading 中的一个类 Monitor，称为

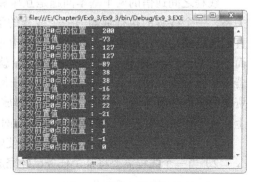

图 9-5　例 9.3 的运行结果

监视器。Monitor 提供了使线程共享资源的方案，Monitor 的常用方法如表 9-5 所示。

Monitor 类可以锁定一个对象，一个线程只有得到这把锁才能对该对象进行操作。对象锁机制保证了在可能引起混乱的情况下，一个时刻只有一个线程可以访问这个对象。Monitor 必须和一个具体的对象相关联，但它是一个静态的类，不能用来定义对象，而且它的所有方法都是静态的，不能使用对象来引用。下面的代码说明了使用 Monitor 锁定一个对象 queue 的情形。

表 9-5　Monitor 类的常用方法

线程状态	说　明
Enter	在指定对象上获取排他锁
Exit	释放指定对象上的排他锁
Pulse	通知等待队列中的线程锁定对象状态的更改
PulseAll	通知所有的等待线程对象状态的更改
TryEnter	试图获取指定对象的排他锁
Wait	释放对象上的锁并阻止当前线程，直到它重新获取该锁

```
......                                       // 方法
{
        Queue queue = new Queue();           // 新建对象 queue
        Monitor.Enter(queue);
        try
        {
            //......                          // 现在 Queue 对象只能被当前线程操纵
        }
        finally
        {
        Monitor.Exit(queue);                 // 释放锁
    }
}
```

如上所示，当一个线程调用 Monitor.Enter() 方法锁定一个对象时，这个对象就归它所有了，其他线程要访问这个对象，只能等到它用 Monitor.Exit() 方法释放锁以后。为了保证线程最终都能释放锁，可以把 Monitor.Exit() 方法写在 try-catch-finally 结构中的 finally 代码块里。

事实上，lock 就是用 Monitor 类来实现的。它等效于 try-finally 语句块，使用 lock 关键字通常比直接使用 Monitor 类更可靠，一方面是因为 lock 更简洁，另一方面是因为 lock 确保了即使受保护的代码引发异常，也可以释放基础监视器。这是通过 finally 关键字来实现的，无论是否引发异常，它都执行关联的代码块。

9.3.3　线程间的通信

线程之间通信的两个基本问题是互斥和同步。线程同步是指线程之间所具有的一种制约关系，一个线程的执行依赖另一个线程的消息，当它没有得到另一个线程的消息时应等待，直到消息到达时才被唤醒。线程互斥是指对于共享的操作系统资源（指的是广义的"资源"，而不是 Windows 的 .res 文件，如全局变量就是一种共享资源），在各线程访问时的排他性。当若干个线程都要使用某一共享资源时，任何时刻最多只允许一个线程去使用，其他要使用该资源的线程必须等待，直到占用资源者释放该资源。线程互斥是一种特殊的线程同步。实际上，互斥和同步对应着线程间通信发生的两种情况：

1）当有多个线程访问共享资源而不使资源被破坏时。

2）当一个线程需要将某个任务已经完成的情况通知另外一个或多个线程时。

【例 9.4】 线程间的通信。

设计步骤:

（1）新建控制台应用程序

新建控制台应用程序并命名为 Ex9_4。

（2）添加命名空间

切换到代码设计视图。因为涉及线程操作，所以添加命名空间如下:

```
using System.Threading;
```

（3）添加类

添加学生类 Student。

```
public class Student
{
    private string _name;              // 姓名
    private string _number;            // 学号
    private bool isRun = false;
    public void Add(string name, string number)
    {
        Monitor.Enter(this);
        if (isRun)
            Monitor.Wait(this);
        this._name = name;
        this._number =number ;
        this.isRun = true;
        Thread.Sleep(1000);
        Monitor.Pulse(this);
        Monitor.Exit(this);
    }
    public void GetInfo()
    {
        Monitor.Enter(this);
        if (!isRun)
            Monitor.Wait(this);
        Console.Write(" 姓名: " + _name);
        Console.WriteLine(" 学号: " + _number.ToString());
        this.isRun = false;
        Monitor.Pulse(this);
        Monitor.Exit(this);
    }
}
```

添加线程 1 类，主要用于添加学生信息。

```
public class Thread1
{
    private Student student;
    public Thread1(Student student)
    {    this.student = student;    }
    public void run()
    {
        int i = 0;
        while (true)
        {
            i++;
            student.Add(" 学生 " + i.ToString(), "1511" + i.ToString());
        }
    }
}
```

添加线程 2 类，主要用于获取学生信息。

```
public class Thread2
{
    private Student student;
    public Thread2(Student student)
    {    this.student = student;    }
    public void run()
    {
        while (true)
        {    student.GetInfo();    }
    }
}
```

（4）添加 Main 方法中的代码

添加的代码如下：

```
class Program
{
    static void Main(string[] args)
    {
        Student student = new Student();                           // 实例化学生类
        new Thread(new ThreadStart(new Thread1(student).run)).Start(); // 添加学生信息
        new Thread(new ThreadStart(new Thread2(student).run)).Start(); // 读取学生信息
    }
}
```

（5）运行程序

运行程序，程序的运行结果如图 9-6 所示。

9.3.4 子线程访问主线程的控件

在不做处理的情况下，如果子线程访问由
主线程创建的控件时，系统会报错，告诉我们
线程间不能直接调用。因为不同的线程是在不
同的内存空间中互不干扰地并行运行着的。那
么要怎么做才能在子线程中访问想要访问的控
件呢？见下面例子。

图 9-6 线程间的通信

【例 9.5】 设计 WinForm 应用程序，利用子线程访问主线程创建的控件。

设计步骤：

（1）新建 WinForm 应用程序

新建 WinForm 应用程序并命名为 Ex9_5。

（2）设计窗体并添加控件

将窗体调整到适当大小，拖放一个 TrackBar 和一个 Button 控件。Form1 的 Text 设置为
"子线程访问主线程控件"，trackBar1 的 Maximum 和 LargeChange 分别设置为 100 和 1。

（3）添加命名空间

切换到代码设计视图。因为涉及线程操作，所以添加命名空间如下：

```
using System.Threading;
```

（4）添加事件和代码

切换到设计视图。双击 button1 控件，添加代码如下：

```
namespace EX9_5
{
    public partial class Form1 : Form
    {
        public Form1()
        {    InitializeComponent();    }
        private void InvokeFun()
        {
            if(trackBar1.Value < 100)
            {
                trackBar1.Value = trackBar1.Value + 1;
                button1.Text = trackBar1.Value.ToString();
            }
            if(trackBar1.Value == 100)
            {
                MessageBox.Show("到达终点");
                trackBar1.Value = 0;
                button1.Text = trackBar1.Value.ToString();
            }
        }
        private void ThreadFun()
        {
            MethodInvoker mi = new MethodInvoker(this.InvokeFun);
            for(int i = 0; i < 100; i++)
            {
                this.BeginInvoke(mi);              // 让主线程去访问自己创建的控件
                Thread.Sleep(100);                // 在新的线程上执行耗时操作
            }
        }
        private void button1_Click(object sender, EventArgs e)
        {
            Thread thdProcess = new Thread(new ThreadStart(ThreadFun));
            thdProcess.Start();
        }
    }
}
```

（5）运行程序

运行程序。单击 button1 按钮，运行结果如图 9-7 所示。

图 9-7　子线程访问主线程控件

说明：

1）代码中用到了 MethodInvoker 委托，该委托可执行托管代码中声明为 void 且不接受任何参数的任何方法，在对控件的 Invoke 方法进行调用时或需要一个简单委托又不想自己定义时可以使用该委托。在这里它实际上就代表了 InvokeFun() 方法。

2）BeginInvoke(Delegate) 表示在创建控件的基础句柄所在线程上异步执行指定委托。它可异步调用委托并且此方法立即返回。可以从任何线程（甚至包括拥有该控件句柄的线程）调用此方法。如果控件句柄尚不存在，则此方法沿控件的父级链搜索，直到它找到有窗口句柄的控件或窗体为止。这里就是通过这个异步调用来完成子线程对主线程上相应控件的访问的。

9.4　线程池和定时器

在多线程的程序中，经常会出现两种情况。第一种情况是，应用程序中的线程把大部分时间花费在等待状态上，等待某个事件发生，然后才能给予响应；第二种情况则是，线程平常都处于休眠状态，只是周期性地被唤醒。在 .NET Framework 中，使用 ThreadPool 来应对第一种情况，使用 Timer 来应对第二种情况。

9.4.1　线程池

ThreadPool 类提供一个由系统维护的线程池，线程池可以看作一个线程的容器，因为其中某些方法调用了只有高版本 Windows 才有的 API 函数，所以该容器需要 Windows 2000 以上版本的系统支持。可以使用 ThreadPool.QueueUserWorkItem() 方法将线程安放在线程池里，该方法的原型如下：

```
public static bool QueueUserWorkItem(WaitCallback);
```

重载的方法如下，参数 object 将传递给 WaitCallback 所代表的方法。

```
public static bool QueueUserWorkItem(WaitCallback, object);
```

ThreadPool 类也是一个静态类，用户不能也不必生成它的对象。而且一旦使用该方法在线程池中添加了一个项目，那么该项目无法取消。这里用户无须自己建立线程，只需把要做的工作写成函数，作为参数传递给 ThreadPool.QueueUserWorkItem() 方法，传递的方法就是依靠 WaitCallback 代理对象，而线程的建立、管理、运行等工作都是由系统自动完成的，用户无须考虑复杂的细节问题。线程池的优点也就体现在这里，就像公司里的老板，只需安排工作，不必亲自动手。

9.4.2　定时器

与 ThreadPool 类不同，Timer 类的作用是设置一个定时器，定时执行用户指定的函数，而这个函数的传递是靠另外一个代理对象 TimerCallback，它必须在创建 Timer 对象时就指定，并且不能更改。定时器启动后，系统将自动建立一个新线程，并在这个线程里执行用户指定的函数。下面的语句初始化一个 Timer 对象：

```
Timer timer = new Timer(timerDelegate, s,1000, 1000);
```

第 1 个参数指定 TimerCallback 代理对象；第 2 个参数的意义和上面提到的 WaitCallback 代理对象一样，作为一个对象传递给要调用的方法；第 3 个参数是延迟时间，即计时开始的时刻距现在的时间，单位是毫秒；第 4 个参数是定时器的时间间隔，计时开始以后，每隔相同的一段时间，TimerCallback 所代表的方法被调用一次，单位也是毫秒。上面语句的意思就是将定时器的延迟时间和时间间隔都设为 1 秒。

定时器的设置是可以改变的，调用 Timer.Change() 方法即可，这是一个参数类型重载的方法。一般使用的原型如下：

```
public bool Change(long, long);
```

下面这行代码将前边设置的定时器修改了一下：

```
timer.Change(10000,2000);   // 定时器 timer 的时间间隔被重新设置为 2 秒, 停止计时 10 秒后生效
```

上面就是对 ThreadPool 和 Timer 两个类的简单介绍，充分利用系统提供的功能可以节省很多时间和精力，特别是对容易出错的多线程程序。同时，我们也可以看到 .NET Framework 强大的内置对象，这些将给编程带来很大方便。

9.5 互斥对象

多线程代码和资源的同步问题、自动化管理及定时触发的问题已经得到解决，那么如何控制多个线程之间的联系呢？例如，顾客到餐厅吃饭，在吃饭之前要先等厨师把饭菜做好，然后开始吃，吃完要付款，付款方式可以是现金或信用卡，付款之后才能离开。在这个过程里，"吃饭"可以看作主线程，"厨师做饭"是一个线程，服务员用"信用卡收款"和"收现金"可以看作两个线程。其中的关系很清楚，"吃饭"必须等待"厨师做饭"，然后等待两个"收款"线程中的任意一个完成，然后"吃饭"线程执行"离开"步骤，这时"吃饭"才算结束。事实上，现实中有比这个例子更复杂的联系，怎样才能控制好它们不产生冲突和重复呢？

这种情况下要用到互斥对象，即 System.Threading 命名空间中的 Mutex 类，Mutex 类是一个同步基元。可以把 Mutex 看作一辆出租车，乘客就是线程，他首先等车，然后上车，最后下车。当一个乘客在车上时，其他乘客只有等他下车以后才可以上车。线程与 Mutex 对象的关系也是如此，线程使用 Mutex.WaitOne() 方法等待 Mutex 对象被释放，一旦 Mutex 对象被释放，它就自动拥有这个对象，直到它调用 Mutex.ReleaseMutex() 方法释放这个对象。在此期间，其他想要获取这个 Mutex 对象的线程只有等待。

【例 9.6】 设计控制台应用程序来体现 Mutex 的使用。

设计步骤：

（1）新建控制台应用程序

新建控制台应用程序并命名为 Ex9_6。

（2）添加代码

代码如下所示：

```
class Program
{
    private static Mutex mut = new Mutex();      // 创建一个未命名的 Mutex 对象
    private const int numThreads = 3;            // 所要新建的线程数
    static void Main(string[] args)
    {
        for (int i = 0; i < numThreads; i++)     // 开启 3 个线程
        {
            Thread myThread = new Thread(new ThreadStart(MyThreadProc));
            myThread.Name = String.Format("线程{0}", i + 1);
            myThread.Start();
        }
        Console.Read();
    }
    private static void MyThreadProc()
    {
        mut.WaitOne();                           // 阻止当前线程, 直到当前收到信号
```

```
        Console.WriteLine("{0} 开始执行 ", Thread.CurrentThread.Name);
        Thread.Sleep(500);
        Console.WriteLine("{0} 停止执行 \r\n", Thread.CurrentThread.Name);
        mut.ReleaseMutex();                              // 释放这个对象
    }
```

（3）运行程序

此控制台程序的运行结果如图 9-8 所示。

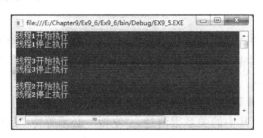

图 9-8　例 9.6 的运行结果

💡 说明：

　　尽管 mutex 可以用于进程内的线程同步，但是通常使用 Monitor，因为监视器是专门为 .NET Framework 设计的，因而它可以更好地利用资源。相比之下，Mutex 类是 Win32 构造的包装。尽管 Mutex 功能比监视器更为强大，但是相对于 Monitor 类，它所需要的互操作转换更消耗计算资源。

9.6　综合应用实例

【例 9.7】　利用多线程画肥皂泡泡。

设计步骤：

（1）新建 WinForm 应用程序

新建 WinForm 应用程序并命名为 Ex9_7。

（2）设计窗体并添加控件

将窗体调整到适当大小，Text 属性设置为"多线程画肥皂泡泡"。

（3）添加命名空间

切换到代码设计视图。因为涉及线程操作，所以添加命名空间如下：

```
using System.Threading;
```

（4）添加小球类

小球类 Ball 的代码如下：

```
class Ball
{
    public Point oldPoint, newPoint;        // 小球圆心的旧点和新点
    const int penWidth = 3;                 // 画笔的宽度
    Color cyclyColor, backColor;            // 圆的颜色和背景色
    public int H { get; set; }              // 窗体的高
    public int W { get; set; }              // 窗体的宽
    public Graphics G { get; set; }
    public int r { get; set; }              // 小球半径
```

```
int step = 10;
int stepx = 10;
int stepy = 10;
/* 小球构造函数 */
public Ball(int h, int w, Graphics g, Color cycleColor, Color backColor, Point p)
{
    this.H = h;
    this.W = w;
    this.G = g;
    this.cyclyColor = cycleColor;
    this.newPoint = p;
    this.backColor = backColor;
    getNewPoint();
}
/* 计算新的位置 */
private void getNewPoint()
{
    newPoint.X += stepx;
    newPoint.Y += stepy;
    if (newPoint.X < 0 || newPoint.X + 2 * r + step > W)
    {    stepx = -stepx;    }
    if (newPoint.Y < 0 || newPoint.Y + 2 * r + step > H)
    {    stepy = -stepy;    }
}
/* 实现小球运动 */
public void run(object obj)
{
    while (true)
    {
        oldPoint = newPoint;
        Rectangle rect = new Rectangle(oldPoint.X, oldPoint.Y, 2 * r, 2 * r);
        G.DrawEllipse(new Pen(backColor, penWidth), rect);
        this.getNewPoint();
        rect = new Rectangle(newPoint.X, newPoint.Y, 2 * r, 2 * r);
        G.DrawEllipse(new Pen(cyclyColor, penWidth), rect);
        Thread.Sleep(10);
    }
}
```

（5）添加事件和代码

切换到设计视图，分别添加窗体的 Load 和 MouseDoubleClick 事件，添加代码如下：

```
namespace Ex9_7
{
    public partial class Form1 : Form
    {
        public int num = 0;
        public Form1()
        {    InitializeComponent();    }
        private void Form1_Load(object sender, EventArgs e)
        {    this.BackColor = Color.White;    }
        private void Form1_MouseDoubleClick(object sender, MouseEventArgs e)
        {
            num++;
            Random r = new Random();
            Point point = new Point(r.Next(0, this.Width), r.Next(0, this.Height));
            // 随机起点
```

```
            Color color = Color.FromArgb(r.Next(0, 255), r.Next(0, 255), r.Next(0,
255));                                  // 随机颜色
            Ball ball = new Ball(this.Height, this.Width, this.CreateGraphics(),
color, this.BackColor,
                point);                 // 实例化球体对象
            ball.r = r.Next(5, 50);     // 小球半径
            // 线程池中创建小球运动动作
            ThreadPool.QueueUserWorkItem(new WaitCallback(ball.run), (object)num);
        }
    }
}
```

（6）运行程序

运行程序。双击窗体就能添加一个泡泡，运行结果如图9-9所示。

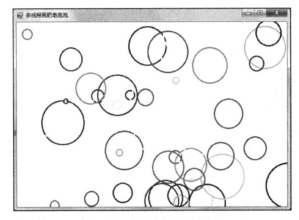

图 9-9   多线程画肥皂泡泡

习 题

第 1 章   .NET 与 C# 基础

一、选择题

1. CLR 是一种_____。
   A．程序设计语言　　　　　B．运行环境　　　　　C．开发环境　　　　　D．API 编程接口
2. C# 语言源代码文件的后缀名为_____。
   A．.C#　　　　　　　　　B．.CC　　　　　　　　C．.CSP　　　　　　　D．.CS
3. 构建桌面应用程序需要 .NET 提供的类库是_____。
   A．ADO.NET　　　　　　　B．Windows Form　　　　C．XML　　　　　　　D．ASP.NET
4. 与 C++ 等语言相比，C# 中增加的一个类成员访问修饰符是_____。
   A．private　　　　　　　B．public　　　　　　　C．protected　　　　　D．internal
5. 与其他程序语言相比，C# 的简单性主要体现在_____。
   A．没有孤立的全局函数　　　　　　　　　　　B．没有指针
   C．不能使用未初始化的变量　　　　　　　　　D．解决了"DLL 地狱"
6. C# 中导入某一命名空间的关键字是_____。
   A．using　　　　　　　　B．use　　　　　　　　C．import　　　　　　D．include
7. C# 中程序的入口方法名是_____。
   A．Main　　　　　　　　B．main　　　　　　　　C．Begin　　　　　　D．using

二、思考题

1. 如何看待 C#、CLR 和 .NET 之间的关系？
2. C# 语言的主要特性有哪些？
3. 什么是 .NET 框架？简述 .NET 框架结构。
4. 简述 .NET 应用程序的编译过程。
5. 常用的命令按钮、标签、文本框等控件在哪个工具箱中？
6. C# 可以开发哪些类型的应用程序？

7. 试述 Visual C# 开发环境的菜单栏各个菜单和工具栏各个按钮的作用。

8. 试述 C# Windows 窗体应用程序的开发步骤。

9. 编写一个简单的程序，输出如下内容：

```
/***********************************************
*                How are you!                 *
***********************************************/
```

第 2 章 C# 编程基础

一、选择题

1. C# 中的值类型包括 3 种，它们是_____。
   A. 整型、浮点型、基本类型　　　　　　　B. 数值类型、字符类型、字符串类型
   C. 简单类型、枚举类型、结构类型　　　　D. 数值类型、字符类型、枚举类型

2. 枚举类型是一组命名的常量集合，所有整型都可以作为枚举类型的基本类型，如果类型缺省，则约定为_____。
   A. uint　　　　　　B. sbyte　　　　　　C. int　　　　　　D. ulong

3. C# 的引用类型包括类、接口、数组、委托、object 和 string。其中 object_____根类。
   A. 只是引用类型的　　　　　　　　　　　B. 只是值类型的
   C. 只是 string 类型的　　　　　　　　　　D. 是所有值类型和引用类型的

4. 浮点常量有 3 种格式，下面_____组的浮点常量都属于 double 类型。
   A. 0.618034，0.618034D, 6.18034E-1　　　B. 0.618034, 0.618034F, 0.0618034e1
   C. 0.618034, 0.618034f, 0.618034M　　　　D. 0.618034F, 0.618034D, 0.618034M

5. 下面字符常量表示有错的一组是_____。
   A. '\\' , '\u0027' , '\x0027'　　　　　　　B. '\n' , '\t' , '\037'
   C. 'a', '\u0061' , (char)97　　　　　　　D. '\x0030' , '\0' , '0'

6. 下列标识符命名正确的是_____。
   A. _int , Int , @int　　　　　　　　　　　B. using , _using, @using
   C. NO1 , NO_1 , NO.1　　　　　　　　　　D. A3 , _A3 , @A3

7. 当表达式中混合了几种不同的数据类型时，C# 会基于运算的顺序将它们自动转换成同一类型。但下面_____类型和 decimal 类型混合在一个表达式中，不能自动提升为 decimal。
   A. float　　　　　　B. int　　　　　　C. uint　　　　　　D. byte

8. 设有说明语句 int x=8; 则下列表达式中，值为 2 的是_____。
   A. x += x −= x ;　　　　　　　　　　　　B. x %= x−2 ;
   C. x > 8 ? x=0: x++ ;　　　　　　　　　　D. x/=x+x ;

9. C# 数组主要有 3 种形式，它们是_____。
   A. 一维数组、二维数组、三维数组　　　　B. 整型数组、浮点型数组、字符型数组
   C. 一维数组、多维数组、不规则数组　　　D. 一维数组、二维数组、多维数组

10. 设有说明语句 "double [, ,] tab = new double [2,3,4];"，那么下面叙述正确的是_____。
    A. tab 是一个三维数组，它的元素个数一共有 24 个
    B. tab 是一个有 3 个元素的一维数组，它的元素初始值分别是 2，3，4
    C. tab 是一个数组维数不确定的数组，使用时可以任意调整
    D. tab 是一个不规则数组，数组元素的个数可以变化

二、简答题

1. 说明下列标识符的合法性。

X.25	4foots	exam-1	using	main
Who_am_I	Large&Small	_Years	val(7)	2xy

2. 下列常量是否合法？若不合法，指出原因；若合法，指出它的数据类型。

32767	35u	1.25e3.4	3L	0.0086e-32	'\87'
true	"a"	'a'	'\96\45'	.5	5UL

3. 指出下列哪些表示字符？哪些表示字符串？哪些既不表示字符也不表示字符串？

'0x66'	China	" 中国 "	"8.42"	'\0x33'	56.34
"\n\t0x34"	'\r'	'\\'	'8.34'	"\0x33"	'\0'

"Computer System!\n"　　　　"\\\\doc\\share\\my1.doc"　　　　　@"\\doc\share\my1.doc"

@"Joe said " "Hello" " to me"　　　　"Joe said\" Hello\" to me"

4. 将下列代数式写成 C# 的表达式。

（1）ax^2+bx+c　　　　（2）$(x+y)^3$　　　　（3）$(a+b)/(a-b)$

5. 计算下列表达式的值。

（1）x+y%4*(int)(x+z)%3/2　　　其中 x=3.5，y=13，z=2.5

（2）(int)x%(int)y+(float)(z*w)　　　其中 x=2.5，y=3.5，z=3，w=4

6. 写出下面表达式运算后 a 的值，设原来的 a 都是 10。

（1）a+=a;　　　　（2）a%=(7%2);　　　　（3）a*=3+4

（4）a/=a+a;　　　　（5）a-=a;　　　　（6）a+=a-=a*=a;

三、填空题

1. C# 中可以把任何类型的值赋给 object 类型变量，当值类型赋给 object 类型变量时，系统要进行 ___（1）___ 操作；而将 object 类型变量赋给一个值类型变量，系统要进行 ___（2）___ 操作，并且要求必须加 ___（3）___ 类型转换。

2. C# 特有的不规则数组是数组的数组，也就是说它的数组元素是 ___（1）___，并且它的内部每个数组的长度 ___（2）___。

3. 数组在创建时可根据需要进行初始化，需要注意的是初始化时，不论数组的维数是多少，都必须显式地初始化数组的 _____ 元素。

4. 程序运行结果 _____。

```
using System;
public class Exe1
{
    public static void Main ( )
    {
        int x , y , z ;
        bool s;
        x = y = z = 0;
        s=x++!=0 || ++y!=0 && ++y!=0  ;
        Console.WriteLine ("x={0}, y={1}, z={2}, s={3}",  x,  y,  z, s);
        Console.Read();
    }
}
```

5. 程序运行结果 _____。

```
using System;
```

```
public class Exe2
{
    public static void Main ( )
    {
        int a , b ;
        a=b=1 ;
        b += a / b++ ;
        Console.Write ("a={0}, b={1}, ", a , b );
        b += --a +  ++b;
        Console.WriteLine ("a={0}, b={1}", a , b );
        Console.Read();
    }
}
```

6. 程序运行结果_____。

```
using System;
public class Exe3
{
    public static void Main ( )
    {
        int Hb , Lb , x ;
        x = 0x1af034 ;
        Hb = (x>>16 ) & 0xFFFF ;
        Lb = x & 0x00ff ;
        Console.Write ("Hb is {0}\t ", Hb );
        Console.WriteLine ("Lb is {0}", Lb);
        Console.Read();
    }
}
```

7. 程序运行结果_____。

```
using System;
public class Exe4
{
    public static void Main ( )
    {
        int a,b,c;
        a=2;b=7;c=5;
        switch (a>0)
        {
            case true:
            switch  (b<10)
            {
                case true:  Console.Write ("^"); break ;
                case false: Console.Write ("!"); break ;
            }
            break;
            case false:
                switch(c==5)
                {
                    case false:  Console.Write ("*"); break;
                    case true:  Console.Write ("#"); break;
                }
                break;
        }
        Console.WriteLine ( );
        Console.Read();
```

```
        }
    }
```

8. 程序运行结果_____。

```
using System;
public class Exe5
{
    public static void Main ( )
    {
        int [ ] x;
        x = new int [10];
        int [ ] y = {1, 2, 3, 4, 5, 6, 7, 8, 9, 10};
        const int SIZE = 10;
        int [ ] z ;
        z = new int [SIZE] ;
        for (int i=0; i<z.Length; i++)
        {
            z[i] = i*2+1;
            Console.Write("{0,4}",z[i]);
        }
        Console.Read();
    }
}
```

9. 下面程序的功能是：输出 100 以内能被 3 整除且个位数为 6 的所有整数。请填空。

```
using System;
public class Exe6
{
    public static void Main ( )
    {   int i, j;
        for (i=0;      (1)      ; i++)
            { j=i*10+6;
                if  (      (2)      )
                    continue ;
                Console.WriteLine ("{0} ", j );
            }
    }
}
```

10. 用插入法对数组 a 进行降序排序。请填空。

```
using System;
public class Exe7
{
    public static void Main ( )
    {   int [ ]a = {4, 7, 1, 2, 5, 8, 9, 10, 3, 6};
        int i, j, m;
        for (i=1; i<10; i++)
            { m=a[i];
                j =      (1)      ;
                while ( j>=0 && m>a[j] )
                    {      (2)      ;
                        j-- ;
                    }
                     (3)      = m ;
            }
        for (i=0; i<10 ; i++ )
            Console.WriteLine ("{0} ", a[i] );
```

```
        Console.WriteLine ( );
    }
}
```

四、编程题

1. 斐波那契数列中的头两个数是 1 和 1，从第三个数开始，每个数等于前两个数的和。编程计算此数列的前 30 个数，且每行输出 5 个数。

2. 编程求 100 以内被 7 整除的最大自然数。

3. 从键盘上输入一个整数 n 的值，按下式求出 y 的值，并输出 n 和 y 的值（y 用浮点数表示）。

$$y = 1! + 2! + 3! + \cdots + n!$$

4. 设计一个程序，输出所有的水仙花数。所谓水仙花数是一个 3 位整数，其各位数字的立方和等于该数的本身。例如：$153 = 1^3 + 5^3 + 3^3$。

5. 设计一个程序，输入一个 4 位整数，将各位数字分开，并按其反序输出。例如，输入 1234，则输出 4321。要求必须用循环语句实现。

6. 求 $\pi/2$ 的近似值的公式如下：

$$\frac{\pi}{2} = \frac{2}{1} \times \frac{2}{3} \times \frac{4}{3} \times \frac{4}{5} \times \cdots \times \frac{2n}{2n-1} \times \frac{2n}{2n+1} \times \cdots$$

其中，$n = 1, 2, 3, \cdots$。设计一个程序，求出当 $n = 1000$ 时 π 的近似值。

7. 设计一个程序，输入一个十进制数，输出相应的十六进制数。

8. 当 $x>1$ 时，Hermite 多项式定义如下：

$$H_n(x) = \begin{cases} 1 & n = 0 \\ 2x & n = 1 \\ 2xH_{n-1} - 2(n-1)H_{n-2}(x) & n > 1 \end{cases}$$

当输入浮点数 x 和整数 n 后，求出 Hermite 多项式的前 n 项的值。

9. 找出数组 a 中最大值的下标，输出下标及最大值。

10. 判断 s 所指的字符串是否是回文（即顺读和逆读是相同的字符）。

11. 输入一组非 0 整数（以输入 0 作为输入结束标志）到一维数组中，求出这一组数的平均值，统计出这一组数中正数和负数的个数。

12. 输入 10 个数到一维数组中，分别实现数据的输入、排序及输出。

13. 设计一个程序，求一个 4×4 矩阵两对角线元素之和。

14. 输入一个字符串，串内有数字和非数字字符，例如，abc2345 345fdf678 jdhfg945。将其中连续的数字作为一个整数，依次存放到另一个整型数组 b 中。如将 2345 存放到 b[0]、345 放入 b[1]、678 放入 b[2]……统计出字符串中的整数个数，并输出这些整数。

第 3 章 面向对象编程基础

一、选择题

1. C# 语言的核心是面向对象编程（OOP），所有 OOP 语言都应至少具有 3 个特性：_____。

    A. 封装、继承和多态   B. 类、对象和方法

    C. 封装、继承和派生   D. 封装、继承和接口

2. C# 的构造函数分为实例构造函数和静态构造函数，实例构造函数可以对_____进行初始化，静态构造函数只能对_____进行初始化。

　　A. 静态成员　　　　　　　　　　　　　　　B. 非静态成员

　　C. 静态成员或非静态成员　　　　　　　　　D. 静态成员和非静态成员

3. C# 实现了完全意义上的面向对象，所以它没有_____，任何数据域和方法都必须封装在类体中。

　　A. 全局变量　　　　　　　　　　　　　　　B. 全局常数

　　C. 全局方法　　　　　　　　　　　　　　　D. 全局变量、全局常数和全局方法

4. 方法中的值参数是_____的参数。

　　A. 按值传递　　　　　B. 按引用传递　　　　C. 按地址传递　　　　D. 不传递任何值

5. 下面对方法中的 ref 和 out 参数说明错误的是_____。

　　A. ref 和 out 参数传递方法相同，都是把实参的内存地址传递给方法，实参与形参指向同一个内存存储区域，但 ref 要求实参必须在调用之前明确赋过值。

　　B. ref 是将实参传入形参，out 只能用于从方法中传出值，而不能从方法调用处接收实参数据。

　　C. ref 和 out 参数因为传递的是实参的地址，所以要求实参和形参的数据类型必须一致。

　　D. ref 和 out 参数要求实参和形参的数据类型或者一致，或者实参能被隐式地转化为形参的类型。

6. 假设 class Mclass 类的一个方法的签名为：public void Max (out int max, params int [ ] a)，m1 是 Mclass 类的一个对象，maxval 是一个 int 型的值类型变量，arrayA 是一个 int 型的数组对象，则下列调用该方法有错误的是_____。

　　A. m1.Max (out maxval);　　　　　　　　　B. m1.Max (out maxval, 4, 5, 3);

　　C. m1.Max (out maxval, ref arrayA);　　　　D. m1.Max (out maxval, 3, 3.5);

7. 以下有关属性的叙述正确的是_____。

　　A. 要求与字段域一一对应　　　　　　　　　B. 只包含 get 访问器的属性是只写属性

　　C. 不能把它当变量使用　　　　　　　　　　D. 在静态属性访问器中可访问静态数据

二、填空题

1. 析构函数不能由程序显式地调用，而是由系统在 (1) 时自动调用。如果这个对象是一个派生类对象，那么在调用析构函数时，除了执行派生类的析构函数，也会执行基类的析构函数，其执行顺序与构造函数 (2) 。

2. C# 实现了完全意义上的面向对象，所以它没有_____，任何数据域、方法都必须封装在类中。

3. 在类中如果一个数据成员被声明为 static 的，则说明这个类的所有实例都共享这个 static 数据成员。在类体外，static 成员不能通过 (1) 来访问，它必须通过 (2) 来访问。

4. 程序运行结果_____。

```
using System;
public class Test
{
    public void change1( string s) {
        s = s + "Change1";
    }
    public void change2 ( ref string s ) {
        s = s + "Change2" ;
    }
    public void change3 (string s1, out string s2 ) {
        s1 = s1 + "Change3";
        s2 = s1;
    }
}
public class Exe8
{
    public static void Main ( ) {
```

```
        string s1, s2;
        s1 = "Hello, ";
        Test t1=new Test();
        t1.change1(s1);
        Console.WriteLine ("s1 after call to change1 is {0}", s1 );
        t1.change2( ref  s1);
        Console.WriteLine ("s1 after call to change2 is {0}", s1 );
        t1.change3(s1, out s2 );
        Console.WriteLine ("s1 after call to change3 is {0}", s1 );
        Console.WriteLine ("s2 after call to change3 is {0}", s2 );
        Console.Read();
    }
}
```

5. 程序运行结果_____。

```
using System;
public class Test
{   public void change ( string s) {
        s = s + "Change1";
    }
    public void change ( ref string s ) {
        s = s + "Change2" ;
    }
    public void change (string s1, out string s2 ){
        s1 = s1 + "Change3";
        s2 = s1;
    }
}
public class Exe9
{
    public static void Main ( ) {
        string s1, s2;
        s1 = "Hello, ";
        Test t1=new Test();
        t1.change (s1);
        Console.WriteLine ("s1 is {0}", s1 );
        t1.change ( ref  s1);
        Console.WriteLine ("s1 is {0}", s1 );
        t1.change (s1, out s2 );
        Console.WriteLine ("s1 is {0}, s2 is {1} ", s1, s2 );
        Console.Read();
    }
}
```

三、编程题

1. 定义描述复数的类，并实现复数的输入和输出。设计 3 个方法分别完成复数的加法、减法和乘法运算。

2. 定义全班学生成绩类，包括：姓名、学号、C++ 成绩、英语成绩、数学成绩和平均成绩。设计下列 4 个方法：

   1）全班成绩的输入；

   2）求出每一个同学的平均成绩；

   3）按平均成绩的升序排序；

   4）输出全班成绩。

3. 定义一个描述学生基本情况的类，数据成员包括姓名、学号、C++、英语和数学成绩；成员函数包括输出数据、姓名和学号、3 门课的成绩，求出总成绩和平均成绩。

4. 设有一个描述坐标点的 CPoint 类，其私有变量 x 和 y 代表一个点的 x、y 坐标值。编写程序实现以下功能：利用构造函数传递参数，并设其默认参数值为 60 和 75，利用成员函数 display() 输出这一默认的值；利用公有成员函数 setpoint() 将坐标值的修改为（80，150），并利用成员函数输出修改后的坐标值。

5. 定义一个人员类 CPerson，包括数据成员：姓名、编号、性别和用于输入 / 输出的成员函数。在此基础上派生出学生类 CStudent（增加成绩）和教师类 CTeacher（增加教龄），并实现对学生和教师信息的输入 / 输出。

6. 把定义平面直角坐标系上的一个点的类 CPoint 作为基类，派生出描述一条直线的类 CLine，再派生出一个矩形类 CRect。要求成员函数能求出两点间的距离、矩形的周长和面积等。设计一个测试程序，并构造完整的程序。

7. 定义一个字符串类 CStrOne，包含一个存放字符串的数据成员，能够通过构造函数初始化字符串，通过成员函数显示字符串的内容。在此基础上派生出 CStrTwo 类，增加一个存放字符串的数据成员，并能通过派生类的构造函数传递参数，初始化两个字符串，通过成员函数进行两个字符串的合并以及输出。

第 4 章　面向对象编程进阶

一、选择题

1. 委托声明的关键字是＿＿＿＿＿＿＿。
   A．delegate 　　　　　B．sealed 　　　　　C．operator 　　　　　D．event

2. 声明一个委托 " public delegate int myCallBack(string s);"，则用该委托产生的回调方法的原型应该是＿＿＿＿＿＿＿。
   A．void myCallBack(string s) 　　　　　B．int receive(string str)
   C．string receive(string s); 　　　　　D．不确定

3. 在 C# 中，有关事件的定义正确的是＿＿＿＿＿＿＿。
   A．public delegate void Click; 　　　　　B．public delegate void Click();
   　　public event Click OnClick; 　　　　　　　public event Click OnClick();
   C．public delegate Click; 　　　　　D．public delegate void Click();
   　　public event Click OnClick; 　　　　　　　public event Click OnClick;

4. 接口可以包含一个和多个成员，以下选项＿＿＿＿＿＿＿不能包含在接口中。
   A．方法、属性 　　　B．索引指示器 　　　C．事件 　　　D．常量

5. 下列叙述中，正确的是＿＿＿＿＿＿＿。
   A．接口中可以有虚方法 　　　　　B．一个类可以实现多个接口
   C．接口能被实例化 　　　　　D．接口中可以包含已实现的方法

二、问答题

1. 举一个现实世界中继承的例子，用类的层次图表示出来。
2. 什么是抽象类和密封类？它们有什么不同？
3. 什么情况下使用隐式数值转换和显式数值转换？
4. 集合的使用有哪两种方式？举例说明。
5. C# 语言引入委托机制的目的是什么？为什么说委托是 " C# 比别的 OO 语言更加彻底地贯彻面向对象思想的绝佳体现之一"？

6. 试列举几种常用的预处理命令及其用法。

7. 什么是程序集？它的作用有哪些？

8. 泛型是什么？有何作用？

9. 对下面的程序，输入不同参数（如分别输入：test 5,test,test hello,test 0,test 1212121212121212），分析
运行结果。

```
using System;
class Test
{
    public static void Main(string[] args)
    {
        try
        {
            int i = 10/Int32.Parse(args[0]);
        }
        catch(IndexOutOfRangeException e)
        {
            Console.WriteLine(e.Message);
        }
        catch(FormatException e)
        {
            Console.WriteLine(e.Message);
        }
        catch(DivideByZeroException e)
        {
            Console.WriteLine(e.Message);
        }
        catch(OverflowException e)
        {
            Console.WriteLine(e.Message);
        }
    }
}
```

10. 指出下面代码中有错误的地方并进行修改。

```
using System;
namespace PavelTsekov
{
    interface I1
    {
        void MyFunction1();
    }
    interface I2
    {
        void MyFunction2();
    }
    class Test : I1,I2
    {
        public void I1.MyFunction1()
        {
            Console.WriteLine("Now I can say this here is I1 implemented!");
        }
        public void I2.MyFunction2()
        {
            Console.WriteLine("Now I can say this here is I2 implemented!");
```

```
    }
    class AppClass
    {
        public static void Main(string[] args)
        {
            Test t=new Test();
            t.MyFunction1();
            t.MyFunction2();
        }
    }
}
```

11. 分析下面的代码，指出 Digit 和 byte 之间转换方式，说明原因。

```
using System;
public struct Digit
{
    byte value;
    public Digit(byte value)
    {
        if (value < 0 || value > 9)
            throw new ArgumentException();
        this.value = value;
    }
    public static implicit operator byte(Digit d)
    {
        return d.value;
    }
    public static explicit operator Digit(byte b)
    {
        return new Digit(b);
    }
}
```

三、编程题

1. 利用抽象类和虚方法设计一个信用卡通用付账系统。系统可以使用 3 个银行的信用卡，其中两个是跨地区的银行，一个是本地银行。跨地区的银行提供的信用卡又分为 3 种：本地卡、外地卡、通存通兑卡。系统不处理外地卡付账。实现的功能有：付账、查询、转账、取款。

2. 定义一个复数类，通过重载运算符 =、+=、-=、+、-、*、/，直接实现两个复数之间的各种运算。编写一个完整的程序（包括测试各种运算符的程序部分）。

   提示： 两复数相乘的计算公式为：$(a + bi) * (c + di) = (ac - bd) + (ad + bc)i$，两复数相除的计算公式为：$(a + bi) / (c + di) = (ac + bd)/(c*c + d*d) + (bc - ad)/(c*c + d*d)i$。

3. 定义一个学生类，数据成员包括：姓名、学号、C++、英语和数学的成绩。重载运算符"<<"和">>"，实现学生类对象的直接输入和输出。

4. 定义一个平面直角坐标系上的一个点的类 CPoint，重载"++"和"--"运算符，并区分这两种运算符的前置和后置运算，构造一个完整的程序。

第 5 章　Windows 应用程序开发

一、选择题

1. 通过更改_____属性值，可控制和调整窗体的外观。

   A. Visible　　　　　　　B. Opacity　　　　　　C. FormBorderStyle　　D. StartPosition

2. NET 中的大多数控件都派生于_____类。
    A. System   B. System.Data.Odbc
    C. System.Data   D. System.Windows.Forms.Control

3. _____控件组合了 TextBox 控件和 ListBox 控件的功能。
    A. Label   B. ComboBox   C. ProgressBar   D. PictureBox

4. 文本框的_____属性可指定是否用密码字符替换控件中的输入字符。
    A. Text   B. Caption   C. PasswordChar   D. TextAlign

5. 所有控件都有的属性是_____。
    A. Text   B. BackColor   C. Item   D. Name

6. 对于每个控件而言，_____属性是区别控件类不同对象的唯一标志。
    A. Caption   B. Name   C. Top   D. Left

7. _____在响应之前不允许用户与程序中的其他窗体进行交互。
    A. 对话框   B. 模态窗体   C. 非模态窗体   D. 主窗体

8. 使用 PictureBox 显示图片时，要将图片调整到 PictureBox 控件大小，需要将 SizeMode 属性设置为_____。
    A. StretchImage   B. Normal   C. CenterImage   D. AutoSize

9. 定时器的_____事件在每个时间间隔内被重复激发。
    A. Click   B. Tick   C. ServerClick   D. ServerTick

10. 要将窗体设置为透明的，则_____。
    A. 要将 FormBoderStyle 属性设置为 None   B. 要将 locked 属性设置为 True
    C. 要将 Opacity 属性设置为小于 100% 的值   D. 要将 Enabled 属性设置为 True

11. 颜色对话框要显示"自定义颜色"，应该对_____属性进行设置。
    A. AllowFullOpen   B. FullOpen   C. AnyColor   D. CustomColors

二、填空题

1. 窗体的_____属性控制窗体是否为顶端的窗体。

2. 窗体的_____事件在窗体获得焦点时发生。

3. 窗体的_____属性用于设置窗体标题栏右侧最大化按钮是否可用。

4. 对于 ListBox 控件，使用_____属性可增加或删除列表框中的选项。

5. 常用的 C# 通用对话框有_____、_____、_____和_____等。

6. 用鼠标右键单击一个控件时，出现的菜单一般称为_____。

三、思考题

1. 项目在 Visual C# 开发应用程序的作用？解决方案资源管理器的作用是什么？

2. 如何改变启动窗体？启动时是否不应启动窗体？

3. 常用控件的共有属性有哪些？有哪些控件同时又是容器？

4. LinkLabel 控件的主要作用是什么？

5. TextBox 控件的主要作用是什么？多行 TextBox 控件的主要作用是什么？

6. RadioButton 控件的作用与 CheckBox 的有什么不同？为什么一般它们都要和 GroupBox 或 Panel 控件组合使用？

7. ListBox 控件的主要作用是什么？怎样进行项目多选？

8. ComboBox 控件的主要作用是什么？它与 ListBox 控件的应用场合有什么不一样？

9. GroupBox 控件的主要作用是什么？为什么说它是一个容器？

10. 为什么要以编程方式改变控件的属性？

11. 菜单的作用是什么？怎样实现动态菜单？

12. 怎样实现工具栏的功能？如何将工具栏的功能与菜单项一致起来？

13. StatusStrip 控件的作用是什么？怎样实现状态栏的功能？状态栏的内容如何设置，又如何改变？

14. 对话框与窗体有什么不同？什么时候使用对话框？

15. 对话框有哪 3 种样式？应用场合各有什么不同？

16. 为什么要定义访问键？定义访问键有哪些方法？

17. MDI 有什么作用？如何设置？

第 6 章　GDI+ 编程

一、问答题

1. 什么是 GDI+？为什么称之为 GDI+？它有何作用？

2. 为什么说 Graphics 类代表所有输出显示的绘图环境？创建 Graphics 对象的几种方法分别适用于什么场合？

3. 画笔和画刷的功能有什么区别？

4. 能否用绘制空心形状的方法绘制实心形状？能否用绘制实心形状的方法绘制空心形状？

5. 图案和图像有什么不同？

6. GDI+ 编程中的文本输出与 C# 基础编程（如本书第 2、3 章中的）文本字符串输出在本质上一样吗？有什么不同？

7. GDI+ 能否显示 JPEG 图像？

二、编程题

在例 6.9 中的画笔的宽度是可选择的。改写程序，使用 TrackBar 控件，当调节此控件时，根据此控件数值画出宽度。

第 7 章　文件操作

一、选择题

1. ＿＿＿＿类用于进行目录管理。
   A. System.IO　　　B. File　　　C. Stream　　　D. Directory

2. ＿＿＿＿类提供用于创建、复制、删除和打开文件的静态方法。
   A. Path　　　B. File　　　C. Stream　　　D. Directory

3. File 类的＿＿＿＿方法用于创建指定的文件并返回一个 FileStream 对象。如果指定文件已经存在，则将其覆盖。
   A. Write()　　　B. New()　　　C. Create()　　　D. Open()

4. StreamReader 类的＿＿＿＿方法用于从流中读取一行字符。如果到达流的末尾，则返回 null。
   A. ReadLine()　　　B. Read()　　　C. WriteLine()　　　D. Write()

5. Directory 类的＿＿＿＿方法用于创建指定路径中包含的所有目录和子目录并返回一个 DirectoryInfo 对象，通过该对象操作相应的目录。
   A. CreateDirectory()　　　B. Path()　　　C. Create()　　　D. Directory()

二、填空题

1. 在 .NET 框架中，与基本输入 / 输出操作相关的类都位于_____命名空间中，所以用户要在代码中使用_____语句来导入这个命名空间。

2. 读取数据之前，可以使用 StreamReader 类的_____方法来检测是否到达了流的末尾。该函数返回流的当前位置上的字符，但不移动指针，如果到达末尾，则返回_____。

3. File 类的 Open.Text() 方法和 Append.Text() 方法都可以用来打开文件，但打开文件后，文件指针所处的位置是不同的，_____在文件开头的位置，而_____处于文件末尾。

4. Path 类中的_____方法用于返回指定文件路径字符串的目录部分。

5. 流是_____，C# 定义了流有_____种，它们的共同抽象基类是_____。

三、思考题

1. 创建文件有哪几种方法？各有什么特点？

2. 使用 FileStream 对象对文件进行读写，和使用 File 或者 Fileinfo 类的 OpenRead 和 OpenWrite 方法返回的 FileStream 对象进行读写有什么不同？

3. 重载提取 (>>) 和插入 (<<) 运算符，使其可以实现"点"对象的输入和输出，并利用重载后的运算符，从键盘读入点坐标，写到磁盘文件 point.txt 中。

4. 建立一个二进制文件，用来存放自然数 1~20 及其平方根。输入 1~20 之内的任意一个自然数，查出其平方根并显示在屏幕上。

5. 设计两个类，一个是学生类 CStudent，另一个是用来操作文件的 CStuFile 类。其中 CStudent 应包含数据成员：姓名、学号、3 门课的成绩以及总平均分等，并有相关成员函数，如用于数据校验的 Validate()、输出 Print() 等。CStuFile 类包含实现学生数据的添加 AddTo()、输出 List()、按平均分从高到低排序的 Sort()、按学号查找数据 Seek() 以及删除某个学号的数据 Delete() 等。编写一个完整的程序。

第 8 章　数据库应用

一、选择题

1. DataReader 对象的_____方法用于从查询结果中读取行。
   A. Next　　　　　　　B. Read　　　　　　　C. NextResult　　　　D. Write

2. .NET 框架中的 SqlCommand 对象的 ExecuteReader() 方法返回一个_____。
   A. XmlReader　　　　B. SqlDataReader　　　C. SqlDataAdapter　　D. DataSet

3. 在对 SQL Server 数据库操作时应选用_____。
   A. SQL Server .NET Framework 数据提供程序　　B. ODBC .NET Framework 数据提供程序
   C. OLE DB .NET Framework 数据提供程序　　　　D. Oracle .NET Framework 数据提供程序

4. Connection 对象的_____方法用于打开与数据库的连接。
   A. Close　　　　　　　B. Open　　　　　　　C. ConnectionString　D. DataBase

5. Command 对象的_____方法返回受 SQL 语句影响或检索的行数。
   A. ExecuteNonQuery　B. ExecuteReader　　　C. ExecuteScalar　　　D. ExecuteQuery

6. 某公司有一个数据库服务器，名为 DianZi，其上安装了 SQL Server 2012。现在需要写一个数据库连接字符串，用于连接 AllWin 上 SQL Server 中的一个名为 PubBase 实例的 client 库。那么，应该选择的字符串是_____。
   A. "Server=DianZi;Data Source=PubBase;lnitial Catalog=client;lntegrated Security=SSPI"
   B. "Server= DianZi;Data Source=PubBase;Database=client;lntegrated Security= SSPI"

C.　"Data Source= DianZi\PubBase;lnitial Category=PubBase;lntegrated Security= SSPI"

D.　"Data Source= DianZi\PubBase;Database=client;lntegrated Security= SSPI"

7．下列选项中的_____类型的对象是 ADO.NET 在非连接模式下处理数据内容的主要对象。

A．Command　　　　　　　B．Connection　　　　　C．DataAdapter　　　　　D．DataSet

二、填空题

1．创建数据库连接使用的对象是_____。

2．在数据库应用中进行事务处理，需要用到连接对象的_____方法。

3．DataReader 对象是通过 Command 对象的_____方法生成的。

4．DataSet 可以看作一个_____中的数据库。

5．从数据源向 DataSet 中填充数据用 DataAdapter 对象的_____（1）_____方法，从 DataSet 向数据源更新数据用 DataAdapter 对象的_____（2）_____方法。需要显式地通过调用来实现数据的获取与更新，这是由 ADO.NET 的_____（3）_____特性决定的。

6．已知表 t_student(xh,name,class,sex) 的结构如下：

字段名	数据类型	长度	是否为主键
xh	int	6	是
name	varchar	10	
class	varchar	15	
sex	char	2	

用 Command 对象给表 t_student 插入一条记录（0001，" 张三 "，" 信息 32"，'男 '），请把程序补充完整。

```
using System.Data.SqlClient;
string myConnectionString;
myConnectionString = "Initial Catalog=Northwind;Data Source=localhost;Integrated
Security=SSPI;"
    ____(1)____ myConnection = new __(2)__ ( __(3)__ );  // 定义连接对象
string myInsertQuery = "_____(4)_____";       // 定义插入数据的字符串
    ___(5)___ myCommand = new __(6)__ ( __(7)__ );       // 定义查询命令对象
myCommand.Connection = myConnection;
_____(8)_____ ;                            // 打开连接
myCommand.____(9)____ ;                                  // 执行操作
myConnection.Close();
```

三、问答题

1．DataAdapter 在 ADO.NET 对象体系中起什么作用？

2．对于一个上千人同时访问的网站，如果要设计一个对数据库进行数据读 / 写的操作，应该用 DataSet 还是 DataReader？说明理由。

第 9 章　多线程编程

一、选择题

1．关于多线程程序，以下说法正确的是_____。

A．占用的 CPU 时间更少　　　　　　　　B．网络访问效率更高

C．应用程序间切换效率更高　　　　　　　D．后台数据处理时前台仍响应用户操作

2．关于进程与线程的关系，以下说法正确的是_____。

A．一个线程对应一个进程　　　　　　　　B．一个线程可以包含多个进程

C．一个进程可以包含多个线程   D．线程与进程是同一个概念

3．关于线程的优先级，以下说法正确的是_____。

A．线程的优先级不能高于进程的基本优先级

B．优先级高的线程执行后可能导致优先级低的线程无法执行

C．只要把优先级设为最高线程就可以独占系统 CPU 时间

D．只有一个线程的进程没有优先级

4．关于线程的终止，以下说法正确的是_____。

A．线程终止是显式调用线程对象的 Abort 方法完成的

B．线程终止是显式调用线程对象的 Suspend 方法完成的

C．调用线程对象的 Abort 方法后该线程中会发生 ThreadAbortException 异常

D．调用线程对象的 Abort 方法后线程立即结束

二、思考题

1．是不是多线程应用程序就一定比单线程程序好？什么情况下考虑使用多线程？

2．开发多线程应用程序时需要额外考虑哪些因素？

3．一个线程在其生命周期中有哪几种状态？控制线程状态转换的常用方法有哪些？各起到什么作用？

实　　验

实验 1　.NET 与 C# 基础

实验目的

1）熟练掌握 C# 开发环境 Visual Studio 的安装及其使用。

2）编写控制台和 Windows 应用程序两个版本的范例程序，初步了解这两种方式编程特点。

3）了解 C# 语言的注释方法。

实验内容

根据个人习惯配置开发环境，设置键盘方案、窗口的布局等。

【实验 1-1】

- 跟着操作

1）新建一个 C# 的控制台程序，输入以下代码。

```
namespace Test1_1
{
    class Program
    {
        static void Main(string[] args)
        {
            Console.WriteLine("This is my first C# test");      // 输出结果
            Console.Read();
        }
    }
}
```

2）按 F5 功能键运行程序，观察运行结果。

- 自己完成

将以上代码用记事本另存为 Test1_1.cs，在 Visual Studio 的命令行工具下用 csc 命令编译程序，并观察运行结果。

【实验 1-2】

- 跟着操作

1）新建一个 C# 的 Windows 窗体应用程序，输入以下代码。

```
using System;
...
/****************************
 如下命名空间, 用于窗体操作
 ****************************/
using System.Windows.Forms;                    // 注释①

namespace Test1_2
{
    static class Program
    {
        /// <summary>
        /// 应用程序的主入口点
        /// </summary>
        [STAThread]
        static void Main()
        {
            MessageBox.Show("This is my first C# form test", "Message from C#");
                                            // 注释②
        }
    }
}
```

2）按 F5 键运行程序，观察运行结果。

- 自己完成

1）将以上代码用记事本保存为 Test1_2.cs，在 Visual Studio 的命令行工具下用 csc 命令编译程序，并观察运行结果。

2）省略注释①所在的行，重新编译，观察情况，分析原因。

3）将注释②所在行的代码改为：

```
MessageBox.Show("This is my first C# form test");
```

编译运行程序，观察运行结果。

实验 2　C# 编程基础

实验目的

1）熟练掌握 C# 的各种数据类型以及常量、变量的表达形式。

2）熟练掌握 C# 的运算符和表达式。

3）熟练掌握 C# 的语句，学会使用顺序、选择、循环等语句结构编写程序。

4）熟练掌握 C# 的数组，学会数组的定义、初始化以及数组的应用。

实验内容

计算机解决问题必须按照一定的算法"循序渐进"，算法就是解决问题或处理事情的方法和步骤。要求解同一问题，往往可以设计出多种不同的算法，它们的运行效率、占用内存量可能有较大的差异。一般而言，评价一个算法的好坏要看算法是否正确、运行效率的高低和占用系统资源的多少等。

计算机算法可以分为两类：

1）数值计算算法，主要用于解决一般数学解析方法难以处理的一些数学问题，如解方程的根、求定积分、解微分方程等。

2）非数值计算算法，如对非数值信息的排序、查找等。

折半查找法是在已经排序的数组中查找一个数，通过将被查数据与数组的中间值比较，比较后可以放弃其中的一半。如果数组从小到大排序，查找的数大于中间值，则放弃前一半，继续在后一半进行查找；否则放弃后一半。这样一步一步缩小范围，直到查到为止，如果到最后一个数仍找不到，说明没有该数。这是一种效率较高的查找方法。如果从大到小排序则放弃的部分相反。

【实验2-1】

在已经排序的数组中查找从键盘输入的数据在数组中的位置。

功能要求：

在从小到大排序的数组1、3、5、8、12、23、34、44、45、68中查找数据。在控制台应用程序中输入要查找的数据，并查找输入的数是否在数组中，如果不在则输出"无此数"，如果在数组中则显示该数在数组中的位置。

例如，查找"3"的过程如图T2-1所示。

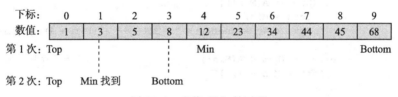

图T2-1　查找"3"的过程

折半查找程序的流程图如图T2-2所示。

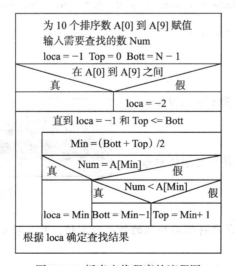

图T2-2　折半查找程序的流程图

- 跟着操作

1）新建一个控制台程序，编写如下代码：

```
namespace Test2_1
{
    class Program
    {
        static void Main(string[] args)
        {
            const int N = 10;
            int[] A = new int[10] { 1, 3, 5, 8, 12, 23, 34, 44, 45, 68 };
            int I, Num, Top, Bott, Min, loca;
            string tmpstr;
            tmpstr = "显示A元素:";
            for (I = 0; I < N; I++){
                tmpstr += A[I].ToString() + " ";
            }                                       // 将A各元素连接成字符串
            Console.WriteLine(tmpstr);
            Console.WriteLine("请输入查找数值");
            Num = Convert.ToInt32(Console.ReadLine());   // 输入数据
            loca = -1;                              // 置标志为-1
            Top = 0;
            Bott = N - 1;
            if (Num < A[0] || Num > A[N - 1])        // 不在数组范围内则置标志为-2
            { loca = -2; }
            do{
                Min = Convert.ToInt32((Bott + Top) / 2);// 置折半数值
                if (Num == A[Min]){
                    loca = Min;
                    Console.WriteLine(Num + "的位置在第" + (loca + 1).ToString() + "个。");
                }
                else if (Num < A[Min])               // 范围折半
                { Bott = Min - 1; }
                else
                { Top = Min + 1; }
            } while (loca == -1 && Top <= Bott);
            if (loca == -2 || loca == -1){
                Console.WriteLine("数组中无" + Num.ToString());
            }
            Console.Read();
        }
    }
}
```

2）编译和运行程序，观察运行结果，结果如图 T2-3 所示。

• 自己完成

添加接受输入数组，并用冒泡法对输入的数组进行排序。

图 T2-3   运行结果

 说明：

冒泡法排序就是每次将两两相邻的数进行比较，然后将小的数调换到前面，就像重的气泡会沉在下面。

例如，有 4 个数，开始时的顺序是 "5 4 2 0"，在程序设计时，可以采用 For 循环嵌套构成双重循环来实现排序。排序的过程通过外循环 3 次完成。每次外循环分别由几次内循环组成，内循环完成将相邻的两数比较后小的调换到前面。

第 1 次外循环：内循环共 3 次，结果最大的 "5" 首先 "沉" 到下面，排序过程如图 T2-4a 所示。

　　第 2 次外循环：内循环共 2 次，"4" 又 "沉" 到 5 的上面。排序过程如图 T2-4b 所示。

　　第 3 次外循环：内循环 1 次，排序过程如图 T2-4c 所示。

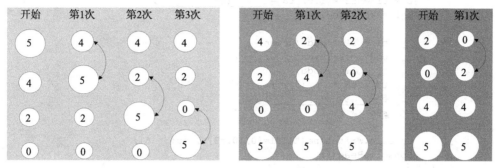

a) 第 1 次外循环　　　　　　b) 第 2 次外循环　　　c) 第 3 次外循环

图 T2-4　排序过程

因此，外循环每次将最大的数 "沉" 到最下面，3 次外循环的排序过程如图 T2-5 所示。

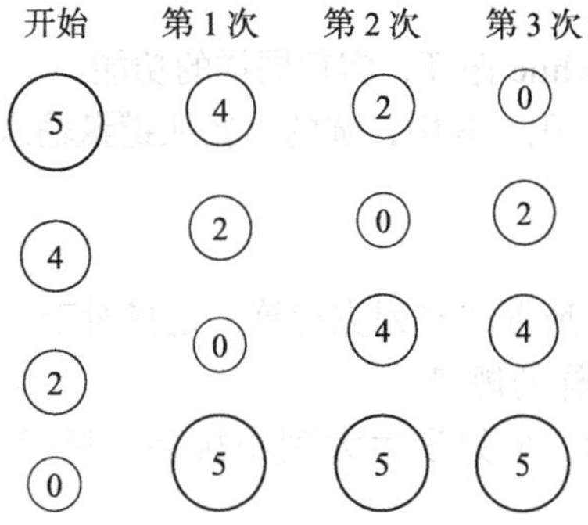

图 T2-5　外循环 3 次的排序过程

【实验 2-2】

根据给出的公式编程计算 π 的值，直到所加项小于 1E−10 为止。

$$\frac{\pi}{6}=\frac{1}{2}+\left(\frac{1}{2}\right)\frac{1}{3}\left(\frac{1}{2}\right)^{3}+\left(\frac{1}{2}\times\frac{3}{4}\right)\frac{1}{5}\left(\frac{1}{2}\right)^{5}+\left(\frac{1}{2}\times\frac{3}{4}\times\frac{5}{6}\right)\frac{1}{7}\left(\frac{1}{2}\right)^{7}+\cdots$$

程序运行的结果如图 T2-6 所示。

图 T2-6　程序运行结果

- 跟着操作

1）完善下列程序。

```
namespace Test2_2
{
```

```
class Program
{
    static void Main(string[] args)
    {
        double sum = 0.5, t, t1, t2, t3, p = 0.5 * 0.5;
        int odd = 1, even = 2;
        t = t1 = t2 = 1.0; t3 = _____(1)_____;
        while (t > 1e-10)
        {
            t1 = t1 * odd / even;
            odd += 2; even += 2;
            t2 = 1.0 / odd;
            t3 = t3 * ____(2)____;
            t = _____(3)_____;
            sum += t;
        }
        Console.WriteLine("\nPI={0,10:f8}", sum * 6);
        Console.Read();
    }
}
```

2）编辑、编译和运行程序，观察运行结果。

● 自己完成

1）把 while 循环换成 do while 循环，实现同样的功能。

2）修改程序，计算圆的面积。其中，圆的半径从键盘输入，圆的面积输出显示。π 的值通过上述程序计算得到。

【实验 2-3】

编程进行卡布列克运算。所谓卡布列克运算，是指对于任意一个 4 位数，只要它们各个位上的数字不全相同，就有这样的规律：

1）把组成这个 4 位数的 4 个数字由大到小排列，形成由这 4 个数字构成的最大的 4 位数；

2）把组成这个 4 位数的 4 个数字由小到大排列，形成由这 4 个数字构成的最小的 4 位数（如果 4 个数字中含有 0，则此数不足 4 位）；

3）求出以上两数之差，得到一个新的 4 位数。

重复以上过程，最后的结果总是 6174。

例如，当 *n*=2456 时，运行结果如图 T2-7 所示。

图 T2-7 程序运行结果

● 跟着操作

1）完善下列程序。

```
namespace Test2_3
{
    class Program
    {
        static void Main(string[] args)
        {
            Console.Write("请输入一个 4 位整数 ");
            string s = Console.ReadLine();
            int num = Convert.ToInt32(s);
```

```
            int[] each = new int[4];
            int max, min, i, j, temp;
            while (num != 6174 && num != 0)
            {
                i = 0;
                while (num != 0)
                {
                    each[i++] = _____(1)_____;
                    num = num / 10;
                }
                for (i = 0; i < 3; i++)
                {
                    for (j = 0; j < 3 - i; j++)
                    {
                        if (each[j] > each[j + 1])
                        {
                            temp = each[j];
                            each[j] = each[j + 1];
                            each[j + 1] = temp;
                        }
                    }
                }
                min = _____(2)_____;
                max = _____(3)_____;
                num = _____(4)_____;
                Console.WriteLine("{0}-{1}={2}", max, min, num);
            }
            Console.Read();
        }
    }
}
```

2）编辑、编译和运行程序，观察运行结果。

• 自己完成

1）修改程序，对输入字符串中的每个字符进行判断，只有输入的4个字符全为数字，方可继续执行。

2）修改程序，把输入字符串中的4个数字直接保存到数组中。

实验3　面向对象编程基础

实验目的

1）加深理解面向对象编程的概念，如类、对象、实例化等。

2）熟练掌握类的声明格式，特别是类的成员定义、构造函数、初始化对象等。

3）熟练掌握方法的声明，理解并学会使用方法的参数传递、方法的重载等。

实验内容

【实验3-1】

• 跟着操作

1）阅读下列程序。

```
namespace Test3_1
{
    class CRect
```

```
    {
        private int top, bottom, left, right;
        public static int total_rects = 0;
        public static long total_rect_area = 0;
        public CRect()
        {
            left = top = right = bottom = 0;
            total_rects++;
            total_rect_area += getHeight() * getWidth();
            Console.WriteLine("CRect() Constructing rectangle number {0} ", total_
                rects);
            Console.WriteLine("Total rectangle areas is: {0}", total_rect_area);
        }
        public CRect(int x1, int y1, int x2, int y2)
        {
            left = x1; top = y1;
            right = x2; bottom = y2;
            total_rects++;
            total_rect_area += getHeight() * getWidth();
            Console.WriteLine("CRect(int,int,int,int) Constructing rectangle number {0} ",
                total_rects);
            Console.WriteLine("Total rectangle areas is: {0}", total_rect_area);
        }
        public CRect(CRect r)
        {
            left = r.left; right = r.right;
            top = r.top; bottom = r.bottom;
            total_rects++;
            total_rect_area += getHeight() * getWidth();
            Console.WriteLine("CRect(CRect&) Constructing rectangle number {0}",
                total_rects);
            Console.WriteLine("Total rectangle areas is: {0}", total_rect_area);
        }
        public int getHeight()
        { return top > bottom ? top - bottom : bottom - top; }
        public int getWidth()
        { return right > left ? right - left : left - right; }
        public static int getTotalRects()
        { return total_rects; }
        public static long getTotalRectArea()
        { return total_rect_area; }
    }
    class Program
    {
        static void Main(string[] args)
        {
            CRect rect1 = new CRect(1, 3, 6, 4), rect2 = new CRect(rect1);
            Console.Write("Rectangle 2: Height: {0}", rect2.getHeight());
            Console.WriteLine(", Width: {0}", rect2.getWidth());
            {   // 注释1
                CRect rect3 = new CRect();
                Console.Write("Rectangle 3: Height: {0}", rect3.getHeight());
                Console.WriteLine(", Width: {0}", rect3.getWidth());
            }   // 注释2
            Console.Write("total_rects={0},", CRect.total_rects);
            Console.WriteLine(" total_rect_area={0}", CRect.total_rect_area);
            Console.Read();
        }
    }
}
```

2）编辑、编译和运行程序，运行结果如图 T3-1 所示。

- 自己完成

1）分析静态成员 total_rects 和 total_rect_area 的值及构造函数的调用次序。

2）将注释 1 和注释 2 处的花括号去掉，运行结果将发生什么变化？为什么？

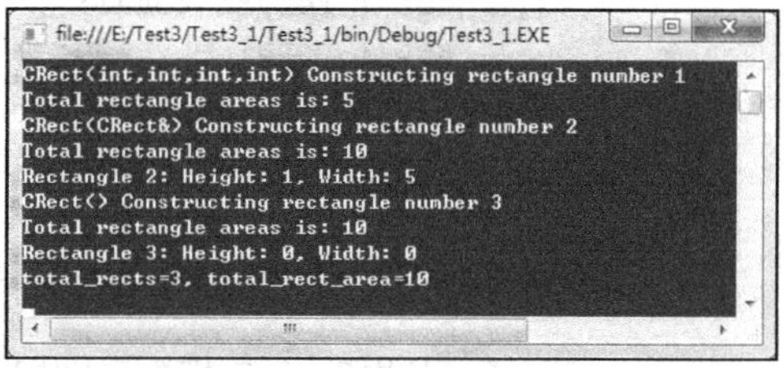

图 T3-1　程序运行结果

【实验 3-2】

设计一个图书卡片类 Card，用来保存图书馆卡片分类记录。这个类的成员包括书名、作者、馆藏数量。至少提供两个方法：

store——书的入库处理

show——显示图书信息

程序运行时，可以从控制台上输入需入库图书的总数，根据这个总数创建 Card 对象数组，然后输入数据，最后可以选择按书名、作者或入库量排序。

- 跟着操作

1）阅读下列程序。

```
namespace Test3_2
{
    class Card
    {
        private string title, author;
        private int total;
        public Card()
        {
            title = ""; author = "";
            total = 0;
        }
        public Card(string title, string author, int total)
        {
            this.title = title;
            this.author = author;
            this.total = total;
        }
        public void store(ref Card card)
        {
            title = card.title; author = card.author; total = card.total;
        }
        public void show()
        {
            Console.WriteLine("Title: {0},  Author: {1} ,  Total: {2} ", title,
                author, total);
        }
        public string Title        // Title 属性可读可写
        {
            get { return title; }
            set { title = value; }
        }
        public string Author       // Author 属性可读可写
        {
            get { return author; }
            set { author = value; }
        }
        public int Total           // Total 属性可读可写
```

```
            {
                get { return total; }
                set { total = value; }
            }
    }
}
class Program
{
    static void Main(string[] args)
    {
        Program P = new Program();
        Card[] books;
        int[] index;
        int i, k;
        Card card = new Card();
        Console.Write("请输入需要入库图书的总数: ");
        string sline = Console.ReadLine();
        int num = int.Parse(sline);
        books = new Card[num];
        for (i = 0; i < num; i++)
            books[i] = new Card();
        index = new int[num];
        for (i = 0; i < num; i++)
        {
            Console.Write("请输入书名: ");
            card.Title = Console.ReadLine();
            Console.Write("请输入作者: ");
            card.Author = Console.ReadLine();
            Console.Write("请输入入库量: ");
            sline = Console.ReadLine();
            card.Total = int.Parse(sline);
            books[i].store(ref card);
            index[i] = i;
        }
        Console.Write("请选择按什么关键字排序 (1.按书名，2.按作者，3.按入库量)");
        sline = Console.ReadLine();
        int choice = int.Parse(sline);
        switch (choice)
        {
            case 1:
                P.sortTitle(books, index);
                break;
            case 2:
                P.sortAuthor(books, index);
                break;
            case 3:
                P.sortTotal(books, index);
                break;
        }
        for (i = 0; i < num; i++)
        {
            k = index[i];
            (books[k]).show();
        }
        Console.Read();
    }
    void sortTitle(Card[] book, int[] index)
    {
        int i, j, m, n, temp;
        for (m = 0; m < index.Length - 1; m++)
```

```
                    for (n = 0; n < index.Length - m - 1; n++)
                    {
                        i = index[n]; j = index[n + 1];
                        if (string.Compare(book[i].Title, book[j].Title) > 0)
                        {
                            temp = index[n]; index[n] = index[n + 1]; index[n + 1] =
                                temp;
                        }
                    }
        }
        void sortAuthor(Card[] book, int[] index)
        {
            int i, j, m, n, temp;
            for (m = 0; m < index.Length - 1; m++)
                for (n = 0; n < index.Length - m - 1; n++)
                {
                    i = index[n]; j = index[n + 1];
                    if (string.Compare(book[i].Author, book[j].Author) > 0)
                    {
                        temp = index[n]; index[n] = index[n + 1]; index[n + 1] =
                            temp;
                    }
                }
        }
        void sortTotal(Card[] book, int[] index)
        {
            int i, j, m, n, temp;
            for (m = 0; m < index.Length - 1; m++)
                for (n = 0; n < index.Length - m - 1; n++)
                {
                    i = index[n]; j = index[n + 1];
                    if (book[i].Total > book[j].Total)
                    {
                        temp = index[n]; index[n] = index[n + 1]; index[n + 1] =
                            temp;
                    }
                }
        }
    }
}
```

2）编辑、编译和运行程序，运行结果如图 T3-2 所示。

图 T3-2   程序运行结果

- 自己完成

将上述程序中 class Program 中的 3 个方法：

```
void sortTitle(Card[] book, int [] index)
void sortAuthor(Card[] book, int [] index)
void sortTotal(Card[] book, int [] index)
```

改写成一个方法 sort (Card[ ] book , int [ ] index , int method)，其中增加的参数 method 指示按什么字段排序。

重新修改、编译和运行程序，观察运行结果。

【实验 3-3】

假设某银行共发出 M 张储蓄卡，每张储蓄卡拥有唯一的卡号，每天每张储蓄卡至多支持持有者的 N 笔 "存款" 或 "取款" 业务。根据实际发生的业务，实时处理数据，以反映最新情况。

设 Card 卡包含的数据域有：卡号，当前余额，允许当日发生的业务次数（定义成静态变量，为所有 Card 类所共享），当日实际发生的业务数，以及一个数组记录发生的具体业务。它提供的主要方法有 store，处理判断是否超过当日允许发生的最大笔数，当前余额是否足以取款，以及实时修改当前数据等。

当持卡者输入正确的卡号、存款或取款金额后，程序进行相应的处理；若输入不正确的数据，程序会提示持卡者重新输入；若输入的卡号为负数，银行终止当日业务。

- 跟着操作

阅读下列程序。

```
namespace Test3_3
{
    class Card
    {
        long cardNo;                    // 卡号
        decimal balance;                // 余额
        int currentNum;                 // 当日业务实际发生笔数
        static int number;              // 每张卡允许当日存款或取款的总次数
        decimal[] currentMoney;         // 存放当日存取款金额，正值代表存款，负值代表取款
        public Card()
        {
            currentMoney = new decimal[number];
        }
        public Card(long No, decimal Balance)
        {
            cardNo = No;
            balance = Balance;
            currentMoney = new decimal[number];
        }
        public void store(decimal Money, out int status)
        {
            if (currentNum == number)   // 本卡已达当日允许的业务次数
            {
                status = 0;
                return;
            }
            if (balance + Money < 0)
            {
                status = -1;            // 存款余额不足，不能完成本次的取款业务
                return;
```

```
            }
            currentMoney[currentNum] = Money;      // 记录当日存取款金额
            balance += Money;                      // 更新当前余额
            currentNum++;                          // 当日业务次数加1
            status = 1;                            // 成功处理完当前业务
        }
        public void show()
        {
            Console.WriteLine("卡号: {0},  当前余额: {1}, 当日发生业务的次数: {2}",
                cardNo, balance, currentNum);
            for (int i = 0; i < currentNum; i++)
            {
                Console.WriteLine("当日存款/取款的情况: {0}", currentMoney[i]);
            }
        }
        static public int Number                   // 设置允许当日存款或取款的总次数
        {
            set
            {
                number = value;
            }
        }
        public long CardNo                         // 设置CardNo属性是为了查看卡号
        {
            get
            {
                return cardNo;
            }
        }
    }
class Program
{
    static void Main(string[] args)
    {
        Program P = new Program();
        Card[] person;
        int Num, status, k;
        long CardNo;
        decimal Balance, Money;
        Console.Write("请输入允许当日存款或取款的总次数: ");
        string sline = Console.ReadLine();
        Card.Number = int.Parse(sline);
        Console.Write("请输入某银行发出的储蓄卡总数: ");
        sline = Console.ReadLine();
        Num = int.Parse(sline);
        person = new Card[Num];
        for (int i = 0; i < Num; i++)
        {
            Console.Write("请输入卡号: ");
            sline = Console.ReadLine();
            CardNo = long.Parse(sline);
            Console.Write("请输入 {0} 账户余额: ", CardNo);
            sline = Console.ReadLine();
            Balance = decimal.Parse(sline);
            person[i] = new Card(CardNo, Balance);
        }
        while (true)
        {
            Console.WriteLine("现在正进行存款取款的业务处理，如果输入的卡号<0,则结
                束业务处理");
```

```
                Console.Write(" 请输入卡号: ");
                sline = Console.ReadLine();
                CardNo = long.Parse(sline);
                if (CardNo < 0)
                    break;
                k = P.Locate(person, CardNo);
                if (k == -1)
                {
                    Console.WriteLine(" 对不起,不存在 {0} 号的储蓄卡 ", CardNo);
                    continue;
                }
                Console.WriteLine(" 请输入卡金额(正值代表存款,负值代表取款): ");
                sline = Console.ReadLine();
                Money = decimal.Parse(sline);
                person[k].store(Money, out status);
                switch (status)
                {
                    case -1:
                        Console.WriteLine(" 存款余额不足,不能完成本次的取款业务 ");
                        break;
                    case 0:
                        Console.WriteLine(" 本卡已达当日允许的业务次数 ");
                        break;
                    case 1:
                        Console.WriteLine(" 成功处理完当前业务 ");
                        person[k].show();
                        break;
                }
            }
        }

        int Locate(Card[] person, long cardNo)
        {
            // 此处请补充完整
        }
    }
}
```

根据上面的程序代码和图 T3-3 所示的运行结果,补充最后 Locate 方法的实现,用顺序查找法查找当前银行有没有该卡号,如果没有,返回 −1;否则,返回对象数组的下标。

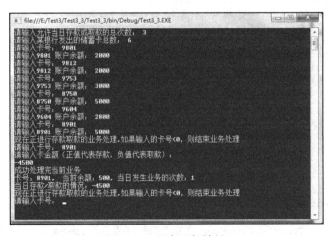

图 T3-3　程序运行结果

- 自己完成

1）修改 Card 类，增加每日使用金额的额度不超过 5000 的限制功能。

2）再次修改 Card 类，要求对银行卡进行操作前必须验证用户密码，并且在输入密码时在屏幕上用"*"掩码显示。为简单起见，初始密码均设为 123456。

实验 4　面向对象编程进阶

实验目的

1）熟练掌握接口的定义和实现。

2）熟悉集合接口的使用。

3）理解异常的产生过程和异常处理的概念。

4）掌握 C# 异常处理的方法。

实验内容

【实验 4-1】

编写 IEnglishDimensions 和 IMetricDimensions 两个接口，同时分别以公制单位和英制单位显示框的尺寸。Box 类继承 IEnglishDimensions 和 IMetricDimensions 两个接口，它们表示不同的度量衡系统。两个接口有相同的成员名 Length 和 Width。

- 跟着操作

1）阅读下列程序。

```
namespace Test4_1
{
    // 定义 IEnglishDimensions 和 IMetricDimensions 接口
    interface IEnglishDimensions
    {
        float Length();
        float Width();
    }
    interface IMetricDimensions
    {
        float Length();
        float Width();
    }
    // 从 IEnglishDimensions 和 IMetricDimensions 接口派生类 Box
    class Box : IEnglishDimensions, IMetricDimensions
    {
        float lengthInches;
        float widthInches;
        public Box(float length, float width)
        {
            lengthInches = length;
            widthInches = width;
        }
        float IEnglishDimensions.Length()
        {
            return lengthInches;
        }
        float IEnglishDimensions.Width()
        {
            return widthInches;
```

```
        }
        float IMetricDimensions.Length()
        {
            return lengthInches * 2.54f;
        }
        float IMetricDimensions.Width()
        {
            return widthInches * 2.54f;
        }
        // 主程序
        static void Main(string[] args)
        {
            // 定义一个实类对象 "myBox":
            Box myBox = new Box(30.0f, 20.0f);
            // 定义一个接口 "eDimensions"
            IEnglishDimensions eDimensions = (IEnglishDimensions)myBox;
            // 定义一个接口 "mDimensions"
            IMetricDimensions mDimensions = (IMetricDimensions)myBox;
            // 输出
            Console.WriteLine(" Length(in): {0}", eDimensions.Length());
            Console.WriteLine(" Width (in): {0}", eDimensions.Width());
            Console.WriteLine(" Length(cm): {0}", mDimensions.Length());
            Console.WriteLine(" Width (cm): {0}", mDimensions.Width());
            Console.Read();
        }
    }
}
```

2）编辑、编译和运行程序，观察运行结果。

• 自己完成

1）用隐式接口实现方法重新实现 Box 类。

2）比较显式接口实现和隐式接口实现的异同。

【实验 4-2】

考虑这样一个水果篮（FruitBasket），里面至多可以装 10 个苹果（Apple）和香蕉（Banana），它们都派生自一个叫作水果（Fruit）的基类。使用集合接口 IEnumerable 和 IEnumerator 实现装入水果及遍历水果的过程。

• 跟着操作

1）阅读下列程序。

```
using System;
using System.Collections;                          // 导入集合接口所在的命名空间
...
namespace Test4_2
{
    public class Fruit
    {
        public virtual string Name
        {
            get
            {
                return ("Fruit");
            }
        }
    }
    public class Apple : Fruit
    {
        public override string Name
```

```
        {
            get
            {
                return ("Apple");
            }
        }
    }
    public class Banana : Fruit
    {
        public override string Name
        {
            get
            {
                return ("Banana");
            }
        }
    }
    public class FruitBasket : IEnumerable
    {
        static int Max = 10;
        Fruit[] basket = new Fruit[Max];
        int count = 0;
        internal Fruit this[int index]
        {
            get
            {
                return (basket[index]);
            }
            set
            {
                basket[index] = value;
            }
        }
        internal int Count
        {
            get
            {
                return (count);
            }
        }
        public void Add(Fruit fruit)
        {
            if (count > Max)
            {
                Console.WriteLine("超出水果篮容量！");
            }
            basket[count++] = fruit;
        }
        public IEnumerator GetEnumerator()
        {
            return (new FruitBasketEnumerator(this));
        }
    }
    public class FruitBasketEnumerator : IEnumerator
    {
        FruitBasket fruitBasket;
        int index;
        public void Reset()
        {
            index = -1;
        }
```

```
        public object Current
        {
            get
            {
                return (fruitBasket[index]);
            }
        }
        public bool MoveNext()
        {
            if (++index >= fruitBasket.Count)
                return (false);
            else
                return (true);
        }
        internal FruitBasketEnumerator(FruitBasket fruitBasket)
        {
            this.fruitBasket = fruitBasket;
            Reset();
        }
    }
}
class Program
{
    static void Main(string[] args)
    {
        FruitBasket fruitBasket = new FruitBasket();
        Console.WriteLine("Adding a Banana");
        fruitBasket.Add(new Banana());
        Console.WriteLine("Adding an Apple");
        fruitBasket.Add(new Apple());
        Console.WriteLine("");
        Console.WriteLine("The basket is holding:");
        foreach (Fruit fruit in fruitBasket)
        {
            Console.WriteLine("  a(n) " + fruit.Name);
        }
        Console.Read();
    }
}
```

2）编辑、编译和运行程序，观察运行结果。

· 自己完成

1）当装入水果超出 10 个时，程序运行会发生什么情况？如何解决？

2）如果在水果篮中再装入橘子（Orange），如何修改程序？

异常的产生是由于代码执行过程中满足了异常的条件而使程序无法正常运行下去。捕获异常使用 try-catch 语句。还可以通过 throw 语句无条件抛出异常。下面这个实验旨在演示 C# 异常处理的方法。

【实验 4-3】

输入 1 和 365 之间的数字，判断它是一年中的几月几日。

· 跟着操作

1）阅读下列程序。

```
namespace Test4_3
{
    enum MonthName
    {
```

```
        January, February, March, April, May, June, July, August, September, October,
            November, December
    }
    class WhatDay
    {
        static System.Collections.ICollection DaysInMonths = new int[12] { 31, 28,
            31, 30, 31, 30, 31, 31, 30, 31, 30, 31 };
        static void Main(string[] args)
        {
            try
            {
                Console.Write("Please input a day number between 1 and 365: ");
                string line = Console.ReadLine();
                int dayNum = int.Parse(line);
                if (dayNum < 1 || dayNum > 365)
                {
                    throw new ArgumentOutOfRangeException("Day out of Range!");
                }
                int monthNum = 0;
                foreach (int daysInMonth in DaysInMonths)
                {
                    if (dayNum <= daysInMonth)
                    {
                        break;
                    }
                    else
                    {
                        dayNum -= daysInMonth;
                        monthNum++;
                    }
                }
                MonthName temp = (MonthName)monthNum;
                string monthName = Enum.Format(typeof(MonthName), temp, "g");
                Console.WriteLine("{0} {1}", dayNum, monthName);
                Console.Read();
            }
            catch (Exception caught)
            {
                Console.WriteLine(caught);
            }
        }
    }
}
```

🍎 **说明：**

　　1）由于实验没有要求考虑闰年情况，所以一年按 365 天计算。

　　2）如果输入的数字大于 365，则使用 throw 语句，主动抛出异常，程序结束。

　　3）Foreach 语句遍历集合 DaysInMonths。

　　4）Enum.Format(typeof(MonthName),temp, "g") 语句将指定枚举类型的值转换为与其等效的字符串表示形式。

2）编辑、编译和运行程序，观察运行结果。

● 自己完成

考虑闰年（闰年是指能够被 4、100 或 400 整除的年份）的情况，完善上述程序。编辑、编译和运行程序。先输入年份，然后根据提示输入一个数值，观察运行结果。

参考代码：

```
bool isLeapYear = yearNum % 4 == 0&& yearNum % 100 != 0 || yearNum % 400 == 0;
int maxDayNum = isLeapYear ? 366 : 365;
Console.Write("Please input a day number between 1 and {0}: ", maxDayNum);
```

实验 5　Windows 应用程序开发

实验目的

1）掌握建立 Windows 应用程序的步骤和方法。

2）掌握 Windows Forms 控件、菜单和对话框的使用。

3）掌握控件及其使用方法。

实验内容

【实验 5-1】

- 跟着操作

练习创建窗体与菜单。

1）创建窗体与菜单。

新建一个 Windows 应用程序，在工具箱里拖动 MenuStrip 菜单组件，添加到当前窗口，即可进行菜单编辑，如图 T5-1、图 T5-2 和图 T5-3 所示。

图 T5-1　工具箱　　　　　　　　　　　　图 T5-2　窗体

图 T5-3　菜单

以简单的"退出"为例编写代码，双击"退出"，添加代码如下。

```
private void MenuStrip_Close_Click(object sender, EventArgs e)
{
    this.Close();
}
```

2）按 F5 功能键进行调试。

因为只有"退出"可以产生响应事件，故单击"退出"，关闭当前程序。

- 自己完成

1）以编程方式实现上述菜单结构。

2）自己新建窗体。在解决方案资源管理器中右击项目名称，选择"添加"→"Windows 窗体"，在弹出的"添加新项"对话框中选择需要的窗体即可。这里选择"Windows 窗体"，重命名为 MyForm.cs，单击"添加"，一个新的窗体即创建完成。

- 跟着操作

练习按钮、单选按钮和复选框等窗体控件。

1）设置界面。

在新建的窗体 MyForm 中添加按钮、单选按钮和复选框，如图 T5-4 所示。

添加 3 个单选按钮 RadioButton，放在 1 个 GroupBox 中，用来设置程序的背景颜色；添加 6 个复选按钮 CheckBox，放在另一个 GroupBox 中，用来选择喜欢的颜色；添加 1 个 TextBox，用来显示喜欢颜色的文字；添加 1 个 Button 按钮用来退出程序。

图 T5-4　窗体界面

2）添加代码。

代码位于 MyForm.cs 中，如下所示：

```
using System;
using System.Collections.Generic;
using System.ComponentModel;
using System.Data;
using System.Drawing;
using System.Linq;
using System.Text;
using System.Windows.Forms;

namespace Test5_1
{
    public partial class MyForm : Form
    {
        public MyForm()
        {
            InitializeComponent();
        }

        private void button1_Click(object sender, EventArgs e)
        {
            this.Close();
        }

        private void radioButton_Hong_CheckedChanged(object sender, EventArgs e)
        {
```

```
            if (this.radioButton_Hong.Checked == true)
                this.BackColor = Color.Red;
        }

        private void radioButton_lv_CheckedChanged(object sender, EventArgs e)
        {
            if (this.radioButton_lv.Checked == true)
                this.BackColor = Color.Green;
        }

        private void radioButton_lan_CheckedChanged(object sender, EventArgs e)
        {
            if (this.radioButton_lan.Checked == true)
                this.BackColor = Color.Blue;
        }

        private void checkBox_hong_CheckedChanged(object sender, EventArgs e)
        {
            if (this.checkBox_hong.Checked == true)
                this.YourColor.Text = YourColor.Text + checkBox_hong.Text + "、";
        }

        private void checkBox_lv_CheckedChanged(object sender, EventArgs e)
        {
            if (this.checkBox_lv.Checked == true)
                this.YourColor.Text = YourColor.Text + checkBox_lv.Text + "、";
        }

        private void checkBox_lan_CheckedChanged(object sender, EventArgs e)
        {
            if (checkBox_lan.Checked)
                YourColor.Text = YourColor.Text + checkBox_lan.Text + "、";
        }

        private void checkBox_cheng_CheckedChanged(object sender, EventArgs e)
        {
            if (checkBox_cheng.Checked)
                YourColor.Text = YourColor.Text + checkBox_cheng.Text + "、";
        }

        private void checkBox__huang_CheckedChanged(object sender, EventArgs e)
        {
            if (checkBox__huang.Checked)
                YourColor.Text = YourColor.Text + checkBox__huang.Text + "、";
        }

        private void checkBox_zi_CheckedChanged(object sender, EventArgs e)
        {
            if (checkBox_zi.Checked)
                YourColor.Text = YourColor.Text + checkBox_zi.Text + "、";
        }
    }
}
```

3）按 F5 功能键编译运行，观察运行结果。

● 自己完成

1）删除两个 GroupBox，要求保持原来的功能，修改程序，编译运行，观察运行结果。

2）增加一个"确定"按钮，要求按下按钮后遍历 checkbox 控件，将选中的颜色显示在文本框内。

【实验 5-2】

● 跟着操作

练习标签控件、文本框控件、列表框控件和组合框控件等窗体控件。

1）设计新窗体。

新建一个项目，在窗体上添加两个标签 label1、label2，再添加 1 个文本框 textBox_Bookname，1 个组合框 comboBox_Publishing，并用 1 个 GroupBox 框起来。添加 2 个按钮 Button_Add 和 Button_Remove，用一个 GroupBox 框起来，用来添加和移出数据项。最后添加 1 个 listBox_Book，如图 T5-5 所示。

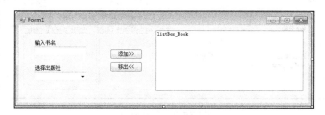

图 T5-5　窗体界面

2）添加代码。代码位于 Form1.cs 中，如下所示：

```csharp
using System;
using System.Collections.Generic;
using System.ComponentModel;
using System.Data;
using System.Drawing;
using System.Linq;
using System.Text;
using System.Windows.Forms;

namespace Test5_2
{
    public partial class Form1 : Form
    {
        public Form1()
        {
            InitializeComponent();
        }

        private void Button_Add_Click(object sender, EventArgs e)
        {
            listBox_Book.Items.Add("书名:" + textBox_Bookname.Text + ", 出版社:" +
                comboBox_Publishing.Text);
            textBox_Bookname.Text = "";
        }

        private void Button_Remove_Click(object sender, EventArgs e)
        {
            if (listBox_Book.SelectedIndex != -1)
            {
                listBox_Book.Items.Remove(this.listBox_Book.SelectedItem);
            }
        }
    }
}
```

3）按 F5 功能键编译运行，用户操作界面如图 T5-6 和图 T5-7 所示。

图 T5-6　添加图书

图 T5-7　移出图书

- 自己完成

在描述书的数据项增加"单价""是否有光盘"等项目，重新完善上述程序。编译运行，观察运行结果。

实验 6　GDI+ 编程

实验目的

1）创建 Graphics 对象。

2）使用 Graphics 对象绘制线条和形状、呈现文本，或显示与操作图像。

实验内容

创建一个 Graphics 类的实例对象，引用其提供的方法与属性成员，新增事件处理程序，完成各种不同的绘图功能。

【实验 6-1】

- 跟着操作

创建 Graphics 对象，使用 Graphics 对象绘制线条和形状。

1）新建 Windows 窗体应用程序。

2）添加一个按钮，双击按钮，添加绘图程序，代码如下：

```
using System;
using System.Collections.Generic;
using System.ComponentModel;
using System.Data;
using System.Drawing;
using System.Linq;
using System.Text;
using System.Threading.Tasks;
using System.Windows.Forms;

namespace Test6_1
```

```
{
    public partial class Form1 : Form
    {
        public Form1()
        {
            InitializeComponent();
        }

        private void button1_Click(object sender, EventArgs e)
        {
            // 创建Graphics对象
            Graphics myGra = this.CreateGraphics();
            // 画直线
            Pen myPen1 = new Pen(Color.Red, 2);
            myGra.DrawLine(myPen1, 100, 0, 300, 500);
            // 画圆以及椭圆
            Pen myPen2 = new Pen(Color.Orange, 2);
            myGra.DrawEllipse(myPen2, 100, 100, 60, 60);          // 圆形
            myGra.DrawEllipse(myPen2, 200, 100, 60, 120);         // 椭圆形
            // 画矩形
            Pen myPen3 = new Pen(Color.Yellow, 3);
            myGra.DrawRectangle(myPen3, 123, 234, 60, 60);        // 正方形
            myGra.DrawRectangle(myPen3, 223, 234, 60, 120);       // 任意矩形
            // 画自定义多边形
            // 自定义点
            Point[] myPoint = new Point[4];
            myPoint[0].Y = 100;
            myPoint[1].X = 200;
            myPoint[1].Y = 20;
            myPoint[2].X = 300;
            myPoint[2].Y = 100;
            myPoint[3].X = 123;
            myPoint[3].Y = 234;
            Pen myPen20 = new Pen(Color.Aqua);
            myGra.DrawPolygon(myPen20, myPoint);
        }
    }
}
```

3）运行程序，观察运行结果。

- 自己完成

1）让圆在屏幕上随机移动，当圆接触到边缘后就改变方向。修改和运行程序，观察运行结果。

2）添加两个按钮，实现文本测试和清除。

参考代码如下：

```
private void button2_Click(object sender, EventArgs e)
{
    Graphics fontGra = this.CreateGraphics();
    Font myFont = new Font("楷体_GB2312", 24);
    Brush myBr = new SolidBrush(Color.Red);
    fontGra.DrawString(button2.Text, myFont, myBr, new Point(200, 200));
}


private void button3_Click(object sender, EventArgs e)
{
```

```
        Graphics clearG = this.CreateGraphics();
        clearG.Clear(Color.White);
    }
```

运行程序，观察运行结果。

【实验 6-2】

操作图像，实现图片的打开、保存等功能。

- 跟着操作

1）编写代码。

代码位于 Form1.cs 中，如下所示：

```
using System;
using System.Collections.Generic;
using System.ComponentModel;
using System.Data;
using System.Drawing;
using System.Linq;
using System.Text;
using System.Windows.Forms;
using System.Drawing.Imaging;

namespace Test6_2
{
    public partial class Form1 : Form
    {
        private Bitmap m_Bitmap = null;
        public Form1()
        {
            InitializeComponent();
        }

        private void Form1_Paint(object sender, PaintEventArgs e)
        {
            if (m_Bitmap != null)
            {
                Graphics gra = e.Graphics;
                gra.DrawImage(m_Bitmap, new Rectangle(this.AutoScrollPosition.X, this.
                    AutoScrollPosition.Y, (int)(m_Bitmap.Width), (int)(m_Bitmap.Height)));
            }
        }

        private void menuItemOpen_Click(object sender, EventArgs e)
        {
            OpenFileDialog openFileDialog = new OpenFileDialog();
            openFileDialog.Filter = "Bitmap 文件 (*.bmp)|*.bmp|Jpeg 文件 (*.jpg)|*.jpg|
                所有合适文件 (*.bmp/*.jpg)|*.bmp/*.jpg";
            openFileDialog.FilterIndex = 2;
            openFileDialog.RestoreDirectory = true;
            if (DialogResult.OK == openFileDialog.ShowDialog())
            {
                m_Bitmap = (Bitmap)Bitmap.FromFile(openFileDialog.FileName, false);
                this.AutoScroll = true;
                this.AutoScrollMinSize = new Size((int)(m_Bitmap.Width), (int)m_
                    Bitmap.Height);
                this.Invalidate();
            }
        }
    }
```

```
private void menuItemSave_Click(object sender, EventArgs e)
{
    SaveFileDialog saveFileDialog = new SaveFileDialog();
    saveFileDialog.Filter = "Bitmap 文件 (*.bmp)|*.bmp|Jpeg 文件 (*.jpg)|*.jpg|
        所有合适文件 (*.bmp/*.jpg)|*.bmp/*.jpg";
    saveFileDialog.FilterIndex = 1 ;
    saveFileDialog.RestoreDirectory = true ;
    if(DialogResult.OK == saveFileDialog.ShowDialog())
    {
        m_Bitmap.Save(saveFileDialog.FileName);
    }
}

private void menuItemExit_Click(object sender, EventArgs e)
{
    this.Close();
}
}
}
```

2）运行程序，打开一张图片，界面如图 T6-1 所示。

图 T6-1　程序运行界面

- 自己完成

请以编程方式在操作菜单项下增加"放大"和"缩小"子菜单项，以当前图像 10% 的比例实现图片的缩放功能。

实验 7　文件操作

实验目的

熟悉文件的基本功能和综合应用方法。

实验内容

【实验 7-1】

- 跟着操作

参照例 7.5，设计 Windows 资源管理器，并为其添加功能，使之能以详细信息列表的方式显示目录下的内容，效果如图 T7-1 所示。

图 T7-1 详细列表显示效果

参考代码如下：

```
private void miDetail_Click(object sender, EventArgs e)
{
    lvFiles.View = View.Details;
    lvFiles.Columns[0].Text = "名称";
    lvFiles.Columns[1].Text = "大小";
    lvFiles.Columns[2].Text = "类型";
    lvFiles.Columns[3].Text = "修改日期";
}
```

- 自己完成

继续完善这个程序，试添加如下功能：

1）在当前打开的文件夹中创建一个新的文本文件。

2）分别以"大图标""小图标""列表"方式来显示。

实验 8　数据库应用

实验目的

1）熟悉数据库基本功能、关系数据库的参照完整性与 SQL 语言的使用。

2）掌握 C# 数据库应用的基本方法。

3）掌握将查询结果表与数据集绑定，并在相应控件上同步显示查询结果的方法。

实验内容

【实验 8-1】

- 跟着操作

1）参考第 8 章介绍的数据库应用操作。

表是重要的数据库对象，它是用来存储和操作数据的一种逻辑结构。例如：

①用 Navicate 创建学生成绩管理数据库及其库对象。

学生成绩管理数据库（pxscj）包括学生表（xs）、课程表（kc）和成绩表（cj）。

②用 Navicate 向学生表（xs）、课程表（kc）和成绩表（cj）输入部分样本记录。

2）参考第 8 章进行 Visual C# 学生成绩管理系统设计。

①设计学生管理功能，运行结果如图 T8-1 所示。

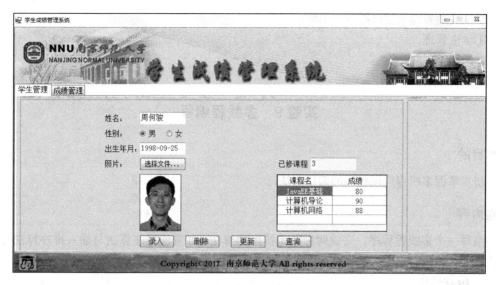

图 T8-1　"学生管理"功能运行效果

②设计成绩管理功能，运行结果如图 T8-2 所示。

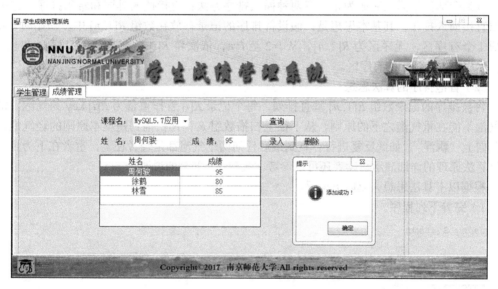

图 T8-2　"成绩管理"功能运行效果

- 自己完成

1）参考第 8 章和有关文档完成下面的工作。

①用 SQL 创建学生成绩管理数据库表。

创建学生成绩管理数据库（pxscj1），包括创建学生表（xs1）、课程表（kc1）和成绩表（cj1）表结构。

②根据学生表（xs1）、课程表（kc1）和成绩表（cj1）创建视图、存储过程、触发器和完整性约束。

③用 Navicate 向学生表（xs1）、课程表（kc1）和成绩表（cj2）输入部分样本记录。

2）参考第 8 章采用 pxscj1 数据库进行 Visual C# 学生成绩管理系统设计。

学生成绩管理系统包括下列功能:

①学生管理。

②课程管理。

③成绩管理。

实验 9 多线程编程

实验目的

初步掌握多线程应用程序的编写方法。

实验内容

编写一个多线程程序,完成两种数组排序的算法(如冒泡排序算法与插入排序算法),并通过同时启动两个线程比较两种算法在速度上的差异。

- 跟着操作

(1)插入排序的算法思想

每次将一个待排序的记录按其关键字大小,插入到前面已经排好序的子文件中的适当位置,直到全部记录插入完成为止。有两种插入排序方法:直接插入排序和希尔排序。这里仅介绍直接插入排序,其基本思想是:假设待排序的记录存放在数组 $R[1..n]$ 中。初始时,$R[1]$ 自成 1 个有序区,无序区为 $R[2..n]$。从 $i=2$ 至 $i=n$,依次将 $R[i]$ 插入当前的有序区 $R[1..i-1]$ 中,生成含 n 个记录的有序区。

(2)冒泡排序的算法思想

将被排序的记录数组 $R[1..n]$ 垂直排列,每个记录 $R[i]$ 看作重量为 $R[i].key$ 的气泡。根据轻气泡不能在重气泡之下的原则,从下往上扫描数组 R:凡扫描到违反本原则的轻气泡,就使其向上“飘浮”。如此反复进行,直到最后任何两个气泡都是轻者在上,重者在下为止。有关该算法原理的详细演示,读者还可以参考“实验 2”部分的说明。

根据以上算法思想完成以下练习。

1)完善下列程序。

```
using System;
...
using System.Threading;                        // 导入线程类命名空间

namespace Test9_1
{
    // 插入排序
    public class InsertionSorter
    {
        public int[] list;
        public void Sort()
        {
            for (int i = 1; i < list.Length; i++)
            {
                int t = list[i];
                int j = i;
                while ((j > 0) && (list[j - 1] > t))
                {
                    list[j] = list[j - 1];
```

```
                            _____(1)_____;
                    }
                    list[j] = t;
                }
                Console.Write("Insertion done.");
            }
        }
    // 冒泡排序
    public class BubbleSorter
    {
        public int[] list;
        public void Sort()
        {
            int i, j, temp;
            bool done = false;
            j = 1;
            while((j<list.Length)&&(!done))
            {
                done = true;
                for (i = 0; i < list.Length - j; i++)
                {
                    if (list[i] > list[i + 1])
                    {
                        done = false;
                        temp = list[i];
                        list[i] = list[i + 1];
                        list[i + 1] = _____(2)_____;
                    }
                }
                j++;
            }
            Console.Write("Bubble done.");
        }
    }
    class MainClass
    {
        static void Main(string[] args)
        {
            InsertionSorter Sorter1=new InsertionSorter();
            BubbleSorter Sorter2=new BubbleSorter();
            // 生成随机元素的数组
            int iCount=10000;
            Random random = new Random();
            Sorter1.list=new int[iCount];
            Sorter2.list=new int[iCount];
            for(int i=0; i< iCount; ++i)
            {
                Sorter1.list[i]=Sorter2.list[i]=random.Next();
            }
            Thread sortThread1 = new Thread(new ThreadStart(_____(3)_____));
            Thread sortThread2 = new Thread(new ThreadStart(_____(4)_____));
            sortThread1._____(5)_____;
            sortThread2._____(6)_____;
            Console.Read();
        }
    }
}
```

2）运行结果如图 T9-1 所示。

图 T9-1　运行结果

运行后可以看出，插入排序的效率高于冒泡排序。

- 自己完成

自行编写新的排序代码，采用多线程方法提高效率。

推荐阅读

深入理解计算机系统（原书第3版）

作者：[美] 兰德尔 E.布莱恩特 等 ISBN: 978-7-111-54493-7 定价: 139.00元

计算机体系结构精髓（原书第2版）

作者：[美] 道格拉斯·科莫 等 ISBN: 978-7-111-62658-9 定价: 99.00元

数字逻辑设计与计算机组成

作者：[美] 尼克罗斯·法拉菲 ISBN: 978-7-111-57061-5 定价: 89.00元

计算机组成与设计：硬件/软件接口（原书第5版·RISC-V版）

作者：[美] 戴维·A.帕特森，约翰·L.亨尼斯 ISBN: 978-7-111-65214-4 定价: 169.00元

推荐阅读

软件工程：架构驱动的软件开发

作者：[美] Richard F. Schmidt　书号：978-7-111-53314-6　定价：69.00元

软件工程概论（第3版）

作者：郑人杰 马素霞 等编著　书号：978-7-111-64257-2　定价：59.00元

软件工程导论（原书第4版）

作者：[美] Frank Tsui 等　ISBN：978-7-111-60723-6　定价：69.00元